普通高等教育"十四五"规划教材

冶金工业出版社

工业自动化生产线实训教程

（第2版）

主　编　李　擎　阎　群　崔家瑞　杨　旭
副主编　肖成勇　苗　磊

U0315399

北　京
冶金工业出版社
2022

内 容 提 要

本教材是根据"新工科建设的人才培养目标""中国工程教育专业认证毕业要求和课程目标""卓越工程师培养计划能力培养矩阵"等需求编写而成的专业性综合实践教材，其目的在于培养学生掌握工程项目全流程开发设计方法、运用理论知识分析和解决复杂工程问题的能力。

本教材共分七章，主要内容包括工业自动化系统的总体概念、虚拟仪器技术；对象建模的基本概念、Matlab 数学建模；小型水箱过程控制系统系统设计、实现、调试和优化方案；多热工参量系统的基础理论、检测控制设备的基本情况以及系统设计、实现、调试和优化方案；纸张张力测量与控制系统的原理、结构、设计及应用；铝电解生产工艺、阳极导杆在线检测系统设计、开发、实施与优化以及柔性制造生产线系统的基本概念和应用。

本教材可供自动化及相关专业高年级本科生及研究生使用，也可供自动化工厂的技术人员及科研人员参考。

图书在版编目(CIP)数据

工业自动化生产线实训教程/李擎等主编. —2 版. —北京：冶金工业出版社，2022.1

普通高等教育"十四五"规划教材

ISBN 978-7-5024-9050-8

Ⅰ.①工…　Ⅱ.①李…　Ⅲ.①自动生产线—高等学校—教材

Ⅳ.①TP278

中国版本图书馆 CIP 数据核字（2022）第 020366 号

工业自动化生产线实训教程 （第 2 版）

出版发行	冶金工业出版社		电　话	(010)64027926
地　　址	北京市东城区嵩祝院北巷 39 号		邮　编	100009
网　　址	www.mip1953.com		电子信箱	service@ mip1953.com

责任编辑　戈　兰　郭雅欣　美术编辑　彭子赫　版式设计　孙跃红
责任校对　郑　娟　责任印制　李玉山

三河市双峰印刷装订有限公司印刷

2016 年 8 月第 1 版，2022 年 1 月第 2 版，2022 年 1 月第 1 次印刷

787mm×1092mm　1/16；15.75 印张；377 千字；236 页

定价 39.00 元

投稿电话　(010)64027932　投稿信箱　tougao@cnmip.com.cn
营销中心电话　(010)64044283
冶金工业出版社天猫旗舰店　yjgycbs.tmall.com

（本书如有印装质量问题，本社营销中心负责退换）

第 2 版前言

本教材与工程实践，特别是冶金行业生产过程紧密结合，有较强的系统性、前沿性和创新性，可激发学生的学习兴趣，提高学生的工程实践能力、工程创新能力和工程师综合素养。本教材第 1 版于 2021 年 9 月获评"北京高校优质本科教材"。与第 1 版相比，第 2 版教材更加注重行业特色，删除了与冶金生产无关的实训项目，新增了铝电解生产实训项目，具体修订内容如下：

（1）增加了 CDIO-OODA 工程化教育方法的描述；

（2）更新了第 3 章小型水箱过程控制系统的控制器，选择了主流的 S7-1200 PLC；

（3）删除了第 6 章倒立摆控制系统实训内容，调整为铝电解槽在线检测系统实训项目；

（4）修正了教材中部分描述不准确的内容。

本教材的先进性及创新性主要体现在以下几个方面：

（1）深化知识融合，融入了多门自动化专业核心课程。教材内容融合了相关课程的核心知识点。从信号检测、信号处理、算法设计到网络通信、人机交互，再到最终的软硬件平台实现，涉及了传感器技术、信号处理技术、自动控制、过程控制、运动控制、电路分析、嵌入式系统、工业组态、网络控制、虚拟仪器等多门课程的知识点，做到了理论与实践的统一，对于学生综合掌握自动化专业的知识框架具有举足轻重的作用。

（2）强化产教融合，涵盖了多个典型的冶金生产过程。教材中的工程实训项目均以实际工业系统为原型，涵盖了相对完整的自动化工厂实训系统，包括过程控制、运动控制和制造自动化等多个行业子系统。如纸张张力控制系统描述了带钢热连轧活套张力控制系统，多热工参量控制系统描述了锅炉温度、压力、流量和液位控制过程，柔性制造系统描述了带钢剪切、卷曲、打捆、码垛等一系列控制过程等。通过各个项目的实训，学生不仅可以快速了解典型工业过程的工艺知识，而且可以熟悉这些工业过程中常用的控制。

（3）实化科教融合，包括了检测、控制领域最新的工程实践成果。教材中引入了较为先进的检测和控制技术。如铝电解槽阳极导杆电流在线检测系统章节采用了微弱信号检测算法，柔性制造系统章节使用了多 Agent 协调控制算法，纸张张力控制系统章节加入了自寻优控制算法、变论域自适应模糊 PID 控制算法等，通过对本教材的学习，学生可以了解到这些先进技术在工程项目中的应用情况，对于提升学生的理论水平和技术竞争力具有积极的促进作用。

本教材共分 7 章，按照由简单到复杂，由理论到实际，由分析到综合的思路来设计章节。

第 1 章和第 2 章介绍了工业自动化系统的基本概念和典型工业过程建模、控制等相关的理论和方法。其具体情况如下：第 1 章介绍了工业自动化系统的总体概念、集散控制系统、虚拟仪器技术、Labview 图形化编程环境以及 CDIO -OODA 工程化教育方法。第 2 章介绍了建模的基本概念和典型工业过程控制所涉及的被控对象传递函数形式，讲述了使用 MATLAB 建模及使用组态软件测试的基本流程。

第 3 章至第 7 章从工程项目开发全流程角度介绍了五种工业控制系统的设计与实现，包括它们的工作原理、工艺流程、设备组成、性能要求，并在此基础上给出控制系统的算法原理、总体方案、实现方法、调试手段与优化策略等，具体情况如下：第 3 章小型水箱过程控制系统实训。模拟了锅炉汽包液位、管道压力和流量控制过程，介绍了液位、压力和流量控制的工艺流程，锅炉、管道等系统核心装备、生产过程的主要性能指标、液位与流量串级控制和优化算法等。第 4 章多热工参量控制系统实训。模拟了拜耳法生产氧化铝的高压溶出过程，介绍了高压溶出过程的工艺流程，预热器、高温压煮器等系统核心装备，溶出温度、保温时间、矿浆细度等性能指标、自抗扰等控制算法及 PLC 编程实现等。第 5 章纸张张力测量与控制系统实训。模拟了钢铁领域的轧机活套高度与张力控制过程，介绍了带钢热连轧生产工艺，轧机活套张力测量与控制原理，张力控制的技术要求，自寻优控制、变论域自适应模糊 PID 控制等算法的设计与实现等。第 6 章铝电解槽阳极导杆电流在线检测系统实训。模拟了铝电解槽阳极导杆电流在线监测过程，介绍了铝电解槽生产工艺，阳极导杆电流检测系统的需求与技术指标，在线检测系统的开发与设计流程，测量系统校准与标定等。第 7 章柔性制造生产线系统实训。模拟了带钢剪切、卷曲、打捆、码垛等一系列控制过程，介绍了柔性制造生产线系统的基本概念，柔性制造生产线在生产制造和生产管理方面的应用等。

附录给出了实训报告模板和创新报告模板，从形式上便于学生了解工程项目实施的全流程。

本教材得到了北京科技大学"十三五"规划教材建设资金的资助。

本教材由北京科技大学自动化学院李擎、阎群、崔家瑞、杨旭担任主编，肖成勇、苗磊担任副主编，张笑菲、栗辉参编。其中，第 1 章、第 2 章由李擎、肖成勇共同编写，第 3 章、第 4 章由阎群、苗磊共同编写，第 5 章由杨旭、张笑菲共同编写，第 6 章由崔家瑞、栗辉共同编写，第 7 章和附录由崔家瑞、杨旭共同编写。在本教材的编写过程中，编者课题组的多名研究生（刘波、苏成果、王佩宁）参与了部分书稿的文字录入、图形绘制和内容校对工作。在本教材的出版过程中，冶金工业出版社为本书的出版付出了辛勤的劳动，在此表示衷心的感谢！

在编写过程中参考了大量文献，在此对文献的作者致以真挚的谢意！

由于编者水平有限，书中难免有疏漏和错误之处，敬请广大读者批评指正。

编　者
2021 年 10 月

第1版前言

我国在工程实践教育层面开展了"中国工程教育专业认证""卓越工程师培养计划"和 CDIO（Conceive、Design、Implement、Operate）工程教育，以上项目的初衷都是培养学生的工程实践能力和创新意识。作为学生综合素质提高的重要抓手，实践环节具有不可替代的作用。

"工业自动化控制系统生产实训"课程是自动化专业重要的必修课之一，也是"中国工程教育专业认证"和"自动化专业卓越工程师培养计划"不可或缺的实践类课程之一。该课程由自动控制原理、计算机控制、过程控制、电力及其运动控制、PLC、工业组态软件、网络控制系统等多门课程融合而成，对于学生全面掌握自动化专业的课程体系、拓宽学生专业知识面、更好地理论联系实际具有极其重要的作用。

本书是根据"中国工程教育专业认证培养目标""卓越工程师培养计划能力培养矩阵"等需求编写而成的专业性综合实践教材，其目的在于培养学生掌握工程设计方法、运用理论知识分析和解决复杂工程问题的能力。

本书以过程控制技术等相关理论为基础，从工程实践出发，力求理论联系实际。在编者团队多年教学、科研经历和工程实践经验的基础上，力图使本书成为内容简明、集系统性和实用性为一体的通用教材。

本书的特色及创新如下：

（1）结合"自动化专业卓越工程师培养计划"的培养目标和"中国工程教育认证"的毕业能力要求，并根据北京科技大学自动化专业教学大纲、培养计划、学时设置编写本书。本着精心规划、从工程实际出发、深入浅出的原则，对本书内容进行了全面而系统的设计、安排、整合和优化。

（2）在教材编写过程中将充分借鉴 CDIO 工程实践能力一体化培养理念，重点阐述了综合型、设计型实验内容以及与生产实际紧密结合的工程案例分析：如锅炉液位-温度控制系统的设计与实现、张力控制系统的设计与实现、基于网络控制的柔性制造自动化生产线的分析和设计等，以上内容会在很大程度上提高学生的动手实践能力和就业竞争力。

（3）书中体现研究性教学模式，在传统习题、思考题的基础上引入一些课本上不能直接找到答案的研究性题目，鼓励学生对课程中的重点、难点、热点问题独立自主地开展研究，通过课外资料的查阅和处理，提出自己的解决方案并在一定范围内展开讨论，逐渐增强学生独立分析和解决问题的能力。

本书共分为7章。按照由简到繁，从书本到实际，先简单后综合的思路来设计章节。

第1章介绍了工业自动化系统的总体概念，集散控制系统、虚拟仪器技术的介绍及 LabVIEW 图形化编程环境。

第2章介绍了建模的基本概念和典型工业过程控制中所涉及被控对象传递函数的形式，并讲述了如何使用 Matlab 建立数学模型以及使用组态软件进行测试的方法。

第3章介绍了小型水箱过程控制系统几种常用控制理论以及系统设计、实现、调试和优化方案。

第4章介绍了多热工参量系统的基础理论、检测控制设备的基本情况以及系统设计、实现、调试和优化方案。

第5章介绍了张力测量与控制系统的原理、结构、设计及应用，包括张力检测和变频控制。

第6章介绍了倒立摆控制系统的原理、结构和应用，Matlab 建模和控制算法设计以及贝佳莱 PLC 的使用方法。

第7章介绍了柔性制造生产线系统的基本概念以及柔性制造生产线在生产制造和生产管理方面的应用。

附录给出了实训报告和创新项目模板。

本书的编写力求深入浅出、循序渐进，在内容安排上既有基础理论、基本概念的系统阐述，又有丰富的现场案例分析，具有很强的工程实践指导性。

本书由北京科技大学自动化学院李擎、崔家瑞担任主编，阎群、徐银梅担任副主编，杨旭、张笑菲、粟辉和王尚君参编。其中，第1章、第2章由崔家瑞编写；第3章、第4章由李擎编写；第5章由阎群、徐银梅编写；第6章由杨旭、王尚君编写；第7章和附录由张笑菲、粟辉编写。

　　本教材得到了北京科技大学"十二五"规划教材建设资金的资助。

　　本书在编写过程中参考了大量文献，在此对相关文献的作者致以真诚的谢意！

　　由于编者水平有限，书中难免有疏漏和不妥之处，敬请广大读者批评指正。

编　者

2016 年 6 月

目　　录

1 概　述

【导读】
　　工业自动化是机器设备或生产过程在不需要人工直接干预的情况下，按预期的目标实现测量、操控等信息处理和过程控制的统称。自动化技术就是探索和研究实现自动化过程的方法和技术。它是涉及机械、微电子、计算机、机器视觉等技术领域的一门综合性技术。如今自动化技术已经被广泛地应用于机械制造、电力、建筑、交通运输、信息技术等领域，成为提高劳动生产率的主要手段。
　　本章 1.1 节讲述了工业自动化系统的定义、组成、分类与发展历史；1.2 节为 DCS 系统介绍；1.3 节介绍了虚拟仪器技术及 LabVIEW 图形化编程环境；1.4 节介绍了 CDIO-OODA 工程教育理念。

【学习建议】
　　本章内容是围绕工业自动化系统展开的，最基本的自动控制原理是学习本章内容的必要基础。学习者应在充分复习和理解这些基本知识的基础上，展开本章学习。首先了解工业自动化系统的构成、分类，然后，掌握 DCS 系统的组成及组态方法。

【学习目标】
　　(1) 了解工业自动化系统的基本概念、构成、分类及发展历史。
　　(2) 掌握 DCS 系统的基本架构及开发流程。

1.1　工业自动化系统

1.1.1　简介

　　工业自动化是机器设备或生产过程在不需要人工直接干预的情况下，按预期的目标实现测量、操控等信息处理和过程控制的统称。自动化技术就是探索和研究实现自动化过程的方法和技术。它是涉及机械、微电子、计算机、机器视觉等技术领域的一门综合性技术。工业革命是自动化技术的助产士。正是由于工业革命的需要，自动化技术才冲破了卵壳，得到了蓬勃发展。同时自动化技术也促进了工业的进步，如今自动化技术已经被广泛地应用于机械制造、电力、建筑、交通运输、信息技术等领域，成为提高劳动生产率的主要手段。

　　工业自动化技术是一种运用控制理论、仪器仪表、计算机和其他信息技术，对工业生产过程实现检测、控制、优化、调度、管理和决策，达到增加产量、提高质量、降低消耗、确保安全等目的的综合性高技术，包括工业自动化软件、硬件和系统三大部分。工业自动化技术作为 20 世纪现代制造领域中最重要的技术之一，主要解决生产效率与一致性问题。无论是高速大批量制造企业还是追求灵活、柔性和定制化企业，都必须依靠自动化技术的应用。自动化系统本身并不直接创造效益，但它对企业生产过程起着明显的提升作用：

（1）提高生产过程的安全性；

（2）提高生产效率；

（3）提高产品质量；

（4）减少生产过程的原材料、能源损耗。

工业自动化系统指对工业生产过程及其机电设备、工艺装备进行测量与控制的自动化技术工具（包括自动测量仪表、控制装置）的总称。

1.1.2　分类

工业自动化系统以构成的软、硬件可分为：自动化设备、仪器仪表与测量设备、自动化软件、传动设备、计算机硬件、通信网络等。

（1）自动化设备：包括可编程序控制器（PLC）、传感器、编码器、人机界面、开关、断路器、按钮、接触器、继电器等工业电器及设备。

（2）仪器仪表与测量设备：包括压力仪器仪表、温度仪器仪表、流量仪器仪表、物位仪器仪表、阀门等设备。

（3）自动化软件：包括计算机辅助设计与制造系统（CAD/CAM）、工业控制软件、网络应用软件、数据库软件、数据分析软件等。

（4）传动设备：包括调速器、伺服系统、运动控制、电源系统、电机等。

（5）计算机硬件：包括嵌入式计算机、工业计算机、工业控制计算机等。

（6）通信网络：网络交换机、视频监视设备、通信连接器、网桥等。

工业自动化系统产品一般可分成下列几类：

（1）可编程逻辑序控制器（PLC）：按功能及规模可分为大型 PLC（输入输出点数大于 1024），中型 PLC（输入输出点数 256~1024）及小型 PLC（输入输出点数小于 256）。

（2）分布式控制系统（DCS）：又称集散控制系统，按功能及规模亦可分为多级分层分布式控制系统、中小型分布式控制系统、两级分布式控制系统。

（3）工业 PC 机：能适合工业恶劣环境的 PC 机，配有各种过程输入输出接口板组成工控机。近年又出现了 PCI 总线工控机。

（4）嵌入式计算机及 OEM 产品，包括 PID 调节器及控制器。

（5）机电设备数控系统（CNC、FMS、CAM）。

（6）现场总线控制系统（FCS）。

1.1.3　发展历史

工业自动化的发展经历了三个阶段：

（1）第一阶段：20 世纪 40 年代至 60 年代初期。

需求动力：市场竞争，资源利用，减轻劳动强度，提高产品质量，适应批量生产需要。

主要特点：此阶段主要为单机自动化阶段，各种单机自动化加工设备出现，并不断扩大应用和向纵深方向发展。

典型成果和产品：硬件数控系统的数控机床。

（2）第二阶段：20 世纪 60 年代中期至 70 年代初期。

需求动力：市场竞争加剧，要求产品更新快，产品质量高，并适应大中批量生产需要和减轻劳动强度。

主要特点：此阶段主要以自动生产线为标志，在单机自动化的基础上，各种组合机床、组合生产线出现，同时软件数控系统出现并用于机床，CAD、CAM 等软件开始用于实际工程的设计和制造中，此阶段硬件加工设备适合于大中批量的生产和加工。

典型成果和产品：用于钻、镗、铣等加工的自动生产线。

（3）第三阶段：20 世纪 70 年代中期至今。

需求动力：市场环境的变化，使多品种、中小批量生产中普遍性问题越发严重，要求自动化技术向其广度和深度发展，使其各相关技术高度综合，发挥整体最佳效能。

主要特点：自 20 世纪 70 年代初期美国学者首次提出 CIM 概念至今，自动化领域已发生了巨大变化。CIM 已作为一种哲理、一种方法逐步为人们所接受；CIM 也是一种实现集成的相应技术，把分散独立的单元自动化技术集成为一个优化的整体。所谓哲理，就是企业应根据需求来分析并克服现存的"瓶颈"，从而实现不断提高实力、竞争力的思想策略。而作为实现集成的相应技术，一般认为是：数据获取、分配、共享，网络和通信，车间层设备控制器，计算机硬、软件的规范、标准等。同时，并行工程作为一种经营哲理和工作模式自 20 世纪 80 年代末期开始应用和活跃于自动化技术领域，并将进一步促进单元自动化技术的集成。

典型成果和产品：CIMS 工厂，柔性制造系统（FMS）等。

1.2 DCS 控制系统

DCS 控制系统全称为集散控制系统，也可直译为"分散控制系统"或"分布式计算机控制系统"。它采用控制分散、操作和管理集中的基本设计思想，采用多层分级、合作自治的结构形式。其主要特征是它的集中管理和分散控制。目前，DCS 在电力、冶金、石化等各行各业都获得了极其广泛的应用。

DCS 通常采用分级递阶结构，如图 1-1 所示，每一级由若干子系统组成，每一个子系统实现若干特定的有限目标，形成金字塔结构。

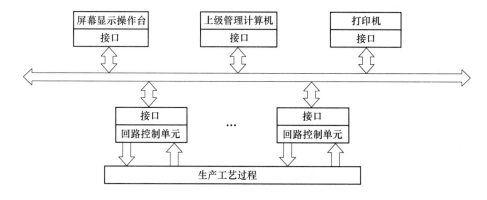

图 1-1　DCS 控制系统示意图

可靠性是 DCS 发展的生命，要保证 DCS 的高可靠性主要有三种措施：一是广泛应用高可靠性的硬件设备；二是广泛采用冗余技术；三是在软件设计上广泛实现系统的故障诊断容错技术等。当今大多数集散控制系统的 MTBF（平均故障间隔时间）可达几万小时甚至几十万小时。

近年来，在 DCS 相关领域有许多新进展，主要表现在以下几个方面：

（1）系统功能向开放式方向发展。传统 DCS 的结构是封闭式的，不同制造商的 DCS 之间难以兼容。而开放式的 DCS 将可以赋予用户更大的系统集成自主权，用户可根据实际需要选择不同厂商的设备，连同软件资源连入控制系统，达到最佳的系统集成。这里不仅包括 DCS 与 DCS 的集成，更包括 DCS 与 PLC、FCS 及各种控制设备和软件资源的广义集成。

（2）仪表技术向数字化、智能化、网络化方向发展。工业控制设备的智能化、网络化发展，可以促使过程控制的功能进一步分散下移，实现真正意义上的"全数字""全分散"控制。另外，由于这些智能仪表具有精度高、重复性好、可靠性高，并具备双向通信和自诊断功能等特点，致使系统的安装、使用和维护工作更为方便。

（3）工控软件正向先进控制方向发展。广泛应用各种先进控制与优化技术是挖掘并提升 DCS 综合性能最有效、最直接也是最具价值的发展方向，主要包括先进控制、过程优化、信息集成、系统集成等软件的开发和产业化应用。在未来，工业控制软件也将继续向标准化、网络化、智能化和开放性方向发展。

（4）系统架构向 FCS 方向发展。单纯从技术而言，现阶段现场总线集成于 DCS 可以有三种方式：

1）现场总线于 DCS 系统 I/O 总线上的集成。通过一个现场总线接口卡挂在 DCS 的 I/O 总线上，使得在 DCS 控制器所看到的现场总线来的信息就如同来自一个传统的 DCS 设备卡一样。例如，Fisher-Rosemount 公司推出的 DeltaV 系统采用的就是此种集成方案。

2）现场总线于 DCS 系统网络层的集成。就是在 DCS 更高一层网络上集成现场总线系统，这种集成方式不需要对 DCS 控制站进行改动，对原有系统影响较小。如 Smar 公司的 302 系列现场总线产品可以实现在 DCS 系统网络层集成其现场总线功能。

3）现场总线通过网关与 DCS 系统并行集成。现场总线和 DCS 还可以通过网关桥接实现并行集成。如 SUPCON 的现场总线系统，利用 HART 协议网桥连接系统操作站和现场仪表，从而实现现场总线设备管理系统操作站与 HART 协议现场仪表之间的通信功能。

一直以来 DCS 的重点在于控制，它以"分散"作为关键字。但现代发展更着重于全系统信息综合管理，今后"综合"又将成为其关键字，向实现控制体系、运行体系、计划体系、管理体系的综合自动化方向发展，实施从最底层的实时控制、优化控制上升到生产调度、经营管理，以至最高层的战略决策，形成一个具有柔性、高度自动化的管控一体化系统。

1.2.1　DCS 系统硬件体系结构

目前，世界上的 DCS 生产厂家很多，不同的系统采用的计算机硬件差别很大。所以，只能着重从功能上和类型上来介绍 DCS 的现场控制站和操作站的组成。

DCS 的硬件系统是通过网络将不同数目的现场控制站、操作员站和工程师站连接起来，共同完成各种采集、控制显示、操作和管理功能。

在不同的 DCS 中，过程控制级的控制装置各不相同，如过程控制单元、现场控制站、过程接口单元等，但它们的结构形式大致相同，可以统称为现场控制单元 FCU。过程管理级由工程师站、操作员站、管理计算机等组成，完成对过程控制级的集中监视和管理，通常称为操作站。DCS 的硬件和软件，都是按模块化结构设计的，所以 DCS 的开发实际上就是将系统提供的各种基本模块按实际的需要组合成为一个系统，这个过程称为系统的组态。

1.2.1.1　现场控制单元

现场控制单元一般远离控制中心，安装在靠近现场的地方，其高度模块化结构可以根据过程监测和控制的需要配置成由几个监控点到数百个监控点的规模不等的过程控制单元。

现场控制单元的结构是由许多功能分散的插件（或称板卡）按照一定的逻辑或物理顺序安装在插板箱中，各现场控制单元及其与控制管理级之间采用总线连接，以实现信息交互。

现场控制单元的硬件配置需要完成以下内容：

（1）插件的配置。根据系统的要求和控制规模配置主机插件（CPU 插件）、电源插件、I/O 插件、通信插件等硬件设备。

（2）硬件冗余配置。对关键设备进行冗余配置是提高 DCS 可靠性的一个重要手段，DCS 通常可以对主机插件、电源插件、通信插件和网络、关键 I/O 插件都可以实现冗余配置。

（3）硬件安装。不同的 DCS，对于各种插件在插件箱中的安装，会在逻辑顺序或物理顺序上有相应的规定。另外，现场控制单元通常分为基本型和扩展型两种，所谓基本型就是各种插件安装在一个插件箱中，但更多的时候需要可扩展的结构形式，即一个现场控制单元还包括若干数字输入/输出扩展单元，相互间采用总线连成一体。

就本质而言，现场控制单元的结构形式和配置要求与模块化 PLC 的硬件配置是一致的。

1.2.1.2　操作站

操作站用来显示并记录来自各控制单元的过程数据，是人与生产过程信息交互的操作接口。典型的操作站包括主机系统、显示设备、键盘输入设备、信息存储设备和打印输出设备等，主要实现强大的显示功能（如模拟参数显示、系统状态显示、多种画面显示等）、报警功能、操作功能、报表打印功能、组态和编程功能等。

另外，DCS 操作站还分为操作员站和工程师站。从系统功能上看，前者主要实现一般的生产操作和监控任务，具有数据采集和处理、监控画面显示、故障诊断和报警等功能。后者除了具有操作员站的一般功能外，还应具备系统的组态、控制目标的修改等功能。从硬件设备上看，多数系统的工程师站和操作员站合在一起，仅用一个工程师键盘加以区分。

1.2.2　DCS 系统软件体系结构

DCS 的软件体系通常可以为用户提供相当丰富的功能软件模块和功能软件包，控制工程师利用 DCS 提供的组态软件，将各种功能软件进行适当的"组装连接"（即组态），生成满足控制系统要求的各种应用软件。

1.2.2.1 现场控制单元的软件系统

现场控制单元的软件主要包括以实时数据库为中心的数据巡检、控制算法、控制输出和网络通信等软件模块组成。

实时数据库起到了中心环节的作用，在这里进行数据共享，各执行代码都与它交换数据，用来存储现场采集的数据、控制输出以及某些计算的中间结果和控制算法结构等方面的信息。数据巡检模块用以实现现场数据、故障信号的采集，并实现必要的数字滤波、单位变换、补偿运算等辅助功能。DCS 的控制功能通过组态生成，不同的系统，需要的控制算法模块各不相同，通常会涉及以下一些模块：算术运算模块、逻辑运算模块、PID 控制模块、变形 PID 模块、手自动切换模块、非线性处理模块、执行器控制模块等。控制输出模块主要实现控制信号的输出以处理故障。

1.2.2.2 操作站的软件系统

DCS 中的操作站用以完成系统的开发、生成、测试和运行等任务，这就需要相应的系统软件支持，这些软件包括操作系统、编程语言及各种工具软件等。一套完善的 DCS，在操作站上运行的应用软件应能实现以下功能：实时数据库、网络管理、历史数据库管理、图形管理、历史数据趋势管理、数据库详细显示与修改、记录报表生成与打印、人机接口控制、控制回路调节、参数列表、串行通信和各种组态等。

1.2.3 DCS 系统组态

DCS 的开发过程主要是采用系统组态软件依据控制系统的实际需要生成各类应用软件的过程。组态软件功能包括基本配置组态和应用软件组态。基本配置组态是给系统一个配置信息，如系统的各种站的个数、它们的索引标志、每个控制站的最大点数、最短执行周期和内存容量等。应用软件的组态则包括比较丰富的内容，主要包括以下几个方面：

（1）控制回路的组态。控制回路的组态在本质上就是利用系统提供的各种基本的功能模块，来构成各种各样的实际控制系统。目前各种不同的 DCS 提供的组态方法各不相同，归纳起来有指定运算模块连接方式、判定表方式、步骤记录方式等。

指定运算模块连接方式是通过调用各种独立的标准运算模块，用线条连接成多种多样的控制回路，最终自动生成控制软件，这是一种信息流和控制功能都很直观的组态方法。判定表方式是一种纯粹的填表形式，只要按照组态表格的要求，逐项填入内容或回答问题即可，这种方式很利于用户的组态操作。步骤记入方式是一种基于语言指令的编写方式，编程自由度大，各种复杂功能都可通过一些技巧实现，但组态效率较低。另外，由于这种组态方法不够直观，往往对组态工程师在技术水平和组态经验有较高的要求。

（2）实时数据库生成。实时数据库是 DCS 最基本的信息资源，这些实时数据由实时数据库存储和管理。在 DCS 中，建立和修改实时数据库记录的方法有多种，常用的方法是用通用数据库工具软件生成数据库文件，系统直接利用这种数据格式进行管理或采用某种方法将生成的数据文件转换为 DCS 所要求的格式。

（3）工业流程画面的生成。DCS 作为一种综合控制系统，须具有丰富的控制系统和检测系统画面显示功能。显然，不同的控制系统，需要显示的画面是不一样的。总的来说，结合总貌、分组、控制回路、流程图、报警等画面，以字符、棒图、曲线等适当的形式表示出各种测控参数、系统状态，是 DCS 组态的一项基本要求。此外，根据需要还可显示各类变量目录画面、操作指导画面、故障诊断画面、工程师维护画面和系统组态画面。

（4）历史数据库的生成。所有 DCS 都支持历史数据存储和趋势显示功能，历史数据库通常由用户在不需要编程的条件下，通过屏幕编辑编译技术生成一个数据文件，该文件定义了各历史数据记录的结构和范围。历史数据库中数据一般按组划分，每组内数据类型、采样时间一样。在生成时对各数据点的有关信息进行定义。

（5）报表生成。DCS 的操作员站的报表打印功能也是通过组态软件中的报表生成部分进行组态，不同的 DCS 在报表打印功能方面存在较大的差异。一般来说，DCS 支持以下两类报表打印功能：一是周期性报表打印，二是触发性报表打印，用户根据需要和喜好生成不同的报表形式。

1.2.4　OPC 技术及其应用

当大量现场信息由智能仪表或通过现场总线直接进入计算机控制系统后，存在着计算机内部应用程序对现场信息的共享与交互问题。由于缺乏统一的连接标准，工控软件往往需要为硬件设备开发专用的驱动程序。这样一旦硬件设备升级换代，就需要对相应的驱动程序进行更改，增加了系统的维护成本。即使计算机中的 SCADA 有独立的驱动程序，但一般也不允许同时访问相同的设备，否则很容易造成系统崩溃。可见，现场控制层作为企业整个信息系统的底层部分，必然需要与过程管理层和经营决策层进行集成，这样也存在着监控计算机如何与其他计算机进行信息沟通和传递的问题。由于控制系统往往是不同厂商开发的专用系统，相互之间兼容性差，与高层的商业管理软件之间又缺乏有效的通信接口，因此通信规范问题成为了制约控制系统突破"信息孤岛"的瓶颈。

OPC（OLE for Process Control）的出现，建立了一套符合工业控制要求的通信接口规范，使控制软件可以高效、稳定地对硬件设备进行数据存取操作，应用软件之间也可以灵活地进行信息交互，极大提高了控制系统的互操作性和适应性。

从软件的角度来说，OPC 可以看成是一个"软件总线"的标准。首先，它提供了不同应用程序间（甚至可以是通过网络连接起来的不同工作站上的应用程序之间）实现实时数据传输的通道标准；其次，它还针对过程控制的需要定义了在通道中进行传输和交换的格式。OPC 标准的体系结构为客户/服务器模式，即将软件分为 OPC 服务器和 OPC 客户。OPC 服务器提供必要的 OPC 数据访问标准接口；OPC 客户通过该标准接口来访问 OPC 数据。

运用 OPC 标准开发的软件由于都基于共同的数据及接口标准，因此相互之间具有很强的通用性。这在工业控制领域中，具有十分现实的意义。OPC 服务器可由不同供应商提供，其代码决定了服务器访问物理设备的方式、数据处理等细节。但这些对 OPC 客户程序来说都是透明的，只需要遵循相同的规范或方法就能读取服务器中的数据。同样，软件供应商则只需将自己的软件加上 OPC 接口，即能从 OPC 服务器中取得数据，而不需关心底层的细节。通过 OPC 接口，OPC 客户程序可以和一个或多个不同的 OPC 服务器连接。同时一个 OPC 服务器也可以与多个客户程序相连，形成多对多的关系。任何支持

OPC 的产品都可以实现与系统的无缝集成。由于 OPC 技术基于 DCOM，所以客户程序和服务器可以分布在不同的主机上，形成网络化的监控系统。

OPC 技术的发展和应用，无论是供应商还是最终用户都可以从中得到巨大的益处。首先，OPC 技术把硬件和应用软件有效地分离开，硬件厂商只需要提供一套软件组件，所有 OPC 客户程序都可以使用这些组件，无需重复开发驱动程序。一旦硬件升级，只需修改 OPC 服务器端 I/O 接口部分，无需改动客户端程序。其次，工控软件只要开发一套 OPC 接口就可采用统一的方式对不同硬件厂商的设备进行存取操作。这样，软硬件厂商可以专注于各自的核心部分，而不是兼容问题。

对于最终用户而言，由于无需担心互操作性，在选择和更换软硬件时有了更多的余地，使异构计算机系统集成将变得很简单。用户可以将重点放在整个系统的功能及应用上，这也意味着成本的降低。此外，OPC 组件的使用也十分方便，用户只需进行简单的组态即可。

OPC 服务器在底层控制系统中采用统一的标准，实现了应用程序与现场设备的有效连接，发挥着重要的桥梁作用，同时也促进了企业现场控制层和生产过程管理层、经营决策层的集成。

1.3　虚拟仪器技术

虚拟仪器是在计算机基础上通过增加相关硬件模块和软件构建而成的、具有可视化界面的仪器。虚拟仪器技术就是利用高性能的模块化硬件，结合高效灵活的软件来完成各种测试、测量和自动化的应用。自 1986 年问世以来，世界各国的工程师和科学家们都已将 NI LabVIEW 图形化开发工具用于产品设计周期的各个环节，从而改善了产品的质量、缩短了产品投放市场的时间，并提高了产品开发和生产的效率。

1.3.1　虚拟仪器简介

虚拟仪器技术就是利用高性能的模块化硬件，结合高效灵活的软件来完成各种测试、测量和自动化的应用。它是利用计算机强大的图形环境和在线帮助功能，建立虚拟仪器面板以代替传统仪器，并完成对仪器的控制、数据分析和显示功能。虚拟仪器的输入输出是由数据采集卡、GPIB 卡等硬件模块完成的，仪器的功能主要由软件构成。虚拟仪器系统与传统仪器系统的构成元素对比框图，如图 1-2 所示。灵活高效的软件能帮助用户创建完全自定义的用户界面，模块化的硬件能方便地提供全方位的系统集成，标准的软硬件平台能满足用户对同步和定时应用的需求。这也正是美国国家仪器（National Instruments，NI）有限公司近 30 年来始终引领测试、测量行业发展趋势的原因所在。只有同时拥有高效的软件、模块化 I/O 硬件和用于集成的软硬件平台这三大组成部分，才能充分发挥虚拟仪器技术性能高、扩展性强、开发时间少，以及集成度高这四大优势。

1.3.1.1　虚拟仪器技术的组成

虚拟仪器技术的三大组成部分如下：

（1）灵活高效的软件。软件是虚拟仪器技术中最重要的部分。使用正确的软件工具并通过调用特定的程序模块，工程师和科学家们可以高效地创建自己的应用以及友好的人

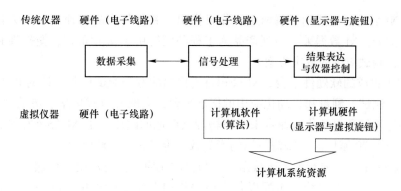

图 1-2 虚拟仪器及传统仪器的构成元素对比

机交互界面。NI 公司提供的行业标准的图形化编程软件——NI LabVIEW,不仅能轻松、方便地完成与各种软硬件的连接,更能提供强大的数据处理能力,并将分析结果有效地显示给用户。此外,NI LabVIEW 还提供了许多其他交互式的测量工具和系统管理软件工具,如连接设计与测试的交互式软件 SignalExpress、基于 ANSI-C 语言的 LabWindows/CVI、支持微软 Visual Studio 的 Measurement Studio 等,这些软件均可满足用户对高性能应用的需求。

拥有了功能强大的软件,用户就可以在虚拟仪器技术中创建智能和决策功能,从而发挥虚拟仪器技术在测试应用中的强大优势。

(2) 模块化的 I/O 硬件。面对如今日益复杂的测试、测量应用,NI 公司提供了全方位的软硬件解决方案。无论用户是使用 PCI, PXI, PCMCIA, USB 或者是 IEEE 1394 总线,NI 都能提供相应的模块化硬件产品,产品种类从数据采集及信号调理、模块化仪器、机器视觉、运动控制、仪器控制、分布式 I/O 到 CAN 接口等工业通信,应有尽有(图 1-3)。NI 高性能的硬件产品结合灵活的开发软件,可以为负责测试和设计工作的工程师们创建完全自定义的测试系统,满足各种灵活独特的应用需求。

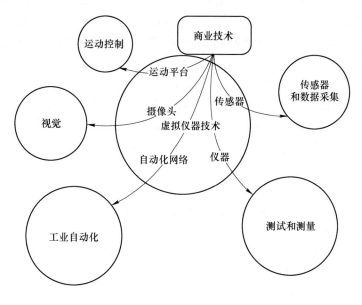

图 1-3 虚拟仪器技术的应用领域

目前，NI 公司已经达到了每两个工作日推出一款硬件产品的速度，大大拓宽了用户的选择面。例如，NI 数据采集系列产品为工程师们提供了从分布式、便携性到工业级的全方位测量、测试应用的解决方案。

（3）用于集成的软硬件平台。NI 公司首先提出的专为测试任务设计的 PXI 硬件平台，已经成为当今测试、测量和自动化应用的标准平台，它的开放式构架、灵活性和 PC 技术的成本优势为测量和自动化行业带来了一场翻天覆地的改革。由 NI 公司发起的 PXI 系统联盟现已吸引了 70 家厂商，联盟下属的产品数量也已超过 1000 种。

其中，PXI 作为一种专为工业数据采集与自动化应用量身定制的模块化仪器平台，内建有高端的定时和触发总线，再配以各类模块化的 I/O 硬件和相应的测试、测量开发软件，用户就可以建立完全自定义的测试、测量解决方案了。无论是面对简单的数据采集应用，还是高端的混合信号同步采集，PXI 高性能的硬件平台都能应付自如。这就是虚拟仪器技术带给用户的无可比拟的优势。

1.3.1.2　虚拟仪器技术的优势

虚拟仪器技术的四大优势如下：

（1）性能高。虚拟仪器技术是在计算机技术的基础上发展起来的，所以它完全"继承"了以现有计算机技术为主导的最新商业技术的优点，包括功能超卓的处理器和文件 I/O，使用户在数据高速导入磁盘的同时就能实时地进行复杂的分析。此外，当前正蓬勃发展的一些新兴技术（多核、PCI Express 等）也成为推动虚拟仪器技术发展的新动力，使其展现出更强大的优势。

（2）扩展性强。NI 的软硬件工具使得工程师和科学家们不再圈囿于固有的、封闭的技术之中。得益于 NI 软件的灵活性，用户只需更新计算机或测量硬件，就能以最少的硬件投资和极少甚至无需软件上的升级即可改进用户的整个现有系统。在利用最新科技的时候，用户可以将它们集成到现有的测量设备上，最终以较少的成本加速产品上市的时间。

（3）开发时间少。在驱动和应用两个层面上，NI 高效的软件构架能与计算机、仪器仪表和通信方面的最新技术结合在一起。NI 公司设计这一软件构架的初衷就是为了方便用户操作的同时，还提供了高灵活性和强大的功能，使用户能够轻松地配置、创建、发布、维护和修改高性能、低成本的测试和控制解决方案。

（4）集成度高。虚拟仪器技术从本质上说是一个集成的软硬件概念。随着产品在功能上不断地趋于复杂，工程师们通常需要集成多个测量设备来满足完整的测试需求，而连接和集成这些不同设备总是要耗费大量时间的。NI 公司的虚拟仪器软件平台为所有的 I/O 设备提供了标准的接口，帮助用户轻松地将多个测量设备集成到一个系统中，减少了任务的复杂性。

1.3.2　LabVIEW 简介

LabVIEW 是 Laboratory Virtual Instrument Engineering Workbench（实验室虚拟仪器集成环境）的简称，是由美国国家仪器有限公司推出的一个基于计算机技术的功能强大而又灵活的仪器和分析软件应用开发工具，可以帮助工程师和科学家进行测量、过程控制及数据分析和存储。NI 公司 1976 年由 James Truchard、Jeffrey Kodosky 和 William Nowlin 创建于得克萨斯州的奥斯汀。当时，3 人正在位于奥斯汀的德克萨斯大学应用研究实验室为美国海军进行声呐应用研究，寻找将测试设备连接到 DEC PDP-11 计算机的方法。James Truchard 决定开发一种接口总线，并吸纳 Jeff 和 Bill 共同研究，终于成功地开发出 LabVIEW 并提出了"虚拟仪器"（Virtual Instrument）这一概念。在此过程中，他们创建了一家新的公司——National Instruments。图 1-4 所示为 LabVIEW 图标和用户界面。

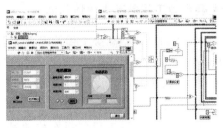

图 1-4　LabVIEW 图标和用户界面

30 多年来，无论是初学乍用的新手还是经验丰富的程序开发人员，虚拟仪器在各种不同的工程应用和行业的测量及控制中广受欢迎，这都归功于其直观化的图形编程语言。虚拟仪器面板器的图形化数据流语言和程序框图能自然地显示用户的数据流，同时地图化的用户界面直观地显示数据，使用户能够轻松地查看、修改数据或控制输入。

美国国家仪器有限公司提出的虚拟测量仪器概念，引发了传统仪器领域的一场重大变革，使得计算机和网络技术得以长驱直入仪器领域，和仪器技术结合起来，从而开创了"软件即是仪器"的先河。

"软件即是仪器"，这是 NI 公司提出的虚拟仪器理念的核心思想。从这一思想出发，基于电脑或工作站、软件和 I/O 部件来构建虚拟仪器的思想得以成型。I/O 部件可以是独立仪器、模块化仪器、数据采集板（DAQ）或传感器。NI 公司所拥有的虚拟仪器产品包括软件产品（如 LabVIEW）、GPIB 产品、数据采集产品、信号处理产品、图像采集产品、DSP 产品和 VXI 控制产品等。

LabVIEW 在试验测量、工业自动化和数据分析领域起着重要的作用。从事研究、开发、生产、测试工作的工程师和科学家，以及在诸如汽车、半导体、电子、化学、电信、制药等行业工作的工程师和科学家已经使用 LabVIEW 来完成他们的工作了。例如，在 NASA（National Aeronautics and Space Administration，美国航空航天局）的喷气推进实验室，科学家使用 LabVIEW 来分析和显示"火星探测旅行者号"自行装置的工程数据，包括自行装置的位置和温度、电池剩余电量，并总体检测旅行者号的全面可用状态。图 1-5 所示为 LabVIEW 在航天领域中应用实例。

面向航空和军工的自动化测试

·高性能混合信号测试
·融合传统仪器标准（如 GPIB、
　VXI 和 LAN）
·集成的软件套件适合设计、开发
　和部署

图 1-5　LabVIEW 在航空和军工自动化测试中的应用

1.4　CDIO-OODA 工程教育理念

1.4.1　自动化专业复合型工程创新人才培养体系

在国家对创新型人才和复合型高级工程技术人才需求大幅增加的新形势下，如何培养满足符合要求的毕业生已成为全国高校工科面临的首要问题。北京科技大学自动化专业 2009 年获批国家级 CDIO 特色专业建设，历经 10 多年探索和实践，形成一套行之有效的复合型工程创新人才培养体系。

1.4.1.1　自动化专业复合型工程创新人才应具备的能力

（1）发现和提出问题能力。通过观察，发现并提出自动化领域的科学和技术问题，它是创新的前提。

（2）独立分析问题能力。一方面通过深入调查、查阅文献，独立分析问题；另一方面通过实验设计、数据分析及信息综合，独立分析结论。

（3）工程设计能力。综合运用多种理论和技术进行自动化领域的工程设计，并体现创新意识。

（4）工程实践能力。运用多种工具（现代工程和 IT 工具等）进行工程项目的实践。

（5）团队协作与交流能力。利用多种方式（展示、研讨、答辩、撰写报告等）进行团队协作与交流，并在项目组中承担不同角色。

（6）创新能力。利用已有知识和技术改造现有成果，或通过新技术、新方法、新思维创造新成果。

（7）非技术素质。在解决工程问题过程中，体现管理、经济、社会和责任意识。

1.4.1.2　多层次、立体化、递进式、不间断复合型创新人才培养体系

多层次、立体化、递进式、不间断复合型创新人才培养体系由第一、第二课堂组成。第一课堂包括新生研讨课、理论课程（均含设计性作业）、实验、SRTP（Student Research Training Program）、课程设计、校内实习/实训、校外生产实习和毕业设计 8 个层次；第二课堂包括基础技能培训、校内学科竞赛、省部级及以上学科竞赛、国内外专家讲座、就业技能培训、企业在岗实习 6 个层次，如图 1-6 所示。

1.4.1.3　CDIO 与 OODA 相结合的工程教育模式

CDIO 代表构思（Conceive）、设计（Design）、实现（Implement）和运作（Operate），以产品研发到运行的生命周期为载体，培养学生的工程实践能力。OODA，即观察（Observe）、确认（Orient）、决策（Decide）、执行（Act），OODA 概念来自美国空军的飞行员 R. Boyd，现广泛应用于决策过程的流程化。

为了更好地培养学生工程实践和创新能力，所有理论课的设计型作业都严格执行构思和设计两个环节，所有实验实践教学严格贯彻 CDIO 全流程。CDIO-OODA 宏观上将教学过程分解为 C（构思）、D（设计）、I（实施）、O（运行）四个环节，通过实际工程项目的全生命周期流程，培养学生工程设计和工程实践能力。微观上，将 CDIO 各环节任务的解决过程分解为 OODA 循环的四个步骤：Observe（观察）、Orient（确认）、Decide（决策）、Act（执行），培养学生科学的思维方法和创新意识。

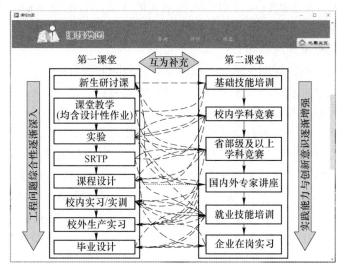

图 1-6 多层次、立体化、递进式、不间断复合型创新人才培养体系框图

1.4.1.4 工程化教育教学管理制度

教育教学管理制度有助于保证教学环节运行在正常的"工程化"轨道上，工业自动化专业制订的部分教育教学管理制度如下：

（1）实践类课程超过总学时的 30%；

（2）所有理论课程必须有设计性作业，内容需来源于工程实际；

（3）所有实践课程必须按照 CDIO-OODA 组织教学；

（4）实验、实训环节中，验证性实验 20%、综合设计性实验 50%、创新性实验 30%（要求学生利用课外实验室开放时间完成）；

（5）课程设计动手实践部分比例大于总学时的 50%；

（6）真实和设计类毕业设计比例均大于 50%，且开题和答辩均要有企业专家参与；

（7）所有学生必须参加 SRTP 项目。

1.4.1.5 创新性工程实践教学平台

创新性工程实践教学平台以实际工业系统为原型，融入最新的科研成果，主要由以下部分组成：

（1）多热工参量控制实训系统；

（2）多容水箱控制实训系统；

（3）工厂污水处理系统；

（4）磁粉制动和交流电机控制系统；

（5）纸张张力测量和控制系统；

（6）柔性制造系统。

该平台能够提供四大热工参量（温度、压力、液位、流量）和成分（酸碱度）测控。同时支持控制系统硬件平台集成、组态监控软件搭建、控制器编程（Matlab、C++）以及先进控制策略编程和验证等。

该平台以《自动化生产线实训》课程为核心载体，通过教师设计的复杂工程问题作为项目的实际需求，由学生以项目组形式按照实际工程项目的全生命周期完成项目的构思、设计、实施和运行。重点培养学生解决复杂工程问题的能力，即

　　（1）通过观察提出问题的能力；

　　（2）通过深入调查、查阅文献，进而独立分析问题的能力；

　　（3）综合运用多种理论和技术进行工程设计的能力；

　　（4）运用多种技术工具进行工程实践的能力；

　　（5）利用多种交流工具进行团队协作与交流的能力；

　　（6）在工程设计和实践过程中体现社会、环境等非技术因素和个人的创新意识。

该平台可以完整地、前后衔接地贯穿于整个本科教学阶段，全程实现 CDIO 培养理念，使学生学会应用所学理论知识解决实际问题，深入了解典型工业自动化生产线工艺流程，为相关专业的生产实习、毕业设计提供相应的训练环节，为学生就业打下良好的基础。该平台同时还具有一定的通用性，可推广到其他电类相关的实验教学中。该平台整体架构如图 1-7 所示。

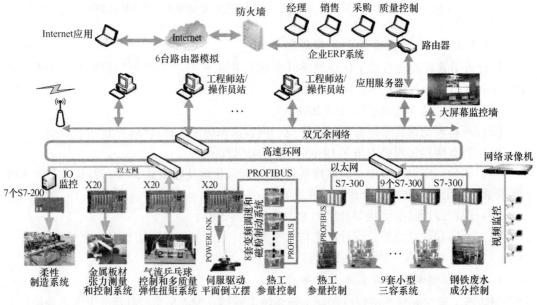

图 1-7　创新性工程实践教学平台架构

1.4.2　CDIO-OODA 工程教育模式实施流程

　　按照 CDIO 工程教育理念将工程问题的解决过程分解为 C（构思）、D（设计）、I（实施）、O（运行）四个子环节，各环节的具体工作如下：

　　（1）构思环节，主要完成项目的需求分析和总体方案设计，流程如图 1-8 所示。

　　（2）设计环节，主要通过查阅技术资料等资源，完成系统硬件、软件、算法等的详细设计，流程如图 1-9 所示。

　　（3）实施环节，主要完成项目的现场安装、调试和试运行，流程图如图 1-10 所示。

　　（4）运行环节，主要完成项目实施的可靠性验证，流程如图 1-11 所示。

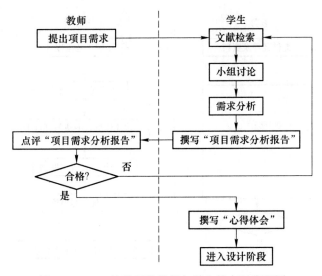

图 1-8 CDIO 构思环节教师与学生的交互流程图

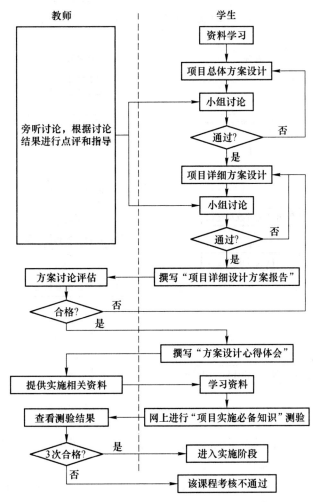

图 1-9 CDIO 设计环节教师与学生的交互流程图

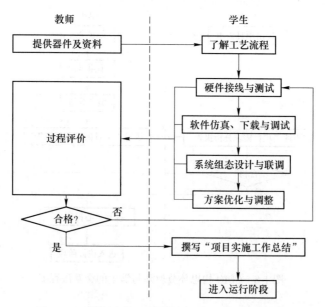

图 1-10　CDIO 实施环节教师与学生的交互流程图

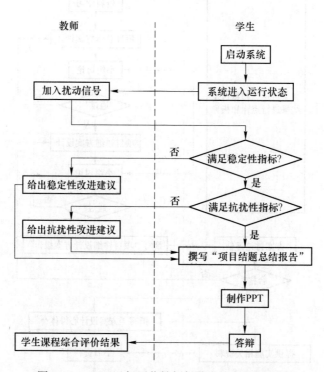

图 1-11　CDIO 运行环节教师与学生的交互流程图

CDIO 在宏观上为学生解决工程问题提供了指导原则，训练了学生的工程和设计思维；在微观上，为了便于学生操作，又引入了 OODA 循环，将各子环节细化为 4 个步骤：O（观察）、O（确认）、D（决策）、A（执行），强化了动手实践和创新能力的培养。执行过程如表 1-1 所示。

表 1-1　CDIO-OODA 教学组织形式的执行过程

	C（构思）	D（设计）	I（实施）	O（运行）
O（观察）	现场考察、查阅文献了解工艺流程，撰写"需求分析报告"	深入研读相关技术文献，分析已有方案及存在的问题，撰写各模块"选型报告"	考察现场，了解现场安装注意事项及约束条件，撰写"实施方案"及"实施细则"	观察设备运行状态、测量结果等信息，汇总"设备运行数据"
O（确认）	与需求方讨论"需求分析报告"，确认是否是真实需求或有无遗漏，并优化调整	结合真实需求，与相关技术人员讨论，确认各功能模块的"可行性分析报告"	与现场人员交流，优化调整最终的"现场实施方案"及"实施细则"	根据"设备运行数据"，分析设备是否满足"需求分析报告"的各项指标要求
D（决策）	根据"需求分析报告"从多种可选的核心功能方案中，决策出选择最优方案	根据各功能模块的"可行性分析报告"和用户需求，决策出最优的设计方案	根据选定的"现场实施方案"，决策出最优的"现场实施细则"	根据分析结果，确定具体的优化调整方案，撰写项目的"优化方案"
A（执行）	进行最优方案的概要设计，撰写"概要设计报告"	根据最优方案，进行系统的详细设计，撰写"详细设计报告"	根据现场实施细则，进行现场安装、调试	实施"优化方案"，撰写项目"技术报告"或者"总结报告"

小　结

　　本章概述了工业自动化系统的分类和发展历程，着重介绍了 DCS 的整体概念、体系结构和开发与生成、虚拟仪器技术的技术和发展，并简单介绍基于 CDIO-OODA 的工程教育理念。工业自动化系统的发展主要按生产工具的发展分为三个阶段。DCS 体系结构及功能分四层介绍，自下而上分别是现场级、现场过程控制、集中操作监控级和综合信息管理级。其次介绍了 DCS 的构成及结构、软硬件体系及功能，着重强调了网络通信在 DCS 中的核心作用。CDIO-OODA 工程教育理念聚焦于复合型创新人才的培养。

习　题

1-1 简述工业自动化系统的发展经历及其主要特点。

1-2 什么是 DCS，DCS 的基本设计思想是什么？

1-3 DCS 的主要特点有哪些？

1-4 DCS 的体系结构分哪四级（层），各层分别对应什么网络？并概述每层的功能。

1-5 DCS 的软件按功能可划分为哪几部分？

1-6 DCS 的监控层软件一般包括哪些功能？

1-7 基于 OPC 接口技术和工业组态软件的仿真，有何优缺点？

1-8 虚拟仪器技术由哪几部分组成？

1-9 简述 CDIO-OODA 工程教育模式具体实施流程。

2　被控对象数学模型的建立与测试

被控对象数学模型的建立与测试

【导读】

通常情况下，为了成功地设计一个控制系统，首先需要知道被控对象的数学模型。控制系统的设计任务就是依据被控对象的数学模型，按照控制要求来设计控制器。一个控制系统设计得是否成功与被控对象数学模型建立的准确与否有很大关系。许多情况表明，对一些复杂对象不能设计出良好的自动控制系统，往往是由于被控对象的数学模型建立不准确而引起的。建立被控对象的数学模型，一般可采用多种方法，大致可分为机理法和测试法两类。

本章 2.1 节讲述了建模的基本概念和典型工业过程控制所涉及被控对象的传递函数的形式。2.2 节为物理仿真建模。2.3 节介绍了使用 Matlab 软件建立数学模型的方法。

【学习建议】

本章内容是围绕被控对象数学模型的建立与测试展开的，最基本的自动控制原理是学习本章内容的必要基础。学习者应在充分复习和理解这些基本知识的基础上，展开本章学习。首先了解建模的基本概念，接着通过实验逐步的了解和学习各种被控对象的特性。

【学习目标】

（1）理解建立数学模型的概念。

（2）对被控对象进行测试，熟悉各种被控对象的特性。

2.1　基　本　知　识

人们要控制一个对象，必须了解对象的特性，对象特性的数学描述就称为对象的数学模型。控制系统或对象的数学模型，本质上是从控制信息流的角度出发，对系统或对象的输入变量、输出变量之间的定量关系进行研究。

要想建立一个好的数学模型，要掌握好三类主要的信息源：

（1）确定明确的输入量与输出量。因为同一个系统有很多个研究对象，这些研究对象将确定建模的方向。只有确定了输出量，才得以明确建模的方向。而影响研究对象的输出量发生变化的输入信号也可能有多个，通常选一个可控性良好、对输出量影响最大的一个输入信号作为输入量，而其余的输入信号则为干扰量。

（2）要有先验知识。在建模中，所研究的对象是工业生产中的各种装置和设备，例如换热器、工业窑炉、蒸汽锅炉、精馏塔、反应器等。而被控对象内部所进行的物理、化学过程可以是各色各样的，但它们必定符合已经发现了的许多定理、原理及模型。因此，在建模中必须掌握建模对象所要用到的先验知识。

（3）试验数据。在进行建模时，关于对象的信息也能通过对对象的试验与测量而获得。合适的定量观测和实验是验证模型的重要依据。

对被控对象数学模型的要求随其用途不同而不同，总的来说是简单且准确可靠，但这并不意味着越准确越好，应根据实际应用情况提出适当的要求。超过实际需要的准确性要求必然造成不必要的浪费。而且在线运用的数学模型还有一个实时性的要求，它与准确性要求往往是矛盾的。实际生产过程的动态特性是非常复杂的。在建立其数学模型时，往往要抓住主要因素，忽略次要因素，否则就得不到可用的模型。为此需要做很多近似处理，例如线性化、分布参数系统集总化和模型降阶处理等。

一般，用于控制的数学模型并不要求非常准确。闭环控制本身具有一定的鲁棒性，因为模型的误差可视为干扰，而闭环控制在某种程度上具有自动消除干扰影响的能力。

2.1.1 被控过程传递函数的一般形式

根据被控过程动态特性的特点，典型工业过程控制所涉及被控对象的传递函数一般具有下述几种形式：

（1）一阶惯性加纯迟延。

$$G(s) = \frac{K}{Ts + 1}e^{-\tau s} \tag{2-1}$$

式中，K 为对象放大系数；T 为对象时间常数；τ 为对象纯滞后。

（2）二阶惯性环节加纯迟延。

$$G(s) = \frac{K}{(T_1 s + 1)(T_2 s + 1)}e^{-\tau s} \tag{2-2}$$

式中，K 为对象放大系数；T_1、T_2 为对象时间常数；τ 为对象纯滞后。

（3）n 阶惯性环节加纯迟延。

$$G(s) = \frac{K}{(Ts + 1)^n}e^{-\tau s} \tag{2-3a}$$

式中，K 为对象放大系数；T 为对象时间常数；n 为对象阶数；τ 为对象纯滞后。

或
$$G(s) = \frac{K}{(Ts + 1)^{n_1}(\alpha Ts + 1)}e^{-\tau s} \tag{2-3b}$$

式中，$n = n_1 + \alpha$，n_1 为整数，α 为小数；K 为对象放大系数；T 为对象时间常数；τ 为对象纯滞后。

（4）用有理分式表示的传递函数。

$$G(s) = \frac{b_m s^m + \cdots + b_1 s + b_0}{a_n s^n + \cdots + a_1 s + a_0}e^{-\tau s}, \quad n > m \tag{2-4}$$

上述 4 个公式只适用于自衡过程。对于非自衡过程，其传递函数应含有一个积分环节，即

$$G(s) = \frac{1}{Ts}e^{-\tau s} \qquad\qquad (2\text{-}5)$$

和

$$G(s) = \frac{1}{T_2 s(T_1 s + 1)}e^{-\tau s} \qquad\qquad (2\text{-}6)$$

2.1.2　建立过程数学模型的基本方法

建立过程数学模型的基本方法有两个，即机理法和测试法。

用机理法建模就是根据生产过程中实际发生的变化机理，写出各种有关的平衡方程，如：物质平衡方程，能量平衡方程，动量平衡方程以及反映流体流动、传热、传质、化学反应等基本规律的运动方程，特性参数方程和某些设备的特性方程等，从中获得所需的数学模型。

测试法一般只用于建立输入输出模型。它是根据工业过程的输入和输出的实测数据进行某种数学处理后得到的模型。用测试法建模一般比用机理法建模要简单、省力，尤其是对于那些复杂的工业过程更为明显。它的主要特点是把被研究的工业过程视为一个黑匣子，完全从外特性上测试和描述它的动态性质，因此不需要深入掌握其内部机理。如果机理法和测试法两者都能达到同样的目的，一般采用测试法建模。

测试法建模又可分为经典辨识法和现代辨识法两大类。经典辨识法不考虑测试数据中偶然性误差的影响，它只需对少量的测试数据进行比较简单的数学处理，计算工作量一般很小，可以不用计算机。现代辨识法的特点是可以消除测试数据中的偶然性误差（即噪声）的影响，为此就需要处理大量的测试数据，计算机是不可缺少的工具。

由于过程的动态特性，只当它处于变动状态下才会表现出来，在稳定状态下是表现不出来的。因此为了获得动态特性，必须使被研究的过程处于被激励的状态。根据加入的激励信号和结果的分析方法不同，测试对象动态特性的实验方法也不同，主要有以下几种：

（1）测定动态特性的时域方法。该方法是对被控对象施加阶跃输入，测绘出对象输出量随时间变化的响应曲线，或施加脉冲输入测绘输出的脉冲响应曲线。由响应曲线的结果分析，确定出被控对象的传递函数。这种方法测试设备简单，测试工作量小，因此应用广泛；缺点是测试精度不高。

（2）测定动态特性的频域方法。该方法是对被控对象施加不同频率的正弦波，测出输入量与输出量的幅值比和相位差，从而获得对象的频率特性，来确定被控对象的传递函数。这种方法在原理和数据处理上都比较简单，测试精度比时域法高，但此法需要用专门的超低频测试设备，测试工作量较大。

（3）测定动态特性的统计相关法。该方法是对被控对象施加某种随机信号或直接利用对象输入端本身存在的随机噪音进行观察和记录，由于它们引起对象各参数变化，可采用统计相关法研究对象的动态特性。这种方法可以在生产过程正常状态下进行，可以在线辨识，精度也较高。但统计相关法要求积累大量数据，并要用相关仪表和计算机对这些数据进行计算和处理。

下面以测定动态特性的时域法为例，介绍如何建立系统模型。

测定动态特性的时域法，是在被控对象上，人为地加非周期信号后，测定被控对象的响应曲线，然后再根据响应曲线，求出被控对象的传递函数，测试原理如图 2-1 所示。

首先，需要获取系统的阶跃响应，测取阶跃响应的原理很简单，但在实际工业过程中进行这种测试会遇到许多实际问题。例如，不能因测试使正常生产受到严重干扰，还要尽量设法减少其他随机扰动的影响及考虑系统中的非线性因素等。

为了能够施加比较大的扰动幅度而又不至于严重干扰正常生产，可以用矩形脉冲输入代替通常的阶跃输入。矩形脉冲响应的测试及曲线转换方法如下：首先在对象上加一阶跃扰动，待被控参数继续上升（或下降）到将要超过允许变化范围时，立即去掉扰动，即将调节阀恢复到原来的位置上，这就变成了矩形脉冲扰动形式，如图 2-2 所示。

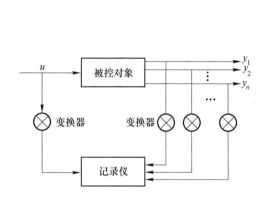

图 2-1 测试过程响应曲线的原理图

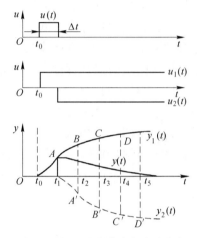

图 2-2 由矩形脉冲确定阶跃响应

这样得到的矩形脉冲响应虽然不同于正规的阶跃响应，但两者之间有密切关系，从图 2-2 中可以得出：

$$u(t) = u_1(t) + u_2(t) \tag{2-7}$$

其中，$u_2(t) = -u_1(t - \Delta t)$。设 $u_1(t)$、$u_2(t)$ 作用下的阶跃响应曲线为 $y_1(t)$ 和 $y_2(t)$，且 $y_2(t) = -y_1(t - \Delta t)$，则矩形脉冲响应：

$$\begin{aligned} y(t) &= y_1(t) + y_2(t) \\ &= y_1(t) - y_1(t - \Delta t) \end{aligned} \tag{2-8}$$

由式（2-8）用逐段递推的作图方法可得阶跃响应 $y_1(t)$，如图 2-2 所示，则由阶跃响应曲线确定被控过程的数学模型。

首先要根据曲线的形状，选定模型的结构形式。一般来说，可将测试的阶跃响应曲线与标准的一阶、二阶阶跃响应曲线比较，来确定其相近曲线对应的传递函数形式作为其数据处理的模型。对同一条响应曲线，用低阶传递函数拟合，数据处理简单，计算量也小，但准确程度较低。用高阶传递函数来拟合，则数据处理麻烦，计算量大，但拟合精度也较高。所幸的是闭环控制尤其是最常用的 PID 控制并不要求非常准确的被控对象。因此在满足精度要求的情况下，尽量使用低阶传递函数来拟合，故简单一些的工业过程对象一般采用一阶或二阶惯性加纯迟延的传递函数来表示。

下面介绍几种确定一阶、二阶惯性加纯迟延的传递函数参数的方法。

2.1.2.1　一阶惯性加纯迟延传递函数的确定

如果对象阶跃响应是一条如图 2-3 所示的起始速度较慢，呈 S 形的单调曲线，就可以用一阶惯性加纯迟延的传递函数去拟合，有作图法和计算法。

A　作图法

计算增益 K，设阶跃输入 $u(t)$ 的变化幅值为 $\Delta u(t)$，如输出 $y(t)$ 的起始值和稳态值分别为 $y(0)$ 和 $y(\infty)$，则增益 K 可根据下式计算，即

$$K = \frac{y(\infty) - y(0)}{\Delta u(t)} \tag{2-9}$$

利用作图确定 T 和 τ，在阶跃响应曲线的拐点 D 处作一切线，它与时间轴交于 A 点，与曲线的稳态渐近线交于 B 点，这样就可以根据 A、B 两点处的时间值确定参数 τ 和 T，它们的具体数值如图 2-3 所示。显然，这种作图法的拟合程度一般是很差的。首先，与式（2-1）所对应的阶跃响应是一条向后平移了 τ 时刻的指数曲线，它不可能完美地拟合一条 S 形曲线。其次，在作图中，切线的画法也有较大的随意性，这直接关系到 τ 和 T 的取值。然而，作图法十分简单，而且实践证明它可以成功地应用于 PID 控制器的参数整定。

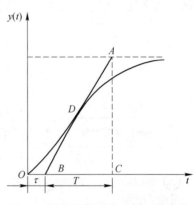

图 2-3　用作图法确定一阶对象参数

B　计算法

所谓计算法就是利用如图 2-3 所示阶跃响应 $y(t)$ 上两个点的数据去计算式（2-1）中的参数 T 和 τ。

计算增益 K，设阶跃输入 $u(t)$ 的变化幅值为 $\Delta u(t)$，如输出 $y(t)$ 的起始值和稳态值分别为 $y(0)$ 和 $y(\infty)$，则增益 K 可根据式（2-9）计算。

计算参数 T 和 τ，首先需要把输出 $y(t)$ 转换成它的无量纲形式 $y^*(t)$。即系统化为无量纲形式后：

$$y^*(t) = \frac{y(t)}{y(\infty)} \tag{2-10}$$

与式（2-1）所对应的传递函数可表示为：

$$G(s) = \frac{1}{Ts + 1} e^{-\tau s} \tag{2-11}$$

根据式（2-1）所示传递函数，可得其单位阶跃响应为：

$$y^*(t) = \begin{cases} 0 & t < \tau \\ 1 - e^{-\frac{t-\tau}{T}} & t \geq \tau \end{cases} \tag{2-12}$$

为了求取式（2-12）中的两个参数即 τ 和 T，必须先选取两个时刻 t_1 和 t_2（$t_2 > t_1 \geq \tau$），然后从测试结果中读出 t_1 和 t_2 时刻的输出信号 $y^*(t_1)$ 和 $y^*(t_2)$，并根据式（2-12）写出下述联立方程：

$$
\left.\begin{array}{l}
y^*(t_1) = 1 - e^{-\frac{t_1-\tau}{T}} \\
y^*(t_2) = 1 - e^{-\frac{t_2-\tau}{T}}
\end{array}\right\} \tag{2-13}
$$

由式（2-13）可以解出：

$$
T = \frac{t_1 - t_2}{\ln[1 - y^*(t_1)] - \ln[1 - y^*(t_2)]} \tag{2-14}
$$

$$
\tau = \frac{t_2\ln[1 - y^*(t_1)] - t_1\ln[1 - y^*(t_2)]}{\ln[1 - y^*(t_1)] - \ln[1 - y^*(t_2)]} \tag{2-15}
$$

为了计算方便，一般选取在 t_1 和 t_2 时刻的输出信号分别为 $y^*(t_1) = 0.39$、$y^*(t_2) = 0.63$。由式（2-14）和式（2-15）可得：

$$
\left.\begin{array}{l}
T = 2(t_2 - t_1) \\
\tau = 2t_1 - t_2
\end{array}\right\} \tag{2-16}
$$

式中，t_1 和 t_2 可利用图 2-4 确定，并且可取另外两个时刻进行校验。

该方法的特点是单凭两个孤立点的数据进行拟合，而不顾及整个测试曲线的形态。此外，两个特定点的选择也具有某种随意性，因此所得到的结果其可靠性也是值得怀疑的。

2.1.2.2　二阶惯性加纯迟延传递函数的确定

如果阶跃响应是一条如图 2-5 所示的 S 形的单调曲线，且起始段明显有毫无变化的阶段，则它可以用式（2-2）或式（2-3）所示的二阶或 n 阶惯性加纯迟延的传递函数去拟合。

由于它们包含两个或 n 个一阶惯性环节，因此它们的拟合效果可能更好。

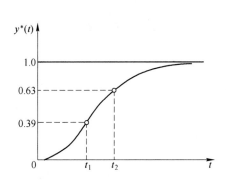
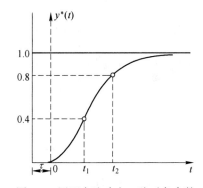

图 2-4　用两点法确定一阶对象参数　　　　图 2-5　用两点法确定二阶对象参数

计算二阶传递函数的参数。

（1）计算增益 K。如阶跃输入 $u(t)$ 的变化幅值为 $\Delta u(t)$，则增益 K 仍根据输入/输出稳态值的变化来计算，即

$$
K = \frac{y(\infty) - y(0)}{\Delta u(t)} \tag{2-17}
$$

其中，$y(0)$ 和 $y(\infty)$ 分别为输出 $y(t)$ 的起始值和稳态值。

（2）计算纯迟延时间 τ。纯迟延时间 τ 可根据阶跃响应曲线开始出现变化的时刻确定，如图 2-5 所示。

（3）计算时间常数 T_1 和 T_2。首先，把截去纯迟延部分的输出 $y(t)$ 转换成它的无量纲形式 $y^*(t)$，即

$$y^*(t) = \frac{y(t)}{y(\infty)} \tag{2-18}$$

计算参数 T 和 τ，阶跃响应截去纯迟延部分并已化为无量纲形式后，与式（2-2）所对应的传递函数可表示为：

$$G(s) = \frac{K}{(T_1 s + 1)(T_2 s + 1)} \tag{2-19}$$

根据式（2-19）所示传递函数，可得其单位阶跃响应为：

$$y^*(t) = 1 - \frac{T_1}{T_1 - T_2}\mathrm{e}^{-\frac{t}{T_1}} + \frac{T_2}{T_1 - T_2}\mathrm{e}^{-\frac{t}{T_2}} \tag{2-20}$$

根据式（2-20）就可以利用阶跃响应上两个点的数据 $[t_1, y^*(t_1)]$ 和 $[t_2, y^*(t_2)]$ 确定参数 T_1 和 T_2。

$$\left.\begin{array}{l} \dfrac{T_1}{T_1 - T_2}\mathrm{e}^{-\frac{t_1}{T_1}} - \dfrac{T_2}{T_1 - T_2}\mathrm{e}^{-\frac{t_1}{T_2}} = 0.6 \\[3mm] \dfrac{T_1}{T_1 - T_2}\mathrm{e}^{-\frac{t_2}{T_1}} - \dfrac{T_2}{T_1 - T_2}\mathrm{e}^{-\frac{t_2}{T_2}} = 0.2 \end{array}\right\} \tag{2-21}$$

将从图 2-5 中所得到的时刻 t_1 和 t_2 代入式（2-21）中，便可得到时间常数 T_1 和 T_2。

（4）确定传递函数的形式。当计算出传递函数的参数后，还需要根据时刻 t_1 和 t_2 的比值，进一步确定传递函数的具体形式。

1）当 $0.32 < \dfrac{t_1}{t_2} < 0.46$ 时，系统可用二阶对象来表示，式（2-2）表示的二阶系统参数 T_1 和 T_2 与 t_1 和 t_2 的关系如下：

$$\left.\begin{array}{l} T_1 + T_2 \approx \dfrac{1}{2.16}(t_1 + t_2) \\[3mm] \dfrac{T_1 T_2}{(T_1 + T_2)^2} \approx 1.74\dfrac{t_1}{t_2} - 0.55 \end{array}\right\} \tag{2-22}$$

2）当 $\dfrac{t_1}{t_2} = 0.32$ 时，表示系统比较简单，它可用一阶对象来表示，此时相当于式（2-21）中的系统参数 $T_2 = 0$，且 T_1 与 t_1 和 t_2 的关系如下：

$$T_1 = (t_1 + t_2)/2.12 \tag{2-23}$$

3）当 $\dfrac{t_1}{t_2} = 0.46$ 时，系统可用二阶对象来表示，式（2-2）表示的二阶系统参数 $T_1 = T_2$，它们与 t_1 和 t_2 的关系如下：

$$T_1 = (t_1 + t_2)/4.36 \tag{2-24}$$

4）当 $\dfrac{t_1}{t_2} > 0.46$ 时，表示系统比较复杂，本章略去，读者可自行查阅资料。

2.2 物理系统建模实训

2.2.1 自衡单容对象的数学模型测试

2.2.1.1 实验目的

（1）熟悉系统构成及工作原理。

（2）了解自衡单容对象对于扰动响应的时间特性。

（3）掌握单容水箱的阶跃响应测试方法，并记录相应液位的响应曲线。

（4）根据实验得到的液位阶跃响应曲线，用相应的方法确定被测对象的特征参数 K、T 和传递函数。

2.2.1.2 实验设备

A1000 小型过程控制综合实验装置，上位监控 PC 机。

2.2.1.3 实验原理

所谓单容指只有一个贮蓄容器。自衡是指对象在扰动作用下，其平衡位置被破坏后，不需要操作人员或仪表等干预，依靠其自身重新恢复平衡的过程。

图 2-6 所示为单容自衡水箱特性测试结构图及方框图。阀门 F_{1-1}、F_{1-2} 和 F_{1-8} 全开，设下水箱流入量 Q_1，改变电动调节阀 V_1 的开度可以改变其大小，下水箱的流出量为 Q_2，改变出水阀 F_{1-11} 的开度可以改变其大小。液位 h 的变化反映了 Q_1 与 Q_2 不等而引起水箱中蓄水或泄水的过程。若将 Q_1 作为被控过程的输入变量，h 为其输出变量，则该被控过程的数学模型就是 h 与 Q_1 之间的数学表达式。

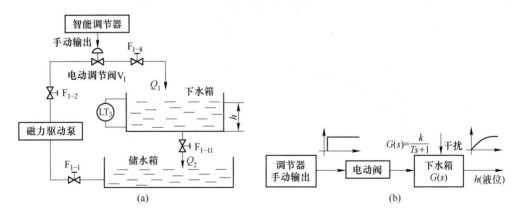

图 2-6 单容自衡水箱特性测试系统

（a）结构图；（b）方框图

根据动态物料平衡关系有：

$$Q_2 - Q_1 = A \frac{\mathrm{d}h}{\mathrm{d}t} \tag{2-25}$$

在平衡时，$Q_1 = Q_2$，$\dfrac{\mathrm{d}h}{\mathrm{d}t} = 0$，当 Q_1 发生变化时，液位 h 随之变化，水箱出口处的静压

也随之变化，Q_2 也发生变化。

将式（2-25）表示为增量形式：

$$\Delta Q_2 - \Delta Q_1 = A \frac{\mathrm{d}h}{\mathrm{d}t} \tag{2-26}$$

式中，ΔQ_1、ΔQ_2、$\mathrm{d}h$ 分别为偏离某一平衡状态的增量；A 为水箱截面积。

由流体力学可知，流体在紊流情况下，液位 h 与流量之间为非线性关系。但为了简化起见，经线性化处理后，可近似认为 Q_2 与 h 成正比关系，而与阀 $F_{1\text{-}11}$ 的阻力 R 成反比，即

$$\Delta Q_2 = \frac{\Delta h}{R} \quad \text{或} \quad R = \frac{\Delta h}{\Delta Q_2} \tag{2-27}$$

式中，R 为阀 $F_{1\text{-}11}$ 的阻力，称为液阻。

将式（2-26）、式（2-27）经拉氏变换并消去中间变量 Q_2，即可得到单容水箱的数学模型：

$$G(s) = \frac{H(s)}{Q_1(s)} = \frac{R}{RCs + 1} = \frac{K}{Ts + 1} \tag{2-28}$$

式中，T 为水箱的时间常数，$T = RC$；K 为放大系数，$K = R$；C 为水箱的容量系数。

式（2-28）是最常见的一阶惯性系统，它的阶跃响应：

$$h(t) = K(1 - \mathrm{e}^{-\frac{t}{T}}) \tag{2-29}$$

式（2-29）表示一阶惯性环节的响应曲线是一单调上升的指数函数，如图 2-7（a）所示，该曲线上升到稳态值的 63% 所对应的时间，就是水箱的时间常数 T。也可由坐标原点对响应曲线作切线 OA，切线与稳态值交点 A 所对应的时间就是该时间常数 T，由响应曲线求得 K 和 T 后，就能求得单容水箱的传递函数。

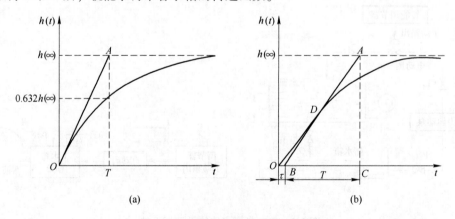

图 2-7　单容水箱的阶跃响应曲线

如果对象具有滞后特性时，其阶跃响应曲线则为图 2-7（b），在此曲线的拐点 D 处作切线，它与时间轴交于 B 点，与响应稳态值的渐近线交于 A 点。图中 OB 即为对象的滞后时间 τ，BC 为对象的时间常数 T，所得的传递函数为：

$$G(s) = \frac{K}{1 + Ts} \mathrm{e}^{-\tau s} \tag{2-30}$$

2.2.2 自衡双容对象的数学模型测试

2.2.2.1 实验目的

（1）掌握双容水箱特性的阶跃响应曲线测试方法。

（2）根据由实验测得双容液位的阶跃响应曲线，确定其特征参数 K、T_1、T_2 及传递函数。

（3）掌握同一控制系统采用不同控制方案的实现过程。

2.2.2.2 实验设备

A1000 过程控制综合实验装置，电脑（组态王、SIMATIC）。

2.2.2.3 实验原理

由图 2-8 所示，被测对象由两个不同容积的水箱相串联组成，故称其为双容对象。自衡是指对象在扰动作用下，其平衡位置被破坏后，不需要操作人员或仪表等干预，依靠其自身重新恢复平衡的过程。根据 2.2.1 节单容水箱特性测试的原理，可知双容水箱数学模型是两个单容水箱数学模型的乘积，即双容水箱的数学模型可用一个二阶惯性环节来描述：

$$G(s) = G_1(s)G_2(s) = \frac{k_1}{T_1s + 1} \times \frac{k_2}{T_2s + 1} = \frac{K}{(T_1s + 1)(T_2s + 1)} \tag{2-31}$$

式中，$K = k_1k_2$，为双容水箱的放大系数；T_1、T_2 分别为两个水箱的时间常数。

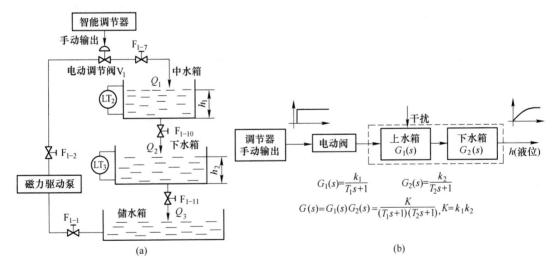

图 2-8 双容水箱对象特性测试系统

（a）结构图；（b）方框图

本实验中测量量为下水箱的液位，当中水箱输入量有一阶跃增量变化时，两水箱的液位变化曲线如图 2-9 所示。由图 2-9 可见，上水箱液位的响应曲线为一单调上升的指数函数（如图 2-9（a）所示）；而下水箱液位的响应曲线则呈 S 形曲线（如图 2-9（b）所示），即下水箱的液位响应滞后了，它滞后的时间与阀 F_{1-10} 和 F_{1-11} 的开度大小密切相关。

双容对象两个惯性环节的时间常数可按下述方法来确定。在图 2-10 所示的阶跃响应

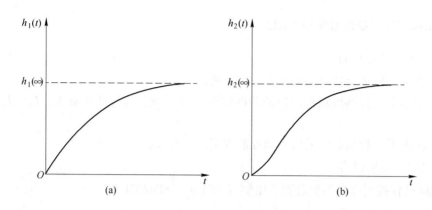

图 2-9　双容水箱液位的阶跃响应曲线

（a）中水箱液位；（b）下水箱液位

曲线上求取：

（1）$h_2(t)\mid_{t=t_1} = 0.4h_2(\infty)$ 时曲线上的点 B 和对应的时间 t_1；

（2）$h_2(t)\mid_{t=t_2} = 0.8h_2(\infty)$ 时曲线上的点 C 和对应的时间 t_2。

然后，利用下面的近似公式计算式：

$$K = \frac{h_2(\infty)}{x_0} = \frac{输入稳态值}{阶跃输入量} \qquad (2\text{-}32)$$

$$T_1 + T_2 \approx \frac{t_1 + t_2}{2.16} \qquad (2\text{-}33)$$

$$\frac{T_1 T_2}{(T_1 + T_2)^2} \approx 1.74\frac{t_1}{t_2} - 0.55 \qquad (2\text{-}34)$$

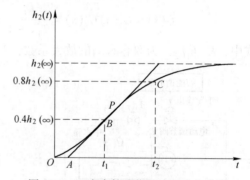

图 2-10　双容水箱液位的阶跃响应曲线

由上述两式解出 T_1 和 T_2，于是得到如式（2-31）所示的传递函数。

在改变相应的阀门开度后，对象可能出现滞后特性，这时可由 S 形曲线的拐点 P 处作一切线，它与时间轴的交点为 A，OA 对应的时间即为对象响应的滞后时间 τ。于是得到双容滞后（二阶滞后）对象的传递函数为：

$$G(s) = \frac{K}{(T_1 s + 1)(T_2 s + 1)}e^{-\tau s} \qquad (2\text{-}35)$$

2.3　基于 Matlab 的建模实训

2.3.1　作图法建立一阶系统数学模型

2.3.1.1　实验目的

（1）熟悉利用作图法建立系统一阶惯性环节加纯迟延的数学模型方法。

（2）学会使用 Matlab/Simulink 建立系统模型。

2.3.1.2 实验设备

安装有 Matlab 软件的电脑一台。

2.3.1.3 实验内容

已知液位对象，在阶跃扰动 $\Delta u(t) = 20\%$ 时，其阶跃响应的实验数据见表 2-1。

表 2-1 阶跃扰动 $\Delta u(t) = 20\%$ 时，阶跃响应的实验数据

t/s	0	10	15	45	75	105	145	175	205	235	265	295
h/mm	0	0	1	35	41	45	48	50	51	52	53	54

若将液位对象近似为一阶惯性加纯延迟，利用作图法确定其增益 K，时间常数 T 和纯延迟时间 τ。

2.3.1.4 实验步骤

（1）首先根据输出稳态值和阶跃输入变化幅值可得增益 $K = 54/20 = 2.7$。

（2）利用 Matlab 软件，编写的 Matlab 程序 sy2_1.m 如下，可得如图 2-11 所示单位阶跃响应曲线。

```
t= [0, 10, 15, 45, 75, 105, 145, 175, 205, 235, 265, 295];
h= [0, 0, 1, 35, 41, 45, 48, 50, 51, 52, 53, 54];
plot (t, h)
```

（3）按照 S 形响应曲线的参数求法，由图 2-11 大致可得系统的时间常数 T 和延迟时间 τ，分别为 $\tau = 15\text{s}$，$T = 70 - \tau = 55\text{s}$。则系统近似为一阶惯性加纯延迟的数学模型为：

$$G(s) = \frac{2.7}{55s + 1}\text{e}^{-15s} \qquad (2\text{-}36)$$

（4）建立如图 2-12 所示的 Simulink 系统仿真程序，阶跃信号给定 20，保存为 ex2_1.mdl，在窗口中执行以下程序 sy2_2.m，便可得如图 2-13 所示的系统和近似系统的单位阶跃响应曲线。

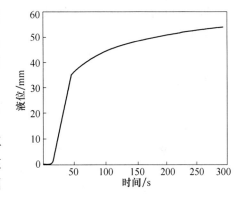

图 2-11 单位阶跃响应曲线

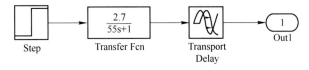

图 2-12 Simulink 仿真图

```
t= [0, 10, 15, 45, 75, 105, 145, 175, 205, 235, 265, 295];
h= [0, 0, 1, 35, 41, 45, 48, 50, 51, 52, 53, 54];
[t0, x0, h0] =sim ('ex2_ 1', 300);
plot (t, h, '- -', t0, h0);
```

2.3.1.5 实验报告要求

（1）比较原系统和近似系统的单位阶跃响应，并分析误差大小。

（2）分析误差原因。

（3）根据附录实验报告格式和以上要求写出实验报告。

2.3.2　计算法建立一阶系统数学模型

2.3.2.1　实验目的

（1）熟悉利用作图法建立系统一阶惯性环节加纯迟延的数学模型方法。

（2）学会使用 Matlab/Simulink 建立系统模型。

2.3.2.2　实验设备

安装有 Matlab 软件电脑一台。

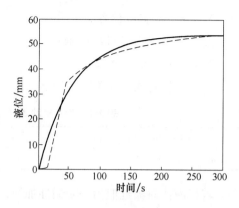

图 2-13　原系统和近似系统的单位阶跃响应
（虚线为原系统）

2.3.2.3　实验内容

已知液位对象，在阶跃扰动 $\Delta u(t) = 20\%$ 时，其阶跃响应的实验数据见表 2-2。

表 2-2　阶跃扰动 $\Delta u(t) = 20\%$ 时，阶跃响应的实验数据

t/s	0	10	15	45	75	105	145	175	205	235	265	295
h/mm	0	0	1	35	41	45	48	50	51	52	53	54

若将液位对象近似为一阶惯性加纯迟延，利用计算法确定其增益 K、时间常数 T 和纯迟延时间 τ。

2.3.2.4　实验方法步骤

（1）首先根据输出稳态值和阶跃输入的变化幅值可得增益 $K = 54/20 = 2.7$。

（2）根据系统近似为一阶惯性加纯迟延的计算法，编写的 Matlab 程序 sy2_3.m 如下：

```
tw=10;
t= [0, 10, 15, 45, 75, 105, 145, 175, 205, 235, 265, 295] -tw;
% 由于 interp1 要求 h 单调，故 10s 取一极小值 0.01 代替 0
h= [0, 0.01, 1, 35, 41, 45, 48, 50, 51, 52, 53, 54];
h=h/h (length (h) );
h1=0.39;
t1=interp1 (h, t, h1) +tw;
h2=0.63;
t2=interp1 (h, t, h2) +tw;
T=2 * (t2-t1), tao=2*t1-t2
```

执行程序 sy2_3.m 可得如下结果 $T = 22.8706$，$\tau = 21.2647$。则系统近似为一阶惯性加纯迟延的数学模型为：

$$G(s) = \frac{2.7}{22.9s + 1} e^{-21.3s} \tag{2-37}$$

（3）建立如图 2-14 所示的 Simulink 系统仿真程序，保存为 ex2_2.mdl，在窗口中执行以下程序 sy2_4.m，便可得如图 2-15 所示的系统和近似系统的单位阶跃响应曲线。

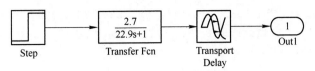

图 2-14　Simulink 仿真图

```
% sy2_ 2.m
t = [0, 10, 15, 45, 75, 105, 145, 175, 205, 235, 265, 295];
h = [0, 0, 1, 35, 41, 45, 48, 51, 52, 53, 53.5, 54];
[t0, x0, h0] = sim ('ex2_ 2', 300);
plot (t, h, '--', t0, h0);
```

2.3.2.5　实验报告要求

（1）比较原系统和近似系统的单位阶跃响应，并分析误差大小。

（2）分析误差原因。

（3）根据附录实验报告格式和以上要求写出实验报告。

2.3.3　计算法建立二阶系统数学模型

2.3.3.1　实验目的

（1）熟悉利用计算法建立系统二阶惯性环节加纯迟延的近似数学模型的方法。

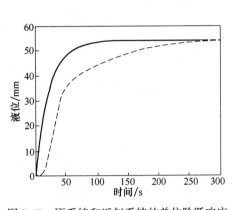

图 2-15　原系统和近似系统的单位阶跃响应（虚线为原系统）

（2）学会利用 Matlab/Simulink 对系统建模的方法。

2.3.3.2　实验设备

安装 Windows 系统和 Matlab 软件的计算机一台。

2.3.3.3　实验内容

已知液位对象，在阶跃扰动 $\Delta u(t) = 20\%$ 时，其阶跃响应的实验数据见表 2-3。

表 2-3　阶跃扰动 $\Delta u(t) = 20\%$ 时，阶跃响应的实验数据

t/s	0	10	15	45	75	105	145	175	205	235	265	295
h/mm	0	0	1	35	41	45	48	50	51	52	53	54

若将液位对象近似为一阶惯性加纯迟延，利用计算法确定其增益 K、时间常数 T 和纯迟延时间 τ。

2.3.3.4　实验方法步骤

（1）首先根据输出稳态值和阶跃输入的变化幅值可得增益 $K = 54/20 = 2.7$。

（2）根据阶跃响应脱离 0 点时刻，设 τ 为 10s。

（3）根据系统近似为二阶惯性环节加纯迟延的计算法，利用阶跃响应截去纯迟延部分后的数据，编写 Matlab 程序 sy2_5.m。

```
% sy2_ 5.m
tao = 10;
```

```
t = [0, 10, 15, 45, 75, 105, 145, 175, 205, 235, 265, 295] -tao;
h = [0, 0.01, 1, 35, 41, 45, 48, 51, 52, 53, 53.5, 54];
h=h/h (length (h) );
h1 = 0.4;
t1 =interp1 (h, t, h1) + tao;
h2 = 0.8;
t2 =interp1 (h, t, h2) + tao;
if (abs (t1/t2-0.46) <0.01)
    T1 = (t1+t2) /4.36, T2 =T1
    else if (t1/t2<0.46)
        if (abs (t1/t2-0.32) <0.01)
    T1 = (t1+t2) /2.12, T2 =0
            else if (t1/t2<0.32)
        disp ('t1/t2<0.32')
            end
            if (t1/t2>0.32)
        T12 = (t1+t2) /2.16;
        T1T2 = (1.74 * (t1/t2) -0.55) *T12^2;
        disp ( ['T1+T2 =', num2str (T12) ] );
        disp ( ['T1 * T2 =', num2str (T1T2) ] );
            end
        end
    end
    if (t1/t2>0.46)
    disp ('t1/t2>0.46，系统复杂，需要高阶惯性表示')
    end
end
```

执行程序 sy2_5m 可得如下结果：

```
>> sy2_ 5
T1+T2 =57.7206
T1 * T2 =269.5212
```

则系统近似为二阶惯性环节加纯迟延的数学模型可表示为：

$$G(s) = \frac{1}{269.5s^2 + 57.7s + 1}e^{-10s} \tag{2-38}$$

（4）首先建立如图 2-16 所示的 Simulink 系统仿真框图，并将阶跃信号模块（Step）的初始作用时间（Step time）和幅值（Final value）分别改为 0 和 54 后，以文件名 ex2_3. mdl 将该系统保存。

（5）然后在 Matlab 窗口中执行以下命令，便可得如图 2-17 所示的原系统和近似系统的单位阶跃响应曲线。

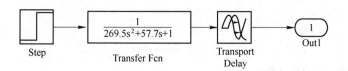

图 2-16　Simulink 仿真图

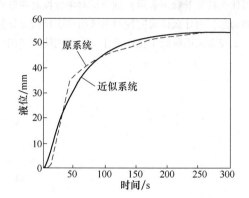

图 2-17　原系统和近似系统的单位阶跃响应

```
t = [0, 10, 15, 45, 75, 105, 145, 175, 205, 235, 265, 295];
h = [0, 0, 1, 35, 41, 45, 48, 51, 52, 53, 54, 54];
[t0, x0, h0] = sim ('ex2_ 3', 300); plot (t, h, '- -', t0, h0);
```

2.3.3.5　实验报告要求

（1）比较原系统和近似系统的单位阶跃响应曲线，并分析误差大小。

（2）分析误差原因。

（3）根据附录实验报告格式和以上要求写出实验报告。

────── 小　　结 ──────

在简单控制系统分析和设计时，通常将系统中控制器以外的部分组合在一起，即被控对象、执行器和检测变送器合并为广义被控对象。

系统设计的主要任务是被控变量和控制变量的选择、建立被控对象的数学模型、控制器的设计、检测变送器和执行器的选型。为了能保证构成工业过程中的控制系统是一种负反馈控制，系统的开环增益必须为负，而系统的开环增益是系统中各环节增益的乘积。

本章主要对被控对象特性进行测试，熟悉各种被控对象的特性，对被控过程数学模型的要求随其用途不同而不同，总的来说就是简单且准确可靠。但这并不意味着越准确越好，应根据实际应用情况提出适当的要求。在线运用的数学模型还有实时性的要求，它与准确性要求往往是矛盾的。

系统整定方法很多，但可归纳为两大类：理论计算法和工程整定法。在工程实际应用中，常采用工程整定法，它一般有动态特性参数法、稳定边界法、衰减曲线法和经验整定。

习　题

2-1　什么是自衡对象和非自衡对象?

2-2　生产上对自动控制系统的过渡过程有什么要求?生产中为什么不能采用等幅振荡、发散振荡的过渡过程?

2-3　对象静特性和动特性各用什么特征参数来表示?试分析对象特性对调节质量的影响。

2-4　什么是控制系统的静态和动态?为什么说研究控制系统的动态比研究其静态更为重要?

2-5　何为阶跃干扰作用?为什么经常采用阶跃干扰作用作为系统的输入作用形式?

3 小型水箱过程控制系统实训

【导读】

实现工业生产过程自动化，一直是从事自动化控制工作的工程技术人员的努力方向和奋斗目标。生产过程自动化，不仅可以提高生产率，减少能耗，降低生产成本，而且在某些生产装置或工艺过程无法用人工进行控制的场合（例如有毒有害的危险场所）或人力所不能及的地方，体现出了巨大的优越性。可以说，现代工业生产中，想要实现安全生产，实现生产的高速、低耗，离不开自动化，而实现自动化的方法就是控制，实现自动化的工具就是仪表。

生产过程中液位的测量与控制十分重要。例如，锅炉汽包的液位关系到锅炉的正常运行，液位过高使得生产的蒸汽品质下降，从而影响其他生产环节或装置的运行；液位过低，会发生锅炉汽包被烧干引起爆炸的事故。因此，必须对锅炉汽包的液位进行检测和控制，及时发现问题，消除安全隐患，确保生产的安全和设备运行安全。另外，工业生产中还有许多生产设备中的液位需要检测和控制。

众所周知，液位是工业生产自动化中四大热工参数之一，本章将就工业生产中的液位检测与控制进行介绍。要想了解液位，首先得知道物位。物位是指存放在容器或者工业设备中物质的高度或者位置。若此物质为液体，表征液面的高低，就称为液位。

【学习建议】

本章内容是围绕小型水箱过程控制系统的几种控制方案的理论知识，系统的方案的设计、实现、调试及优化展开的，最基本的反馈控制、性能指标、PID调节是学习本章的必要基础。学习者应在充分复习和理解这些基本知识的基础上，展开本章的学习。对于后半部分稍微复杂的控制系统，不拘泥于推导过程，而应该注重理解其功能、各部分关系、作用、结论和物理意义。在学习本章时，建议学习者查阅资料，在学习过程中详细了解实际过程控制各部分间的合作关系，以便做到深入理解、学以致用。

【学习目标】
(1) 理解各种简单水箱控制方法的工作原理及其性能特点。
(2) 掌握简单水箱控制几种控制方法的应用。

3.1 小型水箱过程控制系统介绍

过程控制系统涉及冶金、机械、石油、化工、电力、轻工、建材等领域，本章将以液体储槽的水位、流量等变量控制为例说明简单的过程控制的组成部分、特点、性能指标、系统设计要求等。液位是许多工业生产中的重要参数之一，在化工、冶金、医药、航空等领域，液位的测量和控制直接影响到产品的质量。在本章有四类七个实验，使用不同控制方法对液位、流量等变量进行控制。

3.1.1   生产中典型的液位对象

在工业生产中，"对象"泛指工业生产设备或者装置。常见的对象有电动机、各类热交换器、塔釜、贮槽、反应器、各种类型的泵等。在液位检测与控制系统中，锅炉汽包和贮槽是最为常见的对象。为了能使生产过程平稳运行，作为自动控制人员，除了要充分了解和熟悉生产工业过程，更重要的是熟悉所控制生产设备的特性——对象特性。因此，研究和熟悉常见控制对象的特性，对从事生产过程自动控制的工程技术人员而言，具有重要意义。

所谓对象特性，是指对象在输入信号作用下，其输出特性（一般是被控变量）随时间变化的规律。在这里的输入信号，一是人为施加的控制作用，二是各种扰动作用。它是信息流的流入流出，而不是实际的物料流的流入流出关系。

水箱是工业生产中常用的设备，水箱中的液位检测与控制在工业生产中也是常见的，例如合成氨生产中液氨贮槽的液位检测与控制。因为贮槽结构简单、容易实现，所以经常被用作分析、研究对象特性的实验设备。如图 3-1 为贮槽示意图，图中液位 L 为被控变量（通过控制作用，使之满足生产要求的工艺变量），即被控对象的输出信号。他的操纵变量（自动控制系统用来施加控制作用的变量）可以是流入量 $q_入$，也可以是流出量 $q_出$。若控制 $q_入$，则 $q_出$ 的变化就是扰动作用，反之亦然。

对于被控对象，需要了解两个基本概念。一是对象的负荷，二是对象的自衡。

所谓对象的负荷（也称生产能力），是指生产过程处于稳定状态时，单位时间内流入或者流出对象的物料或者能量。例如图 3-1 中的物料流量、锅炉的产气量等。负荷变化的大小、快慢和次数，常常被视作系统的扰动。显然，稳定的负荷有利于自动控制。

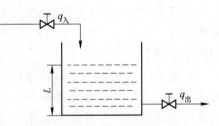

图 3-1   生产中典型的液位对象

对象分为有自衡对象和无自衡对象。如果对象的负荷改变后，无需加任何控制作用，被控变量能自行趋于一个新的稳定值，这样的对象称为有自衡对象。如图 3-1 所示的对象就是有自衡对象。在图 3-1 中假如输入量 $q_入$ 突然增加，而流出量 $q_出$ 不变，由于 $q_入 > q_出$，液位会上升。此时在贮槽的底部，静压力就会增大。尽管流出阀的开度没有改变，流出量 $q_出$ 也会随着底部静压的增加而增加，当 $q_入 = q_出$，液位又会重新稳定下来。但是同样是如图 3-1 所示的贮槽，如果底部流出量是通过一台泵抽出的，由于泵的排水量基本不变，在流入量突然增加时，若不加控制作用，对象就不能自行达到新的平衡，这样的对象就成为无自衡对象。显而易见，有自衡对象比无自衡对象容易控制。

此外，对于被控对象，还应掌握对象特性中的三个重要参数。即放大系数 K、时间常数 T 和滞后时间 τ。

如图 3-1 所示为贮槽对象。此处的"一阶"是指在建立这种对象的数学模型时，列出的微分方程是一阶的，故此得名。以此类推，若对象数学模型的微分方程是二阶的，则称为二阶对象，也称多容量对象，如图 3-2 所示的贮槽即为二阶对象。

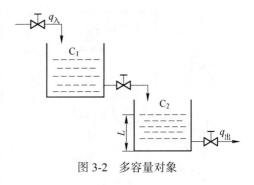

图 3-2　多容量对象

对于二阶对象，流入量 $q_入$ 的变化首先引起贮槽 C_1 的液位变化，然后才引起贮槽 C_2 的液位变化，显然流入量 $q_入$ 对被控变量 L 的影响过程更为间接和复杂，所以它的液位控制难度就大得多。

3.1.2　对象系统介绍

本章实验使用的是 A1000 小型过程控制实验系统如图 3-3 所示，完全符合国家对自动化专业工程培训的要求，非常适合学习组态软件、控制系统调节以及控制器编程，也非常适合于进行算法研究。系统满足《检测技术及仪表》《控制仪表》《过程控制原理》以及《计算机控制系统》等课程教学的要求。

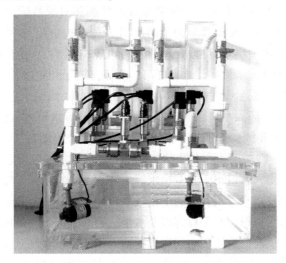

图 3-3　A1000 小型过程实训对象外观图

A1000 小型过程实训对象包括一个大储水箱、三个玻璃水箱。传感器和执行器系统包括三个液位、两个压力、两个涡轮流量计、两个水泵，提供两路供水系统。整个系统外形尺寸为：长×宽×高＝571mm×400mm×580mm。设备总重量无水时约 10kg，加满水约 20kg。

A1000 小型多参数过程控制系统工艺流程如图 3-4 所示。

（1）储水箱主体（V4）：一体化设计，提供整个系统支撑。是循环水系统的中间缓冲容器，约 10 升，能满足左、中、右水箱的实验供水需要。

（2）三容水箱：包括左水箱（V1）、中水箱（V2）和右水箱（V3），三个水箱均采用优质有机玻璃，带盖子和液位刻度显示，便于学生直接观察液位的变化和记录结果。水箱底部均接有扩散硅压力传感器与变送器，可对水箱的压力和液位进行检测和变送。支持

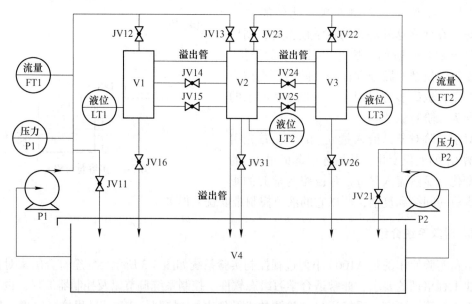

图 3-4   A1000 小型过程控制实验系统工艺流程图

水平三容和垂直两容。A1000 小型过程实训系统的控制和对象系统为一体。

左边水箱（V1）有一个入水口和四个出水口。其右边上出水用于溢流，如果水过多则从中水箱溢流。其右边中出水口排水流量受手阀 JV14 控制，用于和中水箱形成垂直多容系统。其右边下出水口排水流量受手阀 JV15 控制，用于和中水箱形成水平双容和水平三容。其底部出水口排水流量受手阀 JV16 控制，用于水回到储水箱。底部还有一个开口用于提供液位测量。其上部入水口手阀 JV12 用于手动调节水箱入口流量和压力。

中间水箱（V2）有四个入水口，四个出入水口，两个出水口。前面的入水口是两个水路的入水，手阀 JV13、JV23 分别手动调节两水路入水流量。左右最上面的入水口用于左右两个水箱溢流。左边中出入水口用于和左边水箱形成垂直多容系统。左边下出入水口用于和左水箱形成水平双容以及水平三容，右边中出入水口用于和右边水箱形成垂直多容系统。右边下出入水口用于和右水箱形成水平双容以及水平三容。底部出水口用于水回到储水箱。底部还有一个开口用于提供液位泄流。中间有根管道，如果水过多则从此管道溢流。

右边水箱（V3）有一个入水口和四个出水口。其左边上出水用于溢流，如果水过多则从中水箱溢流。其左边中出水口排水流量受手阀 JV24 控制，用于和中水箱形成垂直多容系统。其左边下出水口排水流量受手阀 JV25 控制，用于和中水箱形成水平双容和水平三容。其底部出水口排水流量受手阀 JV26 控制，用于水回到储水箱。底部还有一个开口用于提供液位测量。其上部入水口手阀 JV22 用于手动调节该水箱入口流量。

（3）管路、功能阀及测控点：整个系统管道由 PVC 管连接而成，在储水箱台面上布局，与实验流程有关的管路有 2 路注水通道和 1 个连接通道共 3 条。每一注水通道分别由泵的出水口到各实验容器的入水口，通道上设流量测点 1 个、压力测点 1 个、注水阀 2 个。连接通道上设有连通阀 3 个、各容器的放水阀 3 个。所有的手动阀门均采用优质球阀，彻底避免了管道系统生锈的可能性，有效提高了实训装置的使用年限。通过切换 13 个手动连通金属球阀可以组成不同的工艺流程。

左、中、右三个水箱可以组合成一阶、二阶、三阶单回路液位控制系统和双闭环、三闭环液位串级控制系统。

工艺部件清单见表3-1。

表3-1 工艺部件清单

部件名称	特 色
三容水箱	支持水平三容和垂直双容，配置三个液位检测。所有容器有盖子，带液位刻度显示
直流无刷水泵	2个。极低声音，极好的散热安装方式，支持常年运行
双动力支路	PVC管道每个支路设计了泄漏管，以便支持干扰设计
一体化设计的大水箱	牢固美观，容积大，漂亮，系统要求使用纯净水，以便保护有机玻璃，而且更加清亮
检测单元	2个扩散硅压力变送器，1%精度； 2个涡轮流量计，1%精度； 3个扩散硅型液位变送器，1%精度

3.1.3 控制系统中的仪器仪表

A1000小型过程实训系统三个水箱的底部都安装有扩散硅压力传感器与变送器（LT1、LT2、LT3），可对水箱的液位进行监测和变送。左、中、右水箱可以组合成一阶、二阶、三阶单闭环液位控制系统和双闭环、三闭环液位串级控制系统。两路动力支路管道均安装有扩散硅压力传感器与变送器（P1、P2）和涡轮流量传感器与变送器（FT1、FT2），可实现单闭环压力、流量控制系统以及一阶、二阶、三阶流量-液位串级控制等。

3.1.3.1 扩散硅压力变送器

扩散硅压力传感器是根据压阻效应工作的，其测量元件的结构示意图如图3-5所示。在杯状单晶硅膜片的表面上，沿一定的晶轴方向扩散着一些长条形的应变元件。当硅膜片上下两侧出现压差时，膜片内部产生应力，使扩散应变元件的阻值发生变化。为了减小应变元件的阻值随温度变化引起的误差，在硅膜片上常扩散四个阻值相等的电阻，以便接成平衡电桥。

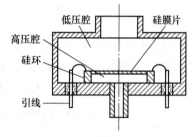

图3-5 扩散硅压力传感器
测量元件结构示意图

A1000系统中压力变送器P1、P2分别用于测量支路1和支路2管道压力。压力变送器选用福州福光百特自动化设备有限公司生产的FB0803系列扩散硅压力/液位变送器，型号：FB0803XHS306E2RG。管道内压力测量变送器参数见表3-2。

表3-2 管道内压力测量变送器参数

图位号	型号	规格	名称	用途
P1	FB0803-50kPa	0~50kPa （4~20mA）	扩散硅压力变送器	支路1管道压力（左）
P2	FB0803-50kPa	0~50kPa （4~20mA）	扩散硅压力变送器	支路2管道压力（右）

FB0803系列扩散硅压力/液位变送器由传感器和信号处理电路组成。其中传感器压面

设有惠斯顿电桥，如图 3-6 所示，当压力变化时，电桥各桥臂电阻值发生变化，将压力变化信号转成电压变化信号。电压变化信号通过信号处理电路，最终将转换成标准 4~20mA 信号输出。供电电源 24V DC，具体接线图如图 3-7 所示。

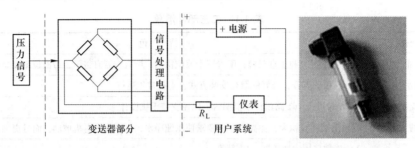

图 3-6　FB0803 系列扩散硅压力/液位变送器原理图

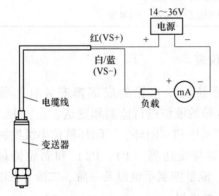

图 3-7　FB0803 系列扩散硅压力/液位变送器接线图

FB0803XHS306E2RG 为工业用精小型的扩散硅压力变送器，带不锈钢隔离膜片，同时采用信号隔离技术，对传感器温度漂移跟踪补偿。采用标准二线制传输方式，工作时需提供 24V 直流电源，输出 DC4~20mA，其主要技术参数见表 3-3。

表 3-3　FB0803XHS306E2RG 精小型压力变送器主要技术参数

参数	数　值
工作电压	12~30V DC
输出信号	4~20mA DC
测量范围	0~20kPa~70kPa
过载压力	150%
精度	±0.25%
温度漂移	±0.25%F.S/10℃
抗电磁/射频干扰	30V/m，10kHz 至 500MHz
冲击影响	任何方向 100g 冲击 11ms 后，变化量小于±0.02%F.S
震动影响	任何方向振动频率为 20~30Hz 时，变化量小于±0.02%F.S
工作温度	−20~70℃
工作介质	纯净气体和液体（无固体杂质）
外壳材料	1Cr18Ni9Ti
引线方式	赫斯曼接头
接口形式	标准型 M20×1.5 外螺纹

扩散硅压力变送器使用时必须调零。如图 3-8 所示,先拧下上面螺母,然后抓紧信号线,拧下下面的大头。要避免信号线旋转损坏。然后将液位稳定在所设定的 0 位置,调节零点,输出 4mA。将液位调整到所要设定的 25mm(用刻度线或直尺),调节满度输出16mA。如果能满度液位更好。

3.1.3.2 液位变送器

对于开放式容器,即被测液体的容器与大气相通,液体中某一点的静压力与该点到液面距离成正比,即 $P = \rho g h$。其中 P 为被测点的压力;ρ 为介质密度;g 为重力加速度;h 为被测点到液面的高度。对已确定的被测介质,ρ、g 为常数,故被测点到液面的高度只与被测的压力有关。A1000 系统中采用扩散硅压力变送器测量液位高度。

液位变送器 LT1、LT2、LT3 分别用于测量左、中、右三个水箱液位的高度。液位变送器选用福州福光百特自动化设备有限公司生产的 FB0803 系列扩散硅压力/液位变送器,型号:FB0803XHS304E2RG,主要性能参数见表 3-4。

图 3-8 压力变送器调零

表 3-4 水箱液位测量变送器参数

图位号	规 格	名 称	用 途
LT1	0~3kPa(4~20mA)	扩散硅压力变送器	左水箱液位
LT2	0~3kPa(4~20mA)	扩散硅压力变送器	中水箱液位
LT3	0~3kPa(4~20mA)	扩散硅压力变送器	右水箱液位

FB0803XHS304E2RG 为工业用精小型的扩散硅压力变送器,带不锈钢隔离膜片,同时采用信号隔离技术,对传感器温度漂移跟踪补偿。采用标准二线制传输方式,工作时需提供 24V 直流电源,输出 DC 4~20mA,其主要技术参数见表 3-5。

表 3-5 FB0803XHS304E2RG 精小型压力变送器主要技术参数

参数	数 值
工作电压	12~30V DC
输出信号	4~20mA DC
测量范围	0~7kPa~20kPa
过载压力	150%
精度	±0.25%
温度漂移	±0.25%F. S/10℃
抗电磁/射频干扰	30V/m,10kHz 至 500MHz
冲击影响	任何方向 100g 冲击 11ms 后,变化量小于±0.02%F.S
振动影响	振动频率为 20~30Hz 时,变化量小于±0.02%F.S
工作温度	-20~70℃
工作介质	纯净气体和液体(无固体杂质)
外壳材料	1Cr18Ni9Ti
接口形式	标准型 M20×1.5 外螺纹

3.1.3.3　涡轮流量计

涡轮流量传感器是一种精密流量测量仪表，与相应的流量积算仪表配套可用于测量液体的流量和总量。

被测液体流经传感器时，传感器内叶轮借助于液体的动能而旋转。由于叶片有导磁性，它处于信号检测器（由永久磁钢和线圈组成）的磁场中，旋转的叶片切割磁力线，周期性地改变着线圈的磁通量，从而使线圈两端感应出电脉冲信号，此信号经过放大器的放大整形，形成有一定幅度的连续的矩形脉冲波，可远传至显示仪表，显示出流体的瞬时流量和累计量。

在一定的流量测量范围内，传感器的流量脉冲频率 f 与流经传感器的流体的瞬时流量 Q 成正比，流量方程为：

$$Q = 3600f/k \tag{3-1}$$

式中　Q ——流体的瞬时流量（工作状态下），m^3/h；

　　　f ——流量信号脉冲频率，Hz；

　　　k ——传感器的仪表系数，$1/m^3$，由校验单给出。

每台传感器的仪表系数由制造厂填写在检定证书中，k 值设入配套的显示仪表中，便可显示出瞬时流量和累积总量。

A1000 系统中 FT1、FT2 两个涡轮流量计分别用来检测两个动力支路出口处的注水流量，其基本参数见表3-6。

表3-6　管道内流量测量变送器参数

图位号	型号	规　格	名　　称	用　　途
FT1	DN10	0.2~1.2m³/h（4~20mA）	涡轮流量变送器	支路1注水流量（左）
FT2	DN10	0.2~1.2m³/h（4~20mA）	涡轮流量变送器	支路2注水流量（右）

LWGY-10 涡轮流量计采用标准的二线制传输模式，工作时需提供 24V 直流电源。流量范围为 0.2~1.2m³/h，精度为 1.0%，输出为 4~20mA。LWGY-10 涡轮流量计主要技术参数见表3-7。

表3-7　LWGY-10 主要技术参数

参数	数　　值
工作电源	电压：24V±10%，电流：<10mA
测量流量范围	0.2~1.2m³/h
最大工作压力	6.3MPa
输出信号	两线制4~20mA 接线原理同压力变送器
精度	±0.25%
环境温度	−20~50℃
介质温度	−20~120℃
接口形式	螺纹
公称通径	10mm

3.1.3.4 执行机构

执行机构提供水系统的循环动力。该实训系统选用2台三相直流无刷水泵，自带调速系统。2台三相直流无刷水泵选用生产的DC50E-2480A无刷直流水泵，该泵采用全塑料外形结构，三相直流无刷电机驱动，独特的屏蔽套设计，保证泵的轴端永无渗漏，其主要技术参数见表3-8。

表 3-8 DC50E-2480A 主要技术参数

名称	三相直流无刷水泵
型号	DC50E-2480A
流量	1080L/h（扬程8m）;
电压	24V DC
功率	48W
水温	≤100℃
噪声	≤40dBA
重量	600g
尺寸	93.9mm×99.5mm×69.6mm

该系统提供了两路动力支流，既可以满足两个同学同时进行压力、流量和液位实验，还可以一路用于提供水流，一路用于提供干扰。JV13 和 JV23 提供泄漏干扰。每个支路设计了泄漏管，以便支持干扰设计。

3.1.4 控制系统及其配线

A1000 小型过程控制实训系统采用 SIMATIC S7-1200 系列 PLC 实现水箱控制。

S7-1200 是一款紧凑型、模块化 PLC，组态灵活且具有功能强大的指令集，可完成简单逻辑控制、高级逻辑控制、HMI 网络通信等自动化需求。S7-1200 的 CPU 将微处理器、集成电源、输入电路和输出电路、内置 PROFINET 接口、高速运动控制 I/O 集成在一个紧凑的外壳中，创造出一款功能强大的控制器，如图 3-9 所示，集成了 PROFINET 接口，可以实现编程设备与 CPU、CPU 与 HMI 以及 CPU 之间的通信。

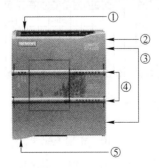

图 3-9 S7-1200 PLC

①—电源接口；②—存储卡插槽（上部保护盖下面）；③—可拆卸用户接线连接器（保护盖下面）；
④—板载 I/O 的状态 LED；⑤—PROFINET 连接器（CPU 的底部）

S7-1200 CPU 的技术参数见表 3-9。

表 3-9　S7-1200 CPU 的技术参数

名　称		参　数
程序存储器	带运行模式下编辑	100K 字节
	不带运行模式下编辑	4M 字节
数据存储器		10K 字节
掉电保护时间		100h
本机 I/O		数字量 14 输入、10 输出 模拟量 2 输出
扩展模块数量		12 个模块
高速计数器		共 6 个，（1）单相：3 路 100kHz；（2）单相：3 路 30kHz
脉冲输出（DC）		最多 4 路，CPU 本体 100 kHz，通过信号板可输出 200kHz
连接数及其类型		• 3 个用于 HMI • 8 个用于客户端 GET/PUT（CPU 间 S7 通信） • 1 个用于编程设备 • 8 个用于用户程序中的以太网指令 • 3 个用于服务器 GET/PUT（CPU 间 S7 通信）
时钟精度		±60s/月
通信口		RS-485 RS-232 PROFINET
浮点运算		是
数字 I/O 映像大小		2048（1024 输入、1024 输出）
布尔型执行速度		0.08ms/指令

A1000 对象有 3 个液位、2 个压力、2 个流量、2 个水泵，对象过来的线都连接到 M 端子，M 端子上有 24V+、24V-以及对象过来的信号，M 端子配线如图 3-10 所示。

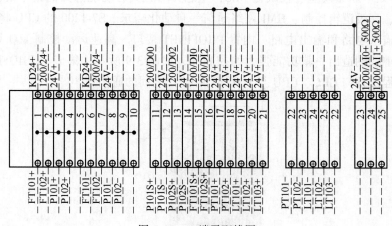

图 3-10　M 端子配线图

S7-1200 CPU 采用 24V 供电，电源从 M 端子排引入，左、中、右三个水箱液位传感器经正端接 24V，负端经 M 端子分别接到 AI0、AI1。涡轮变送器需要提供 24V 电源，其信号输出为高速脉冲，流量 1 和流量 2 分别接到 DI0、DI1，两个水泵的线一端接 24V 负端，另一端分别接 DO0、DO1，具体信号线说明见表 3-10。

表 3-10 信号线说明

PLC 端子	线 号	说 明
AI0	LT101+/ LT102+/ LT103+	右水箱/中水箱/左水箱液位
AI1	PT101+/PT102+	外管路/内管路压力
DI0	FT101+	外管路涡轮流量
DI1	FT102+	内管路涡轮流量
DO0	P101	外管路潜水泵控制信号
DO1	P102	内管路潜水泵控制信号

3.1.5 控制系统的通信设置

S7-1200 CPU 的网口通过网线与上位计算机连接。

3.1.5.1 通信站点设置

在组态王组态编程中新建工程，如图 3-11 所示。

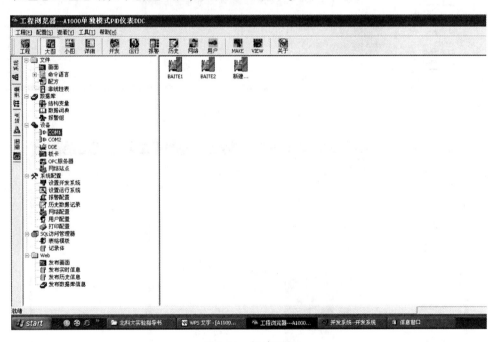

图 3-11 新建项目

单击左侧工程浏览器中"设备"，在右边窗口双击"新建"，进入图 3-12 所示窗口。按图 3-12 所示选中"西门子"→"S7-1200"→TCP，点击"下一步"按钮。

单击"下一步"，正确输入 IP 地址，如图 3-13 所示。注意：实验室中每个 A1000 设备有固定的 IP 地址，标记在设备对象的前面板上，IP 地址范围：115.25.46.246.0 ~ 115.25.46.253.0。

单击"下一步"，选择串口（注意选择通信线连接的串口，通常连接到串口 1），如图 3-14 所示。

图 3-12　设备配置向导

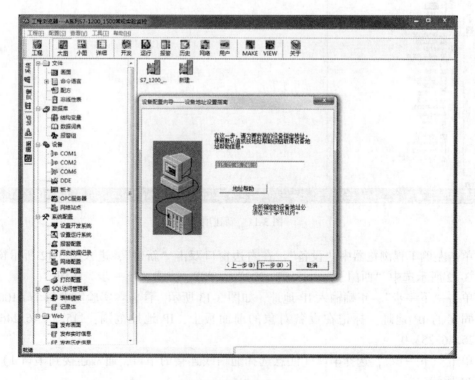

图 3-13　配置 IP 地址

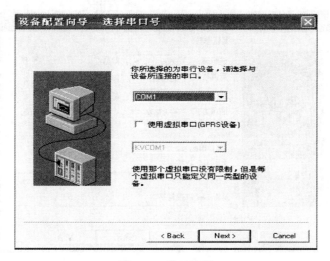

图 3-14　串口选择

单击"下一步"，输入设备地址，A1000 控制板默认地址为 1。

单击"下一步"，不用再修改参数，直到出现整体信息对话框，设置完成，如图 3-15 所示。

图 3-15　信息总结

3.1.5.2　串口通信参数设置

双击"设备"的通信串口——COM1，弹出对话框，设置 COM1 串口参数，如图 3-16 所示。

波特率 9600，数据位 8，停止位 1，奇偶校验无校验，通信方式 RS232。

3.1.5.3　组态王变量设置

A1000 控制板中，MODBUS 通信地址规定是：AI0 ~ AI1 （4001 ~ 4012），DI0 ~ DI5

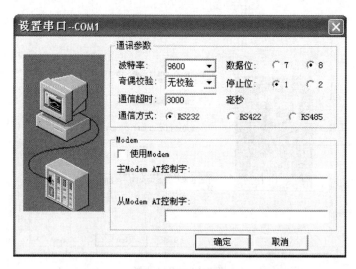

图 3-16　串口设置

（4013～4018），AO0～AO3（4101～4104），PWM0～PWM3（4105～4108）。

　　A　模拟量设置

　　在组态王中的数据词典窗口里，新建模拟输入变量。如设置 AI0，如图 3-17 所示。

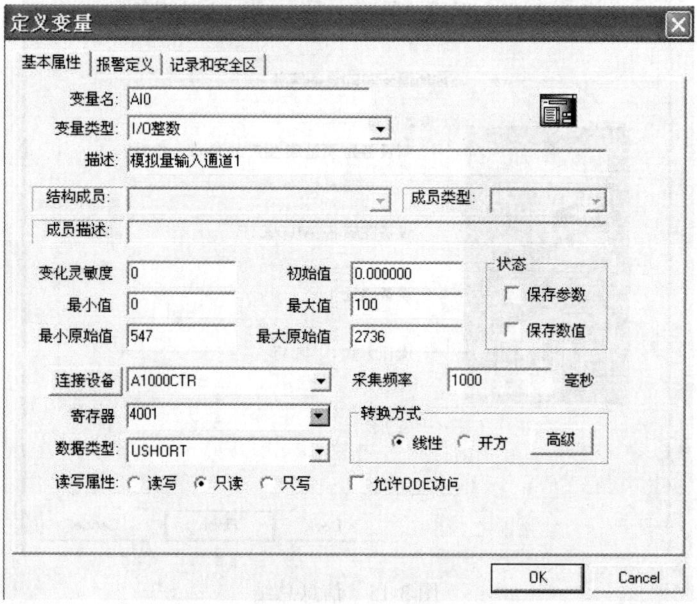

图 3-17　新建模拟输入变量

　　最小原始值与最大原始值说明：547（最小原始值）～2736（最大原始值）对应的电流值 4～20mA。

　　在组态王中的数据词典窗口里，新建模拟输出变量。如设置 AO0，如图 3-18 所示。

　　B　开关量设置

　　在组态王中的数据词典窗口里，新建数字量输入变量。如设置 DI0。由于在 A1000 对象中涡轮变送器使用的是脉冲式,脉冲频率600Hz。因此变量设置如图3-19所示。

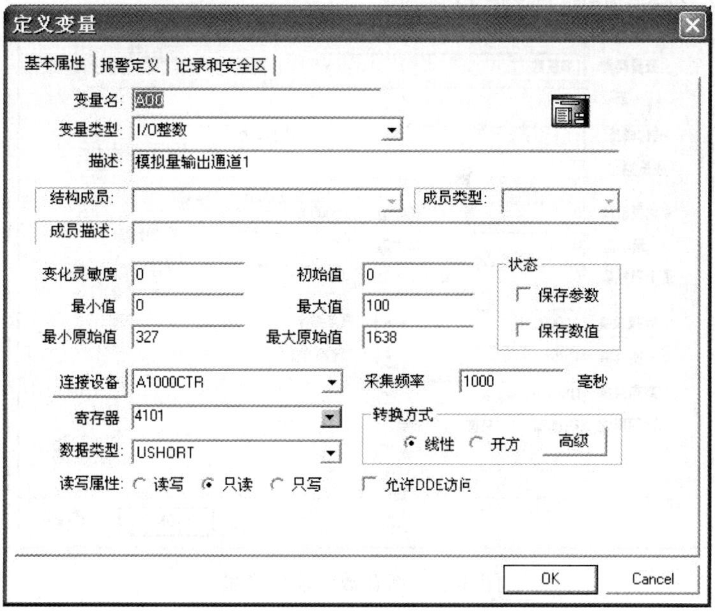

图 3-18 新建模拟输出变量

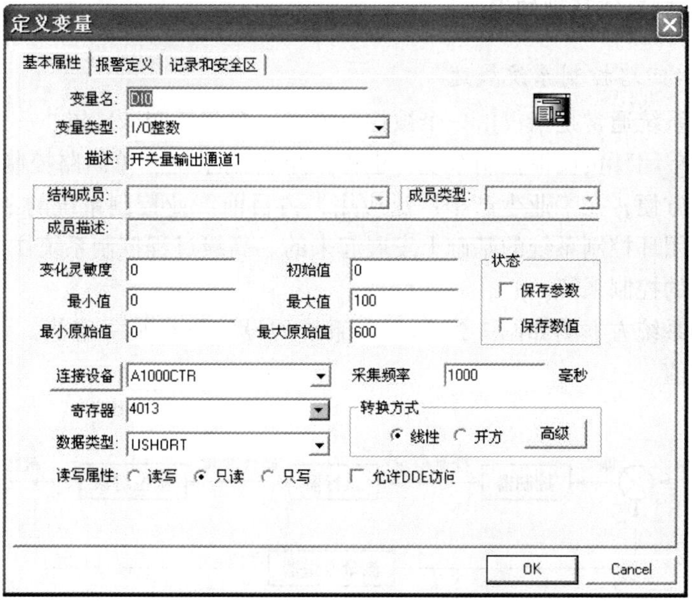

图 3-19 新建数字输入变量

在组态王的数据词典窗口里,新建数字量输出变量。如设置PWM0。在A1000对象中直流无刷小型电机使用脉宽调制控制,因此变量设置如图3-20所示。

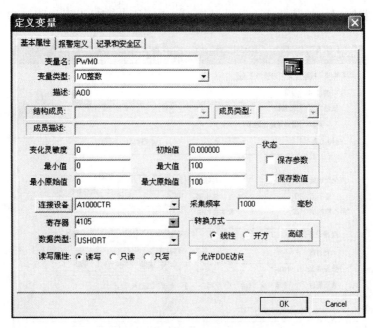

图 3-20　新建数字输出变量

3.2　单回路控制实训

3.2.1　单回路控制系统基础知识

3.2.1.1　单回路控制系统概述

单回路控制系统通常是指仅由一个被控对象、一个测量变送装置、一个控制器和一个执行器所组成的单闭环负反馈控制系统，也称简单控制系统。单回路控制系统结构简单，性能较好，调试方便，在工业生产中广泛应用，占目前工业控制系统的 80% 以上。复杂控制系统是在单闭环控制系统的基础上发展起来的。高级过程控制系统往往把单闭环控制系统作为最底层的控制系统。

单闭环控制系统方框图如图 3-21 所示。系统的设定值是某一定值，要求系统的被控制量稳定至设定值。

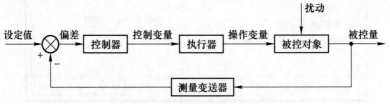

图 3-21　单闭环控制系统方框图

3.2.1.2　干扰对单闭环控制系统性能的影响

A　干扰通道的放大系数、时间常数及纯滞后对系统的影响

干扰通道的放大系数 K_f 会影响干扰加在系统中的幅值。若系统是有差系统，则干扰通道的放大系数越大，系统的静差也就越大。

如果干扰通道是一惯性环节，令时间常数为 T_f，则阶跃扰动通过惯性环节后，其过渡过程的动态分量被滤波而幅值变小。即时间常数 T_f 越大，则系统的动态偏差就越小。

通常干扰通道中还会有纯滞后环节，它使被调参数的响应时间滞后一个 τ 值，但不会影响系统的调节质量。

B　干扰进入系统中的不同位置对系统的影响

复杂的生产过程往往有多个干扰量，它们作用在系统的不同位置，如图 3-22 所示。同一形式、大小相同的扰动作用在系统中不同的位置所产生的静差是不一样的。对扰动产生影响的仅是扰动作用点前的那些环节。

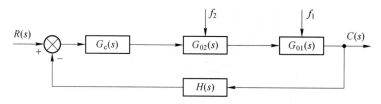

图 3-22　扰动作用于系统的不同位置

3.2.1.3　控制规律选择

PID 控制规律及其对系统控制质量的影响已在有关课程中介绍，在此将有关结论再简单归纳一下。

A　比例（P）调节

纯比例控制器是一种最简单的调节器，它对控制作用和扰动作用的响应都很快。由于比例调节只有一个参数，所以整定很方便。这种控制器的主要缺点是系统有静差存在。其传递函数为：

$$G_C(s) = K_P = \frac{1}{\delta} \tag{3-2}$$

式中，K_P 为比例系数，δ 为比例带。

B　比例积分（PI）调节

PI 调节器就是利用 P 调节快速抵消干扰的影响，同时利用 I 调节消除残差，但 I 调节会降低系统的稳定性，这种调节器在过程控制中是应用最多的一种调节器。其传递函数为：

$$G_C(s) = K_P\left(1 + \frac{1}{T_I(s)}\right) = \frac{1}{\delta}\left(1 + \frac{1}{T_I(s)}\right) \tag{3-3}$$

式中，T_I 为积分时间。

C　比例微分（PD）调节

这种调节器由于有微分的超前作用，能增加系统的稳定度，加快系统的调节过程，减小动态和静态误差，但微分抗干扰能力较差，且微分过大，易导致调节阀动作向两端饱和。因此一般不用于流量和液位控制系统。PD 调节器的传递函数为：

$$G_C(s) = K_P(1 + T_D(s)) = \frac{1}{\delta}(1 + T_D(s)) \tag{3-4}$$

式中，T_D 为微分时间。

D　比例积分微分（PID）调节器

PID 是常规调节器中性能最好的一种调节器。由于它具有各类调节器的优点，因而使系统具有更高的控制质量。它的传递函数为：

$$G_C(s) = K_P(1 + \frac{1}{T_I(s)} + T_D(s)) = \frac{1}{\delta}(1 + \frac{1}{T_I(s)} + T_D(s)) \tag{3-5}$$

图 3-23 表示了同一对象在相同阶跃扰动下，采用不同控制规律时具有相同衰减率的响应过程。

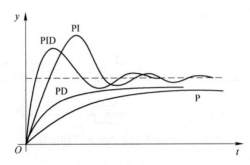

图 3-23　各种控制规律对应的响应过程

3.2.1.4　PID 控制器参数的整定方法

为提高系统控制质量，在工程应用中需要选择合适的 PID 控制器，并对控制器参数进行合理整定。PID 参数整定一般有两种方法：一种是理论计算法，即根据广义对象的数学模型和性能要求，用根轨迹法或频率特性法来确定调节器的相关参数；另一种是工程实验法，即通过对典型输入响应曲线所得到的特征量，然后查照经验表，求得调节器的相关参数。工程实验法有以下四种。

A　经验法

若将控制系统按照液位、流量、温度和压力等参数来分类，则属于同一类别的系统，其对象往往比较接近，所以无论是控制器形式还是所整定的参数均可相互参考。表 3-11 为经验法整定参数的参考数据，在此基础上，对调节器的参数作进一步修正。若需加微分作用，微分时间常数取 $T_D = \left(\frac{1}{3} \sim \frac{1}{4}\right) T_I$。

表 3-11　经验法整定参数

系统	控制器参数		
	$\delta/\%$	$T_I/\min$	$T_D/\min$
温度	20~60	3~10	0.5~3
流量	40~100	0.1~1	—
压力	30~70	0.4~3	—
液位	20~80	—	—

B 临界比例度法

这种整定方法是在闭环情况下进行的。设 $T_I = \infty$，$T_D = 0$，使调节器工作在纯比例情况下，将比例度由大逐渐变小，使系统的输出响应呈现等幅振荡，如图 3-24 所示。根据临界比例度 δ_k 和振荡周期 T_s，按表 3-12 所列的经验算式，求取调节器的参考参数值，这种整定方法是以得到 4∶1 衰减为目标。

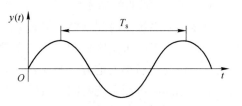

图 3-24　具有周期 T_s 的等幅振荡

表 3-12　临界比例度法整定调节器参数

控制器名称	控制器参数		
	δ	T_I（s）	T_D（s）
P	$2\delta_k$	—	—
PI	$2.2\delta_k$	$T_s/1.2$	—
PID	$1.6\delta_k$	$0.5T_s$	$0.125T_s$

临界比例度法的优点是应用简单方便，但此法有一定限制。首先要产生允许受控变量能承受等幅振荡的波动，其次是受控对象应是二阶和二阶以上或具有纯滞后的一阶以上环节，否则在比例控制下，系统是不会出现等幅振荡的。在求取等幅振荡曲线时，应特别注意控制阀出现开、关的极端状态。

C 衰减曲线法（阻尼振荡法）

在闭环系统中，先把控制器设置为纯比例作用，然后把比例度由大逐渐减小，加阶跃扰动观察输出响应的衰减过程，直至出现图 3-25 所示的 4∶1 衰减过程为止。这时的比例度称为 4∶1 衰减比例度，用 δ_s 表示。相邻两波峰间的距离称为 4∶1 衰减周期 T_s。根据 δ_s 和 T_s，运用表 3-13 所示的经验公式，就可计算出调节器预整定的参数值。

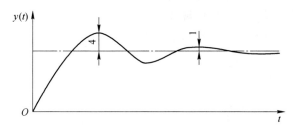

图 3-25　4∶1 衰减曲线法图形

表 3-13　衰减曲线法计算公式

控制器名称	控制器参数		
	$\delta/\%$	$T_I/\min$	$T_D/\min$
P	δ_s	—	—
PI	$1.2\delta_s$	$0.5T_s$	—
PID	$0.8\delta_s$	$0.3T_s$	$0.1T_s$

3.2.1.5　常见控制系统

温度控制系统。时间常数一般较大，为几分钟到几十分钟。温度控制系统的纯滞后一般也较大。为了改善温度控制系统的品质，测量元件应选用时间常数小的元件，并尽可能安装在测量纯滞后小的地方，调节器一般选用 PID 调节器，适当引入微分作用，可以加快调节作用，改善因系统时间常数较大对控制系统造成的影响。

压力控制系统。气体压力对象基本上是单容的，时间常数与系统容积成正比，一般为几秒钟到几分钟，调节器常选用 PI 调节器，积分时间一般为几十秒到几分钟；液体压力对象具有不可压缩性，时间常数很小，通常为几秒钟，同时对象的纯滞后时间很小，调节过程中被控变量的振荡周期很短。

流量控制系统。流量对象时间常数很小，一般为几秒，对象的纯滞后时间也很小，调节过程中被控变量的振荡周期也很短。调节器常选用 PI 调节器。

液位控制系统。一个设备或储罐的液位，代表了其流入量和流出量差的累积。调节器常选用 P 或 PI 调节器。

3.2.2　单容水箱液位控制实训

3.2.2.1　实训目的

（1）了解单容液位定值控制系统的组成和工作原理。

（2）掌握单容液位定值控制系统控制器参数的整定与投运方法。

（3）了解 P、PI、PD 和 PID 四种控制器对液位控制的作用。

（4）研究控制器相关参数变化对系统静态和动态性能的影响。

3.2.2.2　实训设备

A1000 小型过程控制实训系统。

3.2.2.3　实训内容

（1）熟悉 A1000 过程控制实训系统的现场系统和控制系统的基本结构及组成。

（2）学习现场系统设备安全操作规范。

（3）观察 PID 参数变化对系统响应的影响。

（4）观察扰动作用下单回路液位控制系统的表现。

3.2.2.4　实训原理

单容水箱液位控制系统方框图如图 3-26 所示。这是一个单回路反馈控制系统，被控量为水箱液位高度，控制任务是使水箱液位等于设定值所要求的高度，减小或消除来自系统内部或外部扰动的影响。液位变送器检测到的水箱液位信号作为反馈信号，将其与给定量比较后的差值通过控制器控制调速器来调节水泵的流量，以达到控制水箱液位的目的。

一般言之，具有比例（P）控制器的系统是一个有差系统，比例系数的大小不仅会影响到余差的大小，而且也与系统的动态性能密切相关。比例积分（PI）控制器由于积分的作用，不仅能实现系统无余差，而且只要比例系数和积分时间常数选择合理，也能使系统具有良好的动态性能。比例积分微分（PID）控制器是在 PI 调节器的基础上再引入微分 D 的作用，从而使系统既无余差存在，又能改善系统的动态性能（快速性、稳定性等）。在单位阶跃作用下，P、PI、PID 调节系统的阶跃响应分别如图 3-27 中的曲线①、

②、③所示。为了实现系统的阶跃给定和阶跃扰动作用下无静差控制，系统的控制器应为PI 或 PID 控制。

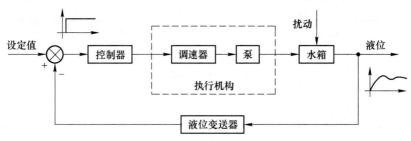

图 3-26　单容水箱液位控制系统方框图

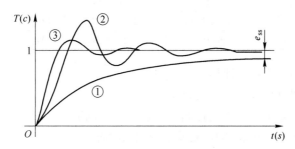

图 3-27　P、PI 和 PID 控制的阶跃响应曲线

当一个单回路系统设计安装就绪之后，控制质量的好坏与控制器参数的选择有着很大的关系。合适的控制参数，可以带来满意的控制效果。反之，控制器参数选择得不合适，则会导致控制质量变坏，甚至会使系统不能正常工作。因此，当一个单回路系统组成以后，如何整定控制器的参数是一个很重要的实际问题。

3.2.2.5　实训内容与步骤

本实训选择左水箱为被控对象，将左水箱进水阀门 JV12 全开，左水箱出水阀门 JV16 开至适当开度，其余阀门均关闭，阀门 JV13 可用于提供泄漏干扰。选择左水箱作为被控对象的单容水箱液位 PID 控制系统工艺流程图如图3-28 所示。储水箱 V4 中的水经由泵 P101、手阀 JV12 进入水箱 V1，水箱 V1 中的水经由手阀 JV16 回流到水箱 V4 形成水循环。泵 P101的流速由调速器 U101 控制，水箱 V1 的液位由液位传感器 LT101 测得。本系统为定值自动调节系统，U101 为控制变量，LT101 为被控变量，采用 PID 调节来完成。

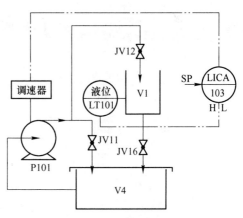

图 3-28　单容水箱液位 PID 控制工艺流程图

实验之前先将储水箱 V4 中贮足水量。按照工艺要求，通过管路中手阀的开关状态正确连接工艺管路。本实训选择左水箱为被控对象，单容水箱液位控制系统手动阀门状态见表3-14。测点清单见表3-15。

表 3-14　单容水箱液位控制系统手动阀门状态

阀门编号	阀门状态	阀门编号	阀门状态	阀门编号	阀门状态
JV11	全关	JV21	状态任意	JV31	全关
JV12	全开	JV22	状态任意		
JV13	全关	JV23	状态任意		
JV14	全关	JV24	状态任意		
JV15	全关	JV25	状态任意		
JV16	适当开度	JV26	状态任意		

表 3-15　单容水箱液位 PID 单回路控制测点清单

位号	设备名称	用途	原始信号类型		工程量
P101	调速器	水泵流量控制	2~10V DC	DO0	0~100%
LT101	压力变送器	水箱液位	4~20mA DC	AI	3.5kPa

单容水箱液位 PID 控制实训具体步骤如下：

（1）编写控制器算法程序，下装调试。

（2）编写实验组态工程，连接控制器，进行联合调试。

（3）在现场系统上，按表 3-14 配置手动阀门状态。

（4）在控制系统上，将 IO 面板的水箱液位输出连接到 AI0，IO 面板的电动调速器 U101 控制端连到 AO1。

注意： 具体哪个通道连接指定的传感器和执行器依赖于控制器编程。对于全连好线的系统，例如 DCS，则必须按照已经接线的通道来编程。

（5）打开设备电源，启动计算机组态软件，进入实训项目界面，如图 3-29 所示。

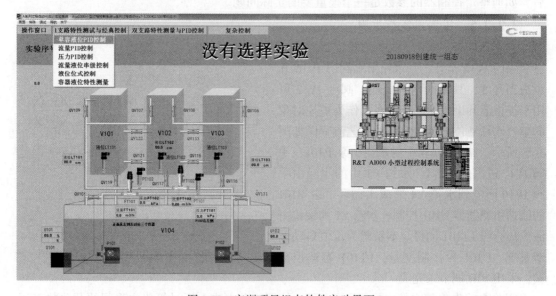

图 3-29　实训项目组态软件启动界面

（6）在图 3-29 启动界面中的"特性测试与单回路 PID"菜单中点击"单容液位 PID

控制"，进入图 3-30 单容液位 PID 控制监控界面，界面功能介绍如图 3-31 所示。

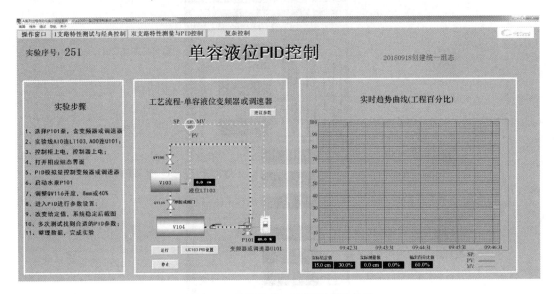

图 3-30 单容液位 PID 控制监控界面

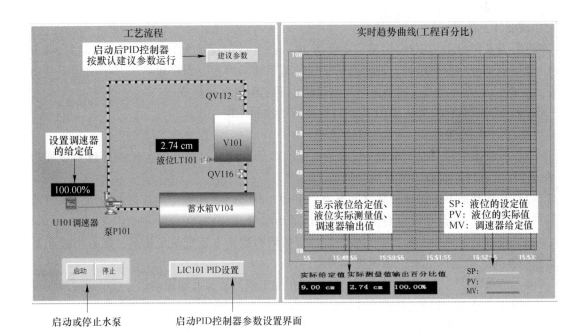

图 3-31 单容液位 PID 控制监控界面介绍

（7）在图 3-31 监控界面中按"LIC PID 设置"，启动"PID 参数设置界面"（PID 参数设置界面介绍见图 3-32）。手动设置"U101"调速器的输出值为 25%（也可设为其他值），然后点击"启动"按钮，泵 P101 上电抽水。适当增加或减小"U101"调速器的输出值，使水箱液位处于某一平衡位置，观测水箱液位实时曲线。

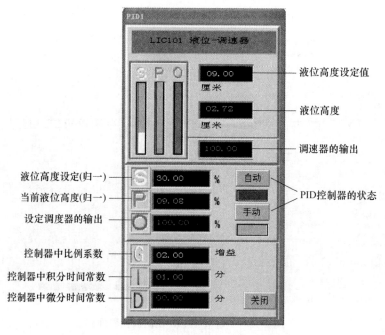

图 3-32 PID 参数设置界面

需要注意的是：

1）当 S 值设定为 100%时液位高度为 30cm；当 O 值设定为 100%时进水量最大。

2）当调节到手动挡时，调速器的控制量需手动给出，否则将始终为开始调到手动挡时那个值；若为自动挡，则调速器控制量将由系统程序自动调节。

（8）分别研究 P、PI、PID 控制器对液位的控制作用。

实训内容 1：纯比例（P）控制器控制

1）控制器中积分时间常数 I 设置为最大、微分系数 D 设置为零、比例系数 G 设置为某一中间值，即控制器为纯比例控制器。

2）开环状态下，选择控制器状态为"手动"状态，手动设定调速器的输出，调节液位到设定值（一般设定液位高度在水箱高度的 50%处）。

3）观察监控界面上的实时趋势曲线，待被调参数基本达到给定值后，即可将控制器状态切换到"自动"状态，系统投入闭环运行。

4）待系统稳定后，对系统加扰动信号（在纯比例的基础上加扰动，一般可通过改变设定值实现）。记录曲线经过几次波动稳定下来后，系统有稳态误差，并记录余差大小。

5）减小比例系数 G，重复步骤 4），观察记录过渡过程曲线及余差大小。

6）增大比例系数 G，重复步骤 4），观察记录过渡过程曲线及余差大小。

7）选择合适的比例系数 G，调试得到比较满意的过程控制曲线。

注意：每当做完一次试验后，必须待系统稳定后再做另一次试验。

实训内容 2：比例积分（PI）控制器控制

1）在纯比例控制器实验的基础上，加入积分作用，即修改积分系数 I（积分时间常数 T_I），由最大值修改为中间某一值。观察被控制量液位阶跃扰动下的输出波形，以验证在比例积分控制器控制下，系统对阶跃扰动无余差。

2）固定控制器的比例系数 G（某一中间值），然后改变比例积分控制器的积分时间常数 T_I，观察、记录加阶跃扰动后被控制量液位的输出波形，并在表 3-16 中记录不同积分时间常数 T_I 时的超调量 σ_p，研究比例系数 G 一定时积分时间常数 T_I 对系统被控制量液位的影响。

表 3-16　比例系数 G 不变、不同积分时间常数 T_I 时的超调量 σ_p

积分时间常数 T_I	大（ $T_I=$ ）	中（ $T_I=$ ）	小（ $T_I=$ ）
超调量 σ_p			

3）固定积分时间常数 T_I（某一中间值），然后改变比例系数 G 的大小，观察、记录加阶跃扰动后被控制量液位的输出波形，并在表 3-17 中记录不同比例系数 G 时的超调量 σ_p，研究积分时间常数 T_I 一定时比例系数 G 对系统被控制量液位的影响。观察加扰动后被调量输出的动态波形，并列表记录不同 G 值下的超调量 σ_p。

表 3-17　积分时间常数 T_I 不变、不同比例系数 G 时的超调量 σ_p

比例系数 G	大（ $G=$ ）	中（ $G=$ ）	小（ $G=$ ）
超调量 σ_p			

4）选择合适的比例系数 G 和积分时间常数 T_I，使系统对阶跃输入扰动的输出响应为一条较满意的过渡过程曲线。此曲线可通过改变设定值（如设定值由 50% 变为 60%）来获得。

实训内容 3：比例积分微分（PID）控制器控制

1）在比例积分（PI）控制器控制实验的基础上，再引入适量的微分作用，即修改微分系数 D（微分时间常数 T_D），由"0"修改为中间某一值。然后加上与前面实验幅值完全相等的扰动，观察、记录系统被控制量响应的动态曲线，并与实训内容 2 所得的曲线相比较，分析研究微分系数 D 对系统性能的影响。

2）选择合适的 G、T_I 和 T_D，使系统的输出响应为一条较满意的过渡过程曲线（阶跃输入可由给定值从 50% 突变至 60% 来实现）。

3）记录实验时所有的过渡过程实时曲线，并进行分析。

3.2.2.6　实训结果

测试结果如图 3-33 所示，由于手阀的开度不同，有不同的控制情况，所以各个用户的测试数据不一定相同。

3.2.3　水平三容水箱液位控制实训

3.2.3.1　实训目的

（1）了解水平三容水箱液位定制控制系统的组成和工作原理。

（2）掌握三阶系统控制器参数的整定与投运方法。

（3）研究控制器相关参数变化对系统静态和动态性能的影响。

（4）分析 P、PI、PD 和 PID 四种控制器对水平三容水箱液位的控制作用。

3.2.3.2　实训设备

A1000 小型过程控制实训系统。

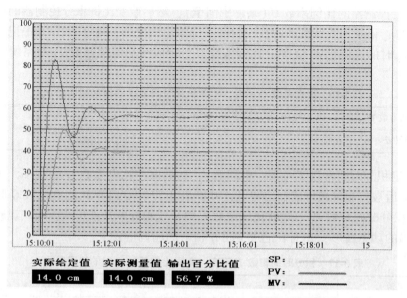

实际给定值	实际测量值	输出百分比值		SP：
14.0 cm	14.0 cm	56.7 %		PV：
				MV：

图 3-33 　单容水箱液位调速器 PID 单回路控制曲线

3.2.3.3 　实训原理

水平三容水箱液位控制系统方框图如图 3-34 所示。这是一个单回路反馈控制系统，以右、中、左三个水箱串联作为被控对象，被控制量为左水箱液位高度。水平三容水箱对象是一个三阶系统，可用三个惯性环节来描述。该实训的控制任务是使左水箱液位稳定至所要求的高度，减小或消除来自系统内部或外部扰动的影响。液位变送器检测到的左水箱液位信号作为反馈信号，将其与设定量比较后的差值通过控制器控制调速器来调节水泵的流量，以达到控制左水箱液位的目的。为了实现系统在阶跃给定和阶跃扰动作用下的无静差控制，系统的控制器应为 PI 或 PID 控制。控制器参数整定可采用本章 3.2.1.4 所述的任意一种整定方法。

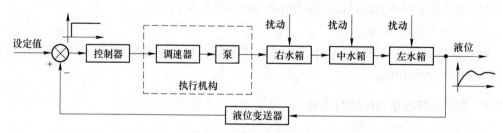

图 3-34 　水平三容水箱液位定值控制系统方框图

3.2.3.4 　实训内容与步骤

本实训选择右、中、左三个水箱串联组成水平三容水箱作为被控对象（三阶系统）。将右水箱进水手动阀门 JV22 全开，右水箱与中水箱之间的连通的手动阀门 JV25 开至适当开度（50%~90%），中水箱与左水箱之间的连通的手动阀门 JV15 开至适当开度（40%~80%），左水箱出水手动阀门 JV16 开至适当开度（30%~70%），其余阀门均关闭，阀门

JV21 可用于提供泄漏干扰。

　　选择右、中、左三个水箱串联组成水平三容水箱作为被控对象的水平三容水箱液位 PID 控制系统工艺流程如图 3-35 所示。储水箱 V4 中的水经由泵 P102、手阀 JV22 进入右水箱 V3，右水箱 V3 中的水经由手动阀门 JV25 流入中水箱 V2，中水箱 V2 中的水经由手动阀门 JV15 流入左水箱 V1，左水箱 V1 中的水经由手动阀门 JV16 回流到水箱 V4 形成水循环。泵 P102 的流速由调速器 U102 控制，左水箱 V1 的液位由液位传感器 LT101 测得。本系统为定值自动调节系统，U102 为控制变量，LT101 为被控变量，采用 PID 调节来完成。

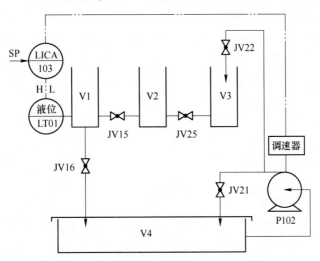

图 3-35　水平三容水箱液位 PID 控制工艺流程

　　实验之前先将储水箱 V4 中贮足水量。按照工艺要求，通过管路中手动阀门的开关状态正确连接工艺管路。本实训选择右、中、左三个水箱串联组成水平三容水箱为被控对象，水平三容水箱液位控制系统手动阀门状态见表 3-18。测点清单见表 3-19。

表 3-18　单容水箱液位控制系统手动阀门状态

阀门编号	阀门状态	阀门编号	阀门状态	阀门编号	阀门状态
JV11	状态任意	JV21	全关	JV31	全关
JV12	状态任意	JV22	全开		
JV13	状态任意	JV23	全关		
JV14	全关	JV24	全关		
JV15	适当开度	JV25	适当开度		
JV16	适当开度	JV26	全关		

表 3-19　水平三容水箱液位 PID 单回路控制测点清单

位号	设备名称	用途	原始信号类型		工程量
P102	调速器	水泵流量控制	2~10V DC	DO2	0~100%
LT101	压力变送器	水箱液位	4~20mA DC	AI	3.5kPa

　　水平三容水箱液位 PID 控制实训具体步骤如下：

　　(1) 编写控制器算法程序，下载调试。

（2）编写实验组态工程，连接控制器，进行联合调试。

（3）在现场系统上，按表3-18配置手动阀门状态。

（4）在控制系统上，将IO面板的水箱液位输出连接到AI0，IO面板的电动调速器U102控制端连到AO1。

注意：具体哪个通道连接指定的传感器和执行器依赖于控制器编程。对于全连好线的系统，则必须按照已经接线的通道来编程。

（5）打开设备电源，启动计算机组态软件，启动界面中的"特性测试与单回路PID"菜单点击"水平三容液位PID控制"，进入图3-36水平三容液位PID控制监控界面。

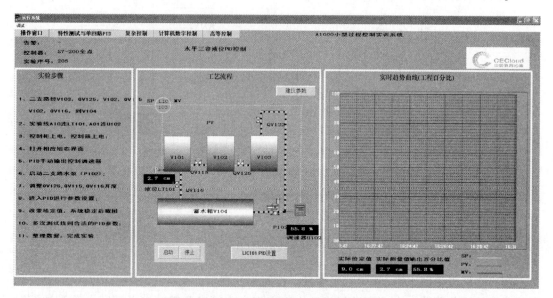

图3-36　水平三容液位PID控制监控界面

（6）在图3-36监控界面中按"LIC PID设置"，启动"PID参数设置界面"。手动设置"U102"调速器的输出值为25%（也可设为其他值），然后点击"启动"按钮，泵P102上电抽水。适当增加或减小"U102"调速器的输出值，使水箱液位处于某一平衡位置，观测水箱液位实时曲线。

需要注意的是：

1）当S值设定为100%时液位高度为30cm；当O值设定为100%时进水量最大。

2）当调节到手动挡时，调速器的控制量需手动给出，否则将始终为开始调到手动挡时那个值；若为自动挡，则调速器控制量将由系统程序自动调节。

（7）分别研究P、PI、PID控制器对液位的控制作用。

具体操作步骤可参考"单容水箱液位控制实训"，值得注意的是手动、自动切换的时间为：当右水箱和中水箱液位基本稳定不变（一般为3~5mm）且左水箱的液位趋于设定值时切换为最佳。

3.3　液位-流量串级控制实训

单回路控制系统解决了大量的定值控制问题，它是控制系统中最基本和使用最广泛的一种形式。但生产的发展、工艺的革新必然导致对操作条件的要求更加严格、变量间的相互关系更加复杂。为适应生产发展的需求，在单回路控制系统的基础上，再增加计算环节、控制环节或者其他环节的控制系统称之为复杂控制系统。在这种系统中，或是有多个测量值、多个控制器，或者是由多个测量值、一个控制器、一个补偿器或者一个解耦器等组成多个回路的控制系统，如串级控制系统、解耦控制系统与前馈反馈控制系统等。

3.3.1　串级控制系统基础知识

3.3.1.1　串级控制系统概述

工程应用中，对于被控对象的滞后和时间常数很大、干扰作用强而频繁、负荷变化大以及对品质要求较高的场合，采用串级控制系统方案可获得较好的控制品质。

串级控制系统是指不仅仅采用一个控制器，而是将两个或者多个控制器相串联，将一个控制器的输入作为下一个控制器的设定值的控制系统。图 3-37 是串级控制系统的方框图，该系统有主、副两个控制回路，$f_1(t)$、$f_2(t)$ 分别为作用在主对象和副对象上的扰动，主、副控制器相串联工作，其中主控制器有自己独立的设定值 R，它的输出 m_1 作为副控制器的设定值，副控制器的输出 m_2 控制执行器，以改变主参数 C_1。

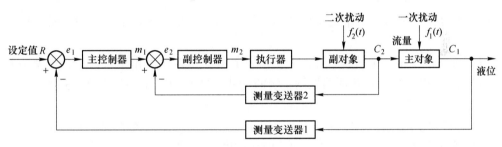

图 3-37　串级控制系统方框图

3.3.1.2　串级控制系统的特点

串级控制系统及其副回路对系统控制质量的影响已在有关课程中介绍，在此仅将有关结论简单归纳一下。

（1）改善了过程的动态特性；

（2）能及时克服进入副回路的各种二次扰动，提高了系统抗扰动能力；

（3）提高了系统的鲁棒性；

（4）具有一定的自适应能力。

3.3.1.3　主、副调节器控制规律的选择

在串级控制系统中，主、副调节器所起的作用是不同的。主调节器起定值控制作用，它的控制任务是使主参数等于设定值（无余差），故一般宜采用 PI 或 PID 调节器。由于副回路是一个随动系统，它的输出要求能快速、准确地复现主调节器输出信号的变化规律，对副参数的动态性能和余差无特殊的要求，因而副调节器可采用 P 或 PI 调节器。

3.3.1.4　主、副调节器正、反作用方式的选择

正如单回路控制系统设计中所述，要使一个过程控制系统能正常工作，系统必须采用负反馈。对于串级控制系统来说，主、副调节器的正、反作用方式的选择原则是使整个系

统构成负反馈系统，即其主通道各环节放大系数极性乘积必须为正值。

各环节的放大系数极性是这样规定的：当测量值增加，调节器的输出也增加，则调节器的放大系数 K_c 为负（即正作用调节器），反之，K_c 为正（即反作用调节器）；本装置所用电动调节阀的放大系数 K_v 恒为正；当过程的输入增大时，即调节器开大，其输出也增大，则过程的放大系数 K_0 为正，反之 K_0 为负。

3.3.1.5　串级控制系统的整定方法

在工程实践中，串级控制系统常用的整定方法有逐步逼近法、两步整定法和一步整定法三种。

A　逐步逼近法

所谓逐步逼近法，就是在主回路断开的情况下，按照单回路的整定方法求取副调节器的整定参数，然后将副调节器的参数设置在所求的数值上，使主回路闭合，按单回路整定方法求取主调节器的整定参数。而后，将主调节器参数设在所求得的数值上，再进行整定，求取第二次副调节器的整定参数值，然后再整定主调节器。依此类推，逐步逼近，直至满足质量指标要求为止。

B　两步整定法

两步整定法就是第一步整定副调节器参数，第二步整定主调节器参数。整定的具体步骤：

（1）在工况稳定，主回路闭合，主、副调节器都在纯比例作用条件下，主调节器的比例度置于100%，然后用单回路控制系统的衰减（如4∶1）曲线法来整定副回路。记下相应的比例系数 KP_{2s}、比例度 δ_{2s} 和振荡周期 T_{2s}。

（2）将副调节器的比例度置于所求得的 δ_{2s} 值上，且把副回路作为主回路中的一个环节，用同样方法整定主回路，求取主回路的比例度 δ_{1s} 和振荡周期 T_{1s}。

（3）根据求取的 δ_{1s}、T_{1s} 和 δ_{2s}、T_{2s} 值，按单回路系统衰减曲线法整定公式计算主、副调节器的比例度 δ、积分时间 T_I 和微分时间 T_D 的数值。

（4）按"先副后主""先比例后积分最后微分"的整定程序，设置主、副调节器的参数，再观察过渡过程曲线，必要时进行适当调整，直到过程的动态品质达到满意为止。

C　一步整定法

由于两步整定法要寻求两个4∶1的衰减过程，这是一件很花时间的事。因而对两步整定法做了简化，提出了一步整定法。所谓一步整定法，就是根据经验先确定副调节器的参数，然后将副回路作为主回路的一个环节，按单回路反馈控制系统的整定方法整定主调节器的参数。具体的整定步骤为：

（1）在工况稳定，系统为纯比例作用的情况下，根据 $K_{02}/\delta_2 = 0.5$ 这一关系式，通过副过程放大系数 K_{02}，求取副调节器的比例放大系数 δ_2 或按经验选取，并将其设置在副调节器上。

（2）按照单回路控制系统的任一种参数整定方法来整定主调节器的参数。

（3）改变给定值，观察被控制量的响应曲线。根据主调节器放大系数 K_1 和副调节器放大系数 K_2 的匹配原理，适当调整调节器的参数，使主参数品质指标最佳。

（4）如果出现较大的振荡现象，只要加大主调节器的比例度 δ 或增大积分时间常数 T_I，即可得到改善。

3.3.2 流量-液位串级控制系统方案

本实训系统由主、副两个回路组成，主回路的控制量为左水箱的液位，是一个定值控制系统，要求系统的主控制量等于设定值，因而系统的主调节器应为 PI 或 PID 控制；副回路的控制量为中水箱入口流量，是一个随动系统，要求副回路的输出能正确、快速地复现主调节输出的变化规律，以达到对主控制量的控制目的，因而副调节器可以采用 P 控制。但选择流量做副控制参数时，为了保持系统稳定，比例度必须选得较大，这样比例控制作用偏弱，为此需引入积分作用，即采用 PI 控制规律。引入积分作用的目的不是消除静差，而是增强控制作用。显然，由于副对象管道的时间常数小于主对象左水箱的时间常数，因而当主扰动（二次扰动）作用于副回路时，通过副回路快速的调节作用消除了扰动的影响。本实训系统的工艺流程图和方框图如图 3-38 和图 3-39 所示。

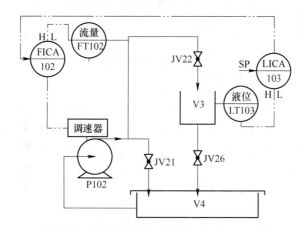

图 3-38　流量-液位串级控制系统工艺流程图

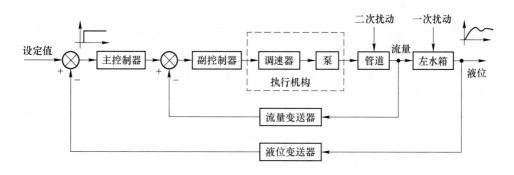

图 3-39　流量-液位串级控制系统方框图

3.3.3 液位-流量串级控制系统设计与实现

本实训选择左水箱的液位为主控制量、左水箱入口流量为副控制量组成串级控制系统。实训之前先将储水箱中储足水，然后根据工艺要求，将左水箱入口手动阀门 JV12 全开，左水箱出口排水手动阀门 JV16 开至适当开度，其余手动阀门均关闭，具体见表 3-20。

表 3-20　手动阀门状态

阀门编号	阀门状态	阀门编号	阀门状态	阀门编号	阀门状态
JV11	全关	JV21	状态任意	JV31	全关
JV12	全开	JV22	状态任意		
JV13	全关	JV23	状态任意		
JV14	全关	JV24	状态任意		
JV15	全关	JV25	状态任意		
JV16	适当开度	JV26	状态任意		

液位-流量串级控制测点清单见表 3-21。

表 3-21　液位-流量串级控制测点清单

序号	位号	设备名称	用途	原始信号类型		工程量
1	FT102	2 号流量计	管路 2 流量	4~20mA DC	AI	0~3m^3/h
2	LT103	V3 液位	测量液位	4~20mA DC	AI	0~3.5kPa
3	P102	调速器	控制流量	2~10V DC	DO2	0~100%

　　水介质由泵 P102 从水箱 V4 中加压获得压头，经流量计 FT102、水箱 V3、手阀 JV26 回流至水箱 V4 而形成水循环，负荷的大小通过手阀 JV26 来调节；其中，水箱 V3 的液位由液位变送器 LT103 测得，给水流量由流量计 FT102 测得。本例为串级调节系统，调速器 U102 为操纵变量，以 FT102 为被控变量的流量控制系统作为副调节回路，其设定值来自主调节回路，即以 LT103 为被控变量的液位控制系统。

　　以 FT102 为被控变量的流量控制系统作为副调节回路——流量变动的时间常数小、时延小，控制通道短，从而可加快提高响应速度，缩短过渡过程时间，符合副回路选择的超前、快速、反应灵敏等要求。

　　水箱 V3 为主对象，流量 FT102 的改变需要经过一定时间才能反映到液位，时间常数比较大，时延大。

　　由上分析知：副调节器选纯比例控制，反作用，自动。主调节器选用比例控制或比例积分控制，反作用，自动。

　　副回路干扰量通过手阀 J21 的调节来实现，该阀门直接影响流量，而主回路的干扰可以通过 J26 来实现，或者直接打开 J25 一会，再关上。

　　动态点、交互控制点清单见表 3-22。

表 3-22　动态点、交互控制点清单

名　　称		数据类型	功　能　描　述
U102	调速器	I/O 实型	显示副调节器输出值，手动状态下点击，弹出输入对话框
FT102	流量计	I/O 实型	显示 V3 进口水流量
LT103	液位变送器	I/O 实型	显示 V3 液位

名　　称		数据类型	功　能　描　述
SP	主调节器设定值	I/O 实型	调解器自动状态下可改写
	副调节器设定值	I/O 实型	
P	主调节器比例系数	I/O 实型	可改写
	副调节器比例系数	I/O 实型	
I	主调节器积分系数	I/O 实型	可改写
手/自动	主调节器状态	I/O 整型	点击，调解器状态切换
	副调节器状态	I/O 整型	
主回路输出		I/O 实型	显示调节器输出值，手动状态下可点击，弹出输入对话框

用串级控制系统来控制水箱液位，选择支路流量为副对象，水泵直接向水箱注水，流量变动的时间常数小、时延小，控制通道短，从而可加快提高响应速度，缩短过渡过程时间，符合副回路选择的超前、快速、反应灵敏等要求。水箱为主对象，流量的改变需要经过一定时间才能反映到液位，时间常数比较大，时延大。将主调节器的输出送到副调节器的给定，而副调节器的输出控制执行器。由上分析副调节器选纯比例控制，反作用（要想流量大，则调速器开度加大），自动。主调节器选用比例控制或比例积分控制，反作用（要想液位高，则调速器开度加大），自动。

3.3.4　液位-流量串级控制系统调试与优化

具体操作步骤为：

（1）编写控制器程序，下装调试。编写实训组态工程，连接控制器，进行联合调试。

（2）在现场系统上，打开手动调速器 JV22。调节 JV26 具有一定开度，其余阀门关闭。

（3）在控制系统上，将流量计（FT102）连到控制器 AI0 输入端，水箱液位（LT103）连到控制器 AI1 输入端，调速器 U102 连到控制器 AO1 端。

注意：具体哪个通道连接指定的传感器和执行器依赖于控制器编程。

（4）连接好控制系统和监控计算机之间的通信电缆，启动控制系统。

（5）启动计算机，启动组态软件，进入实训项目界面。

（6）启动调节器，设置各项参数，将调节器切换到自动控制。

（7）按"启动"按钮，启动水泵，系统开始运行。

（8）首先，利用主回路，做一个单回路液位实验。确定 P、I 值（D＝0）设定一个 SP 值 A1，并记录稳定时的流量计 FT101 的测量值 A2。

（9）调节 JV21 从 90 开度变动到 50 开度，并记录系统超调量。

（10）将主调节器置手动状态，调整其输出为 A2，将 A2 作为副调节器的 SP 值。

（11）在上述状态下，整定副调节器的 P 参数。调整整个系统至稳定（可有余差）。

（12）将主调节器切换到自动状态，预置主调节器的 P、I 参数不变。系统应仍然稳定。

（13）调节 JV21 从 90 开度变动到 50 开度，并记录系统超调量。副调节器：一般纯比例（P）控制，反作用；主调节器：比例积分（PI）控制，反作用。

（14）通过反复对副调节器和主调节器参数的调节，使系统具有较满意的动态响应和较高的静态精度。

（15）再次通过 JV21 增加副回路干扰进行测试，记录超调和稳定时间。

（16）通过 JV26 的变动增加主回路干扰，记录超调和稳定时间。

待左水箱进水流量相对稳定，且其液位稳定于给定值时，将调节器切换到"自动"状态，待液位平衡后，通过以下几种方式加干扰：

1）突增（或突减）设定值，使其有一个正或负阶跃增量的变化；

2）将左水箱入口流量旁路阀开至适当开度；

3）打开手动阀门。

以上几种干扰均要求扰动量为控制量的 5%～15%，干扰过大可能造成水箱中水溢出或系统不稳定。加入干扰后，水箱的液位便离开原平衡状态，经过一段调节时间后，水箱液位稳定至新的设定值（后三种干扰方法仍稳定在原设定值），记录此时设定值、输出值，左水箱液位的响应过程曲线如图 3-40 所示。

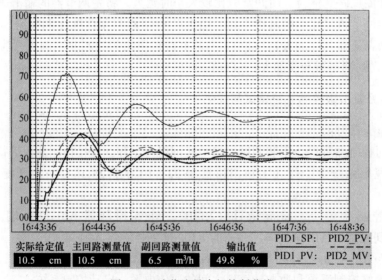

图 3-40   液位流量串级控制曲线

3.4   流量-液位前馈反馈控制实训

3.4.1   前馈反馈控制系统基础知识

反馈控制是按照被控参数与给定值之差进行控制的，它的特点是调节器必须在被控参数出现偏差后才能对它进行调节，补偿干扰对被控参数的影响。基于过程控制的系统总具有滞后的特性，从干扰产生到被控参数发生变化后，需要一段较长的时间，控制器才能产生调节作用, 干扰产生的影响得不到及时抑制。为了解决这个问题, 人们提出了一种与反馈控制在原理上完全不同的控制方法。在这种控制方法中直接测量负载干扰量的变化, 当干扰刚刚出现而能测出时, 控制器就能立即根据扰动的性质和大小改变执行器的输入信号, 从而消除干扰对被控量的影响。由于这种控制是在扰动发生的瞬时, 而不是在被控制量发生变化后进行的, 故称其为前馈控制或扰动补偿。前馈调节对干扰的克服比反馈调节快, 但是前馈控制是开环控制, 因而它只对干扰进行及时的补偿, 而不会影响控制系统的动态品质, 其控制效果需要通过反馈加以检验。

3.4.1.1　前馈控制系统的特点

前馈控制系统具有以下特点:

(1) 是一种开环控制, 有利于对系统中的主要干扰进行及时控制。

(2) 是一种按扰动大小进行补偿的控制, 在理论上可以完全消除偏差。

(3) 一种前馈控制器只能克服一种扰动。由于前馈控制作用是按扰动进行工作的, 而且整个系统也是开环的。因此根据一种扰动设计的前馈控制器只能克服这一扰动, 而对于其他扰动, 前馈控制器无法检测到也就无能为力了。

(4) 只能抑制可测不可控扰动对被控变量的影响。如果扰动不可测, 就无法采用前馈控制; 如果扰动可测又可控, 则只要设计一个简单的定值控制系统就可以, 而无须采用前馈控制。

(5) 前馈控制使用的是视对象特性而定的专用控制器。一般的反馈控制系统中的控制器可采用通用类型的 PID 控制器; 而前馈控制器的控制规律与被控对象控制通道和干扰通道的特性有关。

3.4.1.2　前馈控制的结构

常用的前馈控制系统有单纯前馈控制系统、前馈-反馈控制系统和前馈-串级控制系统三种结构形式。

A　单纯前馈控制系统

如图 3-41 所示, 单纯前馈控制系统是开环控制系统, $D(s)$ 和 $Y(s)$ 分别为扰动量和被控变量的拉氏变换, $G_d(s)$ 为干扰通道的传递函数, $G_p(s)$ 为控制通道的传递函数, $G_{ff}(s)$ 为前馈控制器的传递函数。确定前馈控制器的控制规律是实现对单纯前馈控制系统干扰完全补偿的关键。

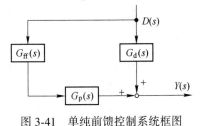

图 3-41　单纯前馈控制系统框图

由图 3-41 可知, 在扰动量 $D(s)$ 作用下, 系统的输出 $Y(s)$ 为:

$$Y(s) = G_d(s)D(s) + G_{ff}(s)G_p(s)D(s) \tag{3-6}$$

或者写为

$$\frac{Y(s)}{D(s)} = G_d(s) + G_{ff}(s)G_p(s) \tag{3-7}$$

系统对于扰动量 $D(s)$ 实现完全补偿的条件是 $D(s) \neq 0$, 而 $Y(s) = 0$, 即

$$G_d(s) + G_{ff}(s)G_p(s) = 0 \tag{3-8}$$

于是，可得前馈控制器的传递函数为

$$G_{ff}(s) = -\frac{G_d(s)}{G_p(s)} \tag{3-9}$$

由式（3-9）可知，不论扰动量 $D(s)$ 为何值，总有被控变量 $Y(s) = 0$，即扰动量 $D(s)$ 对于被控变量 $Y(s)$ 的影响将为零，从而实现了完全补偿，这就是"不变性"原理。不难看出，要实现对扰动量的完全补偿，必须保证 $G_d(s)$、$G_p(s)$ 和 $G_{ff}(s)$ 等环节的传递函数是精确的；否则，就不能保证 $Y(s)$ 等于零，于是，被控变量与设定值之间就会出现偏差。因此，在实际工程中，一般不单独采用单纯前馈控制（以下在不引起混淆的情况下，将其简称为前馈控制）方案。

前馈控制分为静态前馈控制和动态前馈控制两种。

所谓静态前馈控制，就是指前馈控制器的控制规律为比例特性，即

$$G_{ff}(s) = -\frac{G_d(s)}{G_p(s)} = -K_{ff} \tag{3-10}$$

式中，K_{ff} 为静态前馈系数。

在实际的过程控制系统中，被控对象的控制通道和干扰通道的传递函数往往都是时间的函数。因此采用静态前馈控制方案，就不能很好地补偿动态误差，尤其是在对动态误差控制精度要求很高的场合，必须考虑采用动态前馈控制方式。

动态前馈控制的设计思想是，通过选择适当的前馈控制器，使干扰信号经过前馈控制器至被控变量通道的动态特性完全复制对象干扰通道的动态特性，并使它们的符号相反，从而实现对干扰信号进行完全补偿的目标。其传递函数一般可表示为：

$$G_{ff}(s) = -\frac{G_d(s)}{G_p(s)} = -\frac{K_d(T_p s + 1) \, e^{-(\tau_d - \tau_p)s}}{K_p(T_d s + 1)} \tag{3-11}$$

若实际系统的 $\tau_p = \tau_d$，则动态前馈控制器为：

$$G_{ff}(s) = -\frac{K_{ff}(T_p s + 1)}{T_d s + 1} \tag{3-12}$$

B 前馈-反馈控制系统

由于单纯的前馈控制是一种开环控制，它在控制过程中完全不测取被控变量的信息，因此，它只能对指定的扰动量进行补偿控制，而对其他的扰动量无任何补偿作用。因此，在实际应用中，通常采用前馈控制与反馈控制相结合的复合控制方式。前馈控制器用来消除可测扰动量对被控变量的影响，而反馈控制器则用来消除前馈控制器不精确和其他不可测干扰所产生的影响，典型的前馈-反馈控制系统结构图如图 3-42 所示。

图 3-42 中 $R(s)$、$D(s)$ 和 $Y(s)$ 分别为系统的输入变量、扰动量和被控变量的拉氏变换，$G_d(s)$ 为扰动通道的传递函数，$G_p(s)$ 为控制通道的传递函数，$G_{ff}(s)$ 为前馈控制器的

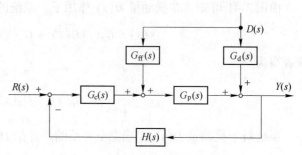

图 3-42 典型前馈-反馈控制系统结构图

传递函数，$G_c(s)$ 为反馈控制器的传递函数，$H(s)$ 为反馈通道的传递函数。

根据图 3-42 可得，扰动量 $D(s)$ 对被控变量 $Y(s)$ 的闭环传递函数为：

$$\frac{Y(s)}{D(s)} = \frac{G_d(s) + G_{ff}(s)G_p(s)}{1 + H(s)G_c(s)G_p(s)} \tag{3-13}$$

在扰动量 $D(s)$ 作用下，对被控变量 $Y(s)$ 完全补偿的条件是 $D(s) \neq 0$ 时，$Y(s) = 0$，因此有：

$$G_{ff}(s) = -\frac{G_d(s)}{G_p(s)} \tag{3-14}$$

由式（3-14）可知，从实现对系统主要扰动量完全补偿的条件看，无论是采用单纯的前馈控制或是采用前馈-反馈控制，其前馈控制器的特性不会因为增加了反馈回路而改变。

3.4.1.3　前馈-反馈控制系统设计

A　扰动量的选择

前馈控制器的输入变量是扰动，扰动量选择的依据如下：

（1）扰动量可测但不可控，例如换热器进料量和供汽锅炉的负荷变化等。

（2）扰动量应是主要扰动，变化频繁且幅度较大。

（3）扰动量对被控变量影响大，用反馈控制较难实现所需控制要求。

扰动量虽然可控，但工艺要经常改变其数值，进而影响被控变量。

B　系统引入前馈控制的原则

一般来说，在系统中引入前馈必须遵循以下几个原则：

（1）系统中的扰动量是可测不可控的。如果前馈控制所需的扰动量不可测，前馈控制也就无法实现。如果扰动量可控，则可设置独立的控制系统予以克服，也就无须设计较为复杂的前馈控制系统。

（2）系统中的扰动量的变化幅值大、频率高。扰动量幅值变化越大，对被控变量的影响也就越大，偏差也越大，因此，按扰动变化设计的前馈控制要比反馈控制更有利。高频干扰对被控对象的影响十分显著，特别是对纯迟延时间小的流量控制对象，容易导致系统产生持续振荡。采用前馈控制，可以对扰动量进行同步补偿控制，从而获得较好的控制品质。

（3）控制通道的纯迟延时间较大或干扰通道的时间常数较小。当系统控制通道的纯迟延时间较大时，采用反馈控制难以满足工艺要求，这时可以采用前馈控制，把主要扰动引入前馈，构成前馈-反馈控制系统。

（4）当工艺上要求实现变量间的某种特殊关系，需要通过建立数学模型来实现控制时，可选用前馈控制。这实质上是把扰动量代入已建立的数学模型中去，从模型中求解制变量，从而消除扰动对被控变量的影响。

C　前馈控制系统的选用原则

当决定选用前馈控制方案后，还需要确定前馈控制系统的结构，其结构的选择要遵循以下原则：

（1）优先性原则。采用前馈控制的优先性次序为静态前馈控制、动态前馈控制、前馈-反馈控制和前馈-串级控制。

（2）经济性原则。由于动态前馈的设备投资高于静态前馈，而且整定也较复杂，因此，当静态前馈能满足工艺要求时，不必选用动态前馈。

（3）控制系统精确辨识原则。在采用单纯前馈控制系统中，要求构成系统的任何一个环节都应尽可能精确辨识，因为开环控制系统中的任一环节对系统的控制精度都有一定的影响。另外，在非自衡系统中，不能采用单纯前馈控制，因为开环系统不改变被控系统的非自衡性。

3.4.1.4　前馈控制系统的参数整定

前馈控制系统整定的主要任务是确定反馈控制器（针对前馈-反馈控制系统或前馈-串级控制系统）和前馈控制器的参数。确定前馈控制器的方法与反馈控制器类同，也主要有理论计算法和工程整定法。其中，如前所述的理论计算法是通过建立物质平衡方程或能量平衡方程，然后求取相应参数的方法。实际上，往往理论计算法所得参数与实际系统相差较大，精确性较差，甚至有时前馈控制器的理论整定难以进行。因此，工程应用中广泛采用工程整定法。

A　静态前馈控制系统的工程整定

静态前馈控制系统就是确定静态前馈控制器的静态前馈系数，它主要有以下三种方法：

（1）实测扰动通道和控制通道的增益，然后相除就可得到静态前馈控制器的增益。

（2）对于如图 3-43 所示的系统，当无前馈控制（图中开关处于打开状态）时，设系统在输入为 r_1（对应的控制变量为 u_1）、扰动为 d_1 作用下，系统输出为 y_1。改变扰动为 d_2 后，调节输入为 r_2（对应的控制变量为 u_2），以维持系统输出 y_1 不变。则所求的静态前馈系数 K_{ff} 为：

$$K_{ff} = \frac{u_2 - u_1}{d_2 - d_1} \tag{3-15}$$

（3）若系统允许，则也可以按图 3-43 所示进行现场调节。首先，系统无前馈控制（图中开关处于打开状态）时，在输入为 r_1（对应的控制变量为 u_1）、扰动为 d_1 作用下，系统输出为 y_1。然后，关闭开关，调节前馈补偿增益 K，使系统的输出恢复为 y_1，此时的 K 值即为所求的静态前馈系数 K_{ff}。

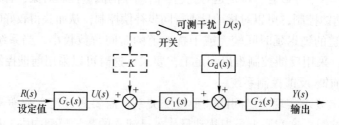

图 3-43　静态前馈系统整定框图

B　动态前馈控制系统的工程整定

当采用动态前馈控制时，需确定超前-滞后环节的参数，它也有以下两种方法：

（1）实验法。利用实验法得到扰动通道和控制通道的带纯迟延的一阶惯性传递函数，其中控制通道的对象包含扰动量的测量变送装置、执行器和被控对象。当扰动量是流量时，可用实测的执行器和被控对象的传递函数近似；当扰动量不是流量或动态时间常数较大时，应实测扰动量测量变送装置的传递函数，然后确定动态前馈的超前-滞后环节的参

数 T_{f1} 和 T_{f2}。

（2）经验法。系统框图如图 3-44 所示，整定分成系数整定和时间常数整定两步。

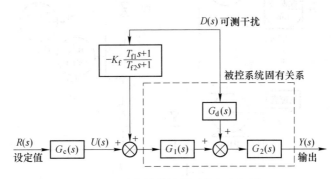

图 3-44　动态前馈控制系统整定框图

首选是系数 K_f 的整定。系数整定时，令 $T_{f1} = 0$ 和 $T_{f2} = 0$，并将系统的时间常数和纯迟延均设为零，即不考虑时间的影响。此时，动态前馈控制相当于静态前馈控制，系数的整定方法同静态前馈。

然后是时间常数 T_{f1} 和 T_{f2} 的整定。在静态前馈系数整定的基础上，对时间常数进行整定。动态前馈的超前-滞后环节的参数整定比较困难。在整定时，首先，要判别系统扰动通道和前馈通道的超前和滞后关系。其次，利用超前或滞后关系确定超前-滞后环节中两个时间常数的大小关系，即若起超前补偿作用，$T_{f1} > T_{f2}$；若起滞后补偿作用，$T_{f1} < T_{f2}$。最后就是逐步细致地调整系数 T_{f1} 和 T_{f2} 使系统的输出 $y(t)$ 的振荡幅度最小。

C　前馈-反馈和前馈-串级控制系统的工程整定

前馈-反馈控制系统和前馈-串级控制系统的工程整定主要有两种方法：一是前馈控制系统和反馈或串级控制系统分别整定，各自整定好参数后再把两者组合在一起；二是首先整定反馈或串级控制系统，然后再在整定好的反馈或串级控制系统基础上，引入并整定前馈控制系统。

先介绍前馈控制系统和反馈或串级控制系统分别整定。整定前馈控制时，不接入反馈或串级控制。前馈控制的整定方法与静态前馈控制或动态前馈控制相同。整定反馈或串级控制时，不引入前馈控制。它们的整定方法也与简单控制系统和串级控制系统相同。前馈控制和反馈或串级控制分别整定好后，将它们组合在一起即可。

3.4.2　流量-液位前馈反馈控制系统方案

本节中用到的流量-液位前馈反馈控制流程如图 3-45 所示。

流量-液位前馈反馈控制测点清单见表 3-23。

水介质由泵 P101 从水箱 V4 中，经流量计 FT101、电动调速器 U101、水箱 V1、手阀 JV16 回流至水箱 V4 而形成水循环，负荷的大小通过手阀 JV16 来调节；其中，水箱 V1 的液位由液位变送器 LT101 测得，给水流量由流量计 FT101 测得。本例为前馈调节系统，调速器 P101 为操纵变量，在 LT101 为被控变量的定值液位控制系统中，接收由流量的前馈信号参与到定值系统中，整体构成前馈-反馈控制系统。

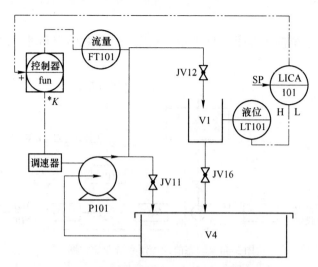

图 3-45 流量-液位前馈反馈控制流程图

表 3-23   流量-液位前馈反馈控制测点清单

序号	位号	设备名称	用途	原始信号类型		工程量
1	FT101	流量计	给水流量	4~20mA DC	AI	0~3m³/h
2	LT101	液位变送器	水箱液位	4~20mA DC	AI	3.5kPa
3	P101	电动调速器	阀位控制	2~10V DC	DO1	0~100%

如果水路流量出现扰动，经过流量计 FT101 测量之后，测量得到干扰的大小，然后通过调整调速器输出，直接进行补偿。而不需要经过调节器。

动态点、交互控制点清单见表 3-24。

表 3-24   动态点、交互控制点清单

名 称		数据类型	功 能 描 述
P101	调速器	I/O 实型	调节器输出值，手动状态下点击，弹出输入对话框
LT101	液位变送器	I/O 实型	显示 V3 液位（调节器 PV 值）
FT101	流量计	I/O 实型	显示干扰流量
SP	调节器设定值	I/O 实型	调节器自动状态下可改写
P	调节器比例系数	I/O 实型	可改写
I	调节器积分系数	I/O 实型	可改写
D	调节器微分系数	I/O 实型	可改写
手动/自动	调节器状态	I/O 整型	点击，调节器状态切换
K	前馈运算系数	I/O 实型	改变前馈信号处理系数

前馈控制又称扰动补偿，它与反馈调节原理完全不同，是按照引起被调参数变化的干扰大小进行调节的。在这种调节系统中要直接测量负载干扰量的变化，当干扰刚刚出现而能测出时，调节器就能发出调节信号使调节量作相应的变化，使两者抵消。因此，前馈调节对干扰的克服比反馈调节快。但是前馈控制是开环控制，其控制效果需要通过反馈加以检验。前馈控制器在测出扰动之后，按过程的某种物质或能量平衡条件计算出校正值。如果没有反馈控制，则这种校正作用只能在稳态下补偿扰动变化用，如图 3-46 所示。

如果支路中出现扰动，经过流量计 FT101 测量之后，测量得到干扰的大小，然后通过调整调速器 U101 开度，直接进行补偿。而不需要经过调节器。

如果没有反馈，就是开环控制，那么这个控制就会有余差。增加反馈通道，使用 PI 进行控制。

前馈控制不考虑控制通道与对象通道延迟，则根据物料平衡关系，简单的前馈控制方程为：$Qu = dF$。也就是两个流量的和保持稳定。但是有两个条件，一是准确知道流量，二是准确知道调速器控制输入与流量对应关系 K_1，如图 3-47 所示。

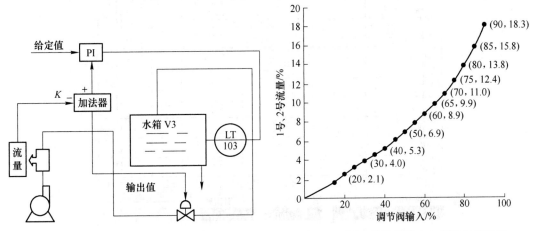

图 3-46　前馈-反馈控制系统原理图　　　图 3-47　调速器控制输入与流量比例关系

被调量为调速器，控制量是支路中流量，控制目标是水箱液位。

首先实现前馈控制，通过测量支路中流量，控制调速器，测得流量与调速器之间的关系，获得斜率 K。然后实现反馈控制，通过测量水箱液位，控制调速器，从而把前馈控制不能修正的误差进行修正。

3.4.3 流量-液位前馈反馈控制系统设计与实现

（1）编写控制器算法程序，下载调试。

（2）编写实验组态工程，连接控制器，进行联合调试。

（3）在现场系统上打开手动调速器 JV12。调节 JV16 具有一定开度，其余阀门关闭。

（4）在控制系统上，将流量变送器（FT101）输出连接到控制器 AI0，将水箱液位变送器（LT101）输出连接到控制器 AI1，调速器 U101 连接到 PWM0 控制端，调速器 U101 手操控制电机。

（5）打开设备电源。包括调速器电源。

（6）连接好控制系统和监控计算机之间的通信电缆，启动控制系统。

（7）启动计算机，启动组态软件，进入实验项目界面。启动调节器，设置各项参数，将调节器切换到自动控制。

（8）调速器 U101 设定输入，启动水泵 P101。

（9）设定 $K=0$，然后设置 PID 控制器参数，（参考前面整定的斜率 K 值）可以使用各种经验法来整定参数。

（10）设定 K 值。

（11）调节 JV11 从 90 开度变动到 50 开度，并记录系统超调量，稳定时间。

（12）重复（9）和（10），获得最好的效果。

建议：运行过程中 PID 的 SP 值会有一定的波动，所以控制的稳定性稍差，有一些难度。干扰通过 JV11 的调节来实现。

液位-流量前馈反馈实验曲线如图 3-48 所示（$K=3$）。

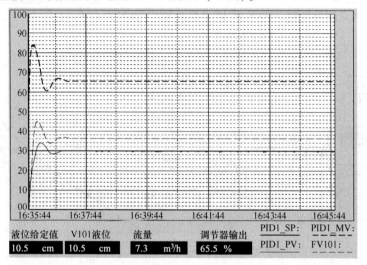

图 3-48   液位-流量前馈反馈实验曲线

3.5 管道压力-流量解耦控制实训

在现代化的工业生产中，不断出现一些较复杂的设备或装置，这些设备或装置本身所要求的被控制参数往往较多，因此，必须设置多个控制回路对该种设备进行控制。由于控制回路的增加，往往会在它们之间造成相互影响的耦合作用，也即系统中每一个控制回路的输入信号对所有回路的输出都会有影响，而每一个回路的输出又会受到所有输入的作用。要想一个输入只去控制一个输出几乎不可能，这就构成了"耦合"系统。由于耦合关系，往往使系统难于控制、性能很差。

所谓解耦控制系统，就是采用某种结构，寻找合适的控制规律来消除系统中各控制回路之间的相互耦合关系，使每一个输入只控制相应的一个输出，每一个输出又只受到一个控制的作用。解耦控制是一个既古老又极富生命力的话题，不确定性是工程实际中普遍存在的棘手现象。解耦控制是多变量系统控制的有效手段。

3.5.1 解耦控制系统基础知识

当多输入多输出系统中输入和输出之间相互影响较强时，不能简单地化为多个单输入单输出系统，此时必须考虑到变量间的耦合，以便对系统采取相应的解耦措施后再实施有效的控制。

3.5.1.1 控制回路间的耦合

随着现代工业的发展，生产规模越来越复杂，对过程控制系统的要求也越来越高，大多数工业过程是多输入多输出的过程，其中一个输入将可能影响到多个输出，而一个输出也将可能受到多个输入的影响。如果将一对输入输出的传递关系称为一个控制通道，则在各通道之间存在相互作用，这种输入与输出间或通道与通道间复杂的因果关系称为过程变量间的耦合或控制回路间的耦合。因此，许多生产过程都不可能仅在一个单回路控制系统作用下实现预期的生产目标。换言之，在一个生产过程中，被控变量和控制变量往往不止一对，只有设置若干个控制回路，才能对生产过程中的多个被控变量进行准确、稳定地调节。在这种情况下，多个控制回路之间就有可能产生某种程度的相互关联、相互耦合和相互影响。而且这些控制回路之间的相互耦合还将直接妨碍各被控变量和控制变量之间的独立控制作用，有时甚至会破坏各系统的正常工作，使之不能投入运行。

3.5.1.2 减少及消除耦合的方法

一个耦合系统在进行控制系统设计之前，必须首先决定哪个被控变量应该由哪个控制变量来调节，这就是系统中各变量的配对问题。有时会发生这样的情况，每个控制回路的设计、调试都是正确的，可是当它们都投入运行时，由于回路间耦合严重，系统不能正常工作，此时如将变量重新配对、调试，整个系统就能工作了，这说明正确的变量配对是进行良好控制的必要条件。除此以外还应看到，有时系统之间互相耦合还可能隐藏着使系统不稳定的反馈回路。尽管每个回路本身的控制性能合格，但当最后一个控制器投入自动时，系统可能完全失去控制。如果把其中的一个或同时把几个控制器重新加以整定，就有可能使系统恢复稳定，虽然这需要以降低控制性能为代价。

3.5.1.3 解耦控制器的设计

对于有些多变量控制系统，在耦合非常严重的情况下，即使采用最好的变量匹配关系或重新整定控制器的方法，有时也得不到满意的控制效果。因此，对于耦合严重的多变量系统需要进行解耦设计，否则系统不可能稳定。

解耦控制设计的主要任务是解除控制回路或系统变量之间的耦合。解耦设计可分为完全解耦和部分解耦。完全解耦的要求是，在实现解耦之后，不仅控制变量与被控变量之间可以进行一对一的独立控制，而且干扰与被控变量之间同样产生一对一的影响。对多变量耦合系统的解耦，目前，常用以下四种方法。

A 前馈补偿解耦法

前馈补偿解耦法是多变量解耦控制中最早使用的一种解耦方法。该方法结构简单，易于实现，效果显著，因此得到了广泛应用。图 3-49 所示为一个带前馈补偿解耦器的双变量 P 规范对象的全解耦系统。

如果要实现对 U_{c2} 与 Y_1、U_{c1} 与 Y_2 之间的解耦，根据前馈补偿原理可得：

$$Y_1 = \left[G_{p12}(s) + G_{N12}(s) G_{p11}(s) \right] U_{c2} = 0$$
$$Y_2 = \left[G_{p12}(s) + G_{N21}(s) G_{p22}(s) \right] U_{c1} = 0 \tag{3-16}$$

因此，前馈补偿解耦器的传递函数为：

$$G_{N12}(s) = -\frac{G_{p12}(s)}{G_{p11}(s)}$$

$$G_{N21}(s) = -\frac{G_{p21}(s)}{G_{p22}(s)} \tag{3-17}$$

B 反馈解耦法

反馈解耦法是多变量系统解耦控制非常有效的方法。该方法的解耦器通常配置在反馈

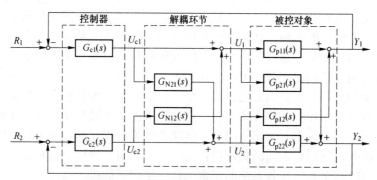

图 3-49   带前馈补偿器的全解耦系统

通道上，而不是配置在系统的前向通道上。反馈解耦控制系统的解耦器主要有两种结构的布置形式，且被控对象均可以是 P 规范结构或 V 规范结构。图 3-50 为双变量 V 规范对象的一种反馈解耦系统。

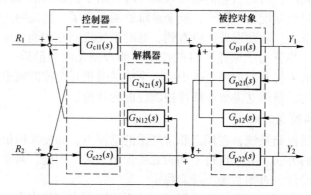

图 3-50   双变量 V 规范对象的反馈解耦系统

针对图 3-50，如果对输出量 Y_1 和 Y_2 实现解耦，则：

$$Y_1 = \left[G_{p12}(s) - G_{N12}(s) G_{c1}(s) \right] G_{p11}(s) Y_2 = 0$$

$$Y_2 = \left[G_{p21}(s) - G_{N21}(s) G_{c2}(s) \right] G_{p22}(s) Y_1 = 0$$

(3-18)

于是得反馈解耦器的传递函数为：

$$G_{N12}(s) = \frac{G_{p12}(s)}{G_{c1}(s)}$$

$$G_{N21}(s) = \frac{G_{p21}(s)}{G_{c2}(s)}$$

(3-19)

因此，系统的输出分别为：

$$Y_1 = \frac{G_{p11}(s) G_{c1}(s)}{1 + G_{p11}(s) G_{c1}(s)} R_1$$

$$Y_2 = \frac{G_{p22}(s) G_{c2}(s)}{1 + G_{p22}(s) G_{c2}(s)} R_2$$

(3-20)

由此可见，反馈解耦可以实现完全解耦。解耦以后的系统完全相当于断开一切耦合关系，即断开 $G_{p12}(s)$，$G_{p21}(s)$，$G_{N12}(s)$ 和 $G_{N21}(s)$ 以后，原耦合系统等效成为具有两个独立控制通道的系统。

C 对角阵解耦法

对角阵解耦法是一种常见的解耦方法，尤其对复杂系统应用非常广泛。其目的是通过在控制系统中附加一个解耦器矩阵，使该矩阵与被控对象特性矩阵的乘积等于对角阵。现以图 3-51 所示的双变量解耦系统为例，说明对角阵解耦的设计过程。

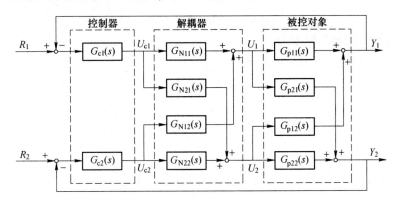

图 3-51 双变量解耦系统框图

根据对角阵解耦设计要求，即

$$\begin{bmatrix} G_{p11}(s) & G_{p12}(s) \\ G_{p21}(s) & G_{p22}(s) \end{bmatrix} \begin{bmatrix} G_{N11}(s) & G_{N21}(s) \\ G_{N21}(s) & G_{N22}(s) \end{bmatrix} = \begin{bmatrix} G_{p11}(s) & 0 \\ 0 & G_{p22}(s) \end{bmatrix} \tag{3-21}$$

因此，被控对象的输出与输入变量之间应满足如下矩阵方程：

$$\begin{bmatrix} Y_1(s) \\ Y_2(s) \end{bmatrix} = \begin{bmatrix} G_{p11}(s) & 0 \\ 0 & G_{p22}(s) \end{bmatrix} \begin{bmatrix} U_{c1}(s) \\ U_{c2}(s) \end{bmatrix} \tag{3-22}$$

假设对象传递矩阵 $G(s)$ 为非奇异阵，即

$$\begin{bmatrix} G_{p11}(s) & G_{p12}(s) \\ G_{p21}(s) & G_{p22}(s) \end{bmatrix} \neq 0 \tag{3-23}$$

于是得到解耦器的数学模型为：

$$\begin{bmatrix} G_{N11}(s) & G_{N12}(s) \\ G_{N21}(s) & G_{N22}(s) \end{bmatrix} = \begin{bmatrix} G_{p11}(s) & G_{p12}(s) \\ G_{p21}(s) & G_{p22}(s) \end{bmatrix}^{-1} \begin{bmatrix} G_{p11}(s) & 0 \\ 0 & G_{p22}(s) \end{bmatrix}$$

$$= \frac{1}{G_{p11}(s) G_{p22}(s) - G_{p12}(s) G_{p21}(s)} \begin{bmatrix} G_{p22}(s) & -G_{p12}(s) \\ -G_{p21}(s) & G_{p11}(s) \end{bmatrix} \begin{bmatrix} G_{p11}(s) & 0 \\ 0 & G_{p22}(s) \end{bmatrix}$$

$$= \begin{bmatrix} \dfrac{G_{p11}(s) G_{p22}(s)}{G_{p11}(s) G_{p22}(s) - G_{p12}(s) G_{p21}(s)} & \dfrac{-G_{p12}(s) G_{p22}(s)}{G_{p11}(s) G_{p22}(s) - G_{p12}(s) G_{p21}(s)} \\ \dfrac{-G_{p11}(s) G_{p21}(s)}{G_{p11}(s) G_{p22}(s) - G_{p12}(s) G_{p21}(s)} & \dfrac{G_{p11}(s) G_{p22}(s)}{G_{p11}(s) G_{p22}(s) - G_{p12}(s) G_{p21}(s)} \end{bmatrix} \tag{3-24}$$

D 单位阵解耦法

单位阵解耦法是对角阵解耦法的一种特殊情况。它要求被控对象特性矩阵与解耦器矩阵的乘积等于单位阵。即

$$\begin{bmatrix} G_{p11}(s) & G_{p12}(s) \\ G_{p21}(s) & G_{p22}(s) \end{bmatrix} \begin{bmatrix} G_{N11}(s) & G_{N12}(s) \\ G_{N21}(s) & G_{N22}(s) \end{bmatrix} = \begin{bmatrix} 1 & 0 \\ 0 & 1 \end{bmatrix} \quad (3\text{-}25)$$

因此，系统输入输出方程满足如下关系：

$$\begin{bmatrix} Y_1(s) \\ Y_2(s) \end{bmatrix} = \begin{bmatrix} 1 & 0 \\ 0 & 1 \end{bmatrix} \begin{bmatrix} U_{c1}(s) \\ U_{c2}(s) \end{bmatrix} \quad (3\text{-}26)$$

于是得解耦器的数学模型为：

$$\begin{bmatrix} G_{N11}(s) & G_{N12}(s) \\ G_{N21}(s) & G_{N22}(s) \end{bmatrix} = \begin{bmatrix} G_{p11}(s) & G_{p12}(s) \\ G_{p21}(s) & G_{p22}(s) \end{bmatrix}^{-1}$$

$$= \frac{1}{G_{p11}(s)G_{p22}(s) - G_{p12}(s)G_{p21}(s)} \begin{bmatrix} G_{p22}(s) & -G_{p12}(s) \\ -G_{p21}(s) & G_{p11}(s) \end{bmatrix}$$

$$= \begin{bmatrix} \dfrac{G_{p22}(s)}{G_{p11}(s)G_{p22}(s) - G_{p12}(s)G_{p21}(s)} & \dfrac{-G_{p12}(s)}{G_{p11}(s)G_{p22}(s) - G_{p12}(s)G_{p21}(s)} \\ \dfrac{-G_{p21}(s)}{G_{p11}(s)G_{p22}(s) - G_{p12}(s)G_{p21}(s)} & \dfrac{G_{p11}(s)}{G_{p11}(s)G_{p22}(s) - G_{p12}(s)G_{p21}(s)} \end{bmatrix} \quad (3\text{-}27)$$

3.5.1.4　解耦控制器的实施

在多变量系统的解耦设计过程中，还要考虑解耦控制系统的实现问题。事实上，求出了解耦器的数学模型并不等于实现了解耦。解耦器一般比较复杂，由于它要用来补偿过程的时滞或纯迟延，往往需要超前，有时甚至是高阶微分环节，而后者是不可能实现的。因此，在解决了解耦系统的设计后，需进一步研究解耦控制系统的实现问题，如稳定性、部分解耦及系统的简化等问题才能使这种系统得到广泛应用。

3.5.2　管道压力和流量解耦控制系统方案

双水泵调速、水平双容液位解耦控制流程图如图 3-52 所示。

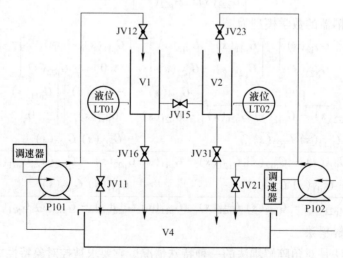

图 3-52　双水泵调速、水平双容液位解耦控制流程图

双水泵调速、水平双容液位解耦控制测点清单见表 3-25。

表 3-25 双水泵调速、水平双容液位解耦控制测点清单

序号	位号或代号	设备名称	用途	原始信号类型		工程量
1	LT01	V1 液位	液位	2~10V DC	AI	0~50cm
2	LT02	V2 液位	液位	2~10V DC	AI	0~50cm
3	P101	P101 水泵	水泵	2~10V DC	DO1	0~100%
4	P102	P102 水泵	水泵	2~10V DC	DO2	0~100%

水泵 P101 从水箱 V4 中加压获得压头入水箱 V1，经手阀 JV16 回到 V4，而形成水循环。水泵 P102 从水箱 V4 中加压获得压头入水箱 V2，经手阀 JV31 回到 V4，而形成水循环。两个水箱之间 JV15 作为一个连通器。

LT01、LT02 相互耦合的系统。P101 和 P102 对系统的压力和流量造成影响，这是一个典型的关联系统。关联的系数与温度等参数无关。

3.5.3 管道压力和流量解耦控制系统设计与实现

LT01、LT02 就是相互耦合的系统。P101 和 P102 都对系统的压力和流量造成影响。因此，LT01 偏大而减少 P101 时，LT02 也将减少，此时通过 LT02 作用而增加 P102，结果又使 LT01 增加，P101 和 P102 互相影响，这是一个典型的关联系统。关联的系数与温度等参数无关，如图 3-53 所示。

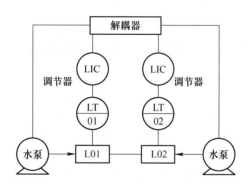

图 3-53 LT01、LT02 耦合控制实验

固定 P1 在小范围内，由于不涉及温度等问题，所以该过程基本上只与压力和开度有关，是时不变的。如果把 P1 定义成未知数，则可以列出一个方程。使用对角矩阵法进行解耦算法，如图 3-54 所示。

图中 G_{c1} 为流量-调速器的调节器，反作用；G_{c2} 为压力-调速器的调节器，正作用。

对于对象，被调量与调节量具有 $Y = P\mu$ 关系，这里换一个变量符号。

$$\begin{bmatrix} Y_1(s) \\ Y_2(s) \end{bmatrix} = \begin{bmatrix} G_{11}(s) & G_{12}(s) \\ G_{21}(s) & G_{22}(s) \end{bmatrix} \begin{bmatrix} U_1 \\ U_2 \end{bmatrix} \tag{3-28}$$

加入控制系统，那么调节量来源于解耦器，调节器（可以是一个 PID 调节器等）输

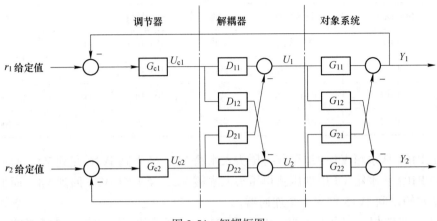

图 3-54   解耦框图

出就是解耦器输入。

$$\begin{bmatrix} U_1 \\ U_2 \end{bmatrix} = \begin{bmatrix} D_{11}(s) & D_{12}(s) \\ D_{21}(s) & D_{22}(s) \end{bmatrix} \begin{bmatrix} U_{c1} \\ U_{c2} \end{bmatrix} \tag{3-29}$$

对于采用解耦器的系统传递函数为：

$$\begin{bmatrix} Y_1 \\ Y_2 \end{bmatrix} = \begin{bmatrix} G_{11}(s) & G_{12}(s) \\ G_{21}(s) & G_{22}(s) \end{bmatrix} \begin{bmatrix} D_{11}(s) & D_{12}(s) \\ D_{21}(s) & D_{22}(s) \end{bmatrix} \begin{bmatrix} U_{c1} \\ U_{c2} \end{bmatrix} \tag{3-30}$$

综合上面的关系，如果 G 矩阵的逆存在，则 D 就等于它的逆乘以一个对角阵（可以是单位矩阵），这样可以使得一个被调节量仅与一个调节器输出量之间有关系，而与另一个独立，从而达到解耦目的。

小   结

本章根据实际工业应用中的液位控制系统设计了小型水箱控制系统，介绍了典型的液位对象、液位测量的仪器仪表以及控制系统间的通信设置。在实际的控制中，采用了常见的 PID 控制，根据系统的指标对其进行优化与调试。在熟悉 PID 控制的基础上，介绍了串级控制、前馈反馈控制和解耦控制，在学习过程中，应注重对其各个部分的理解，熟悉各部分之间的关系、作用。

习   题

3-1 用响应曲线法确定对象的数学模型时，其精度与哪些因素有关？

3-2 比较不同 PI 参数对系统的性能产生的影响。

3-3 试述串级控制系统为什么对二次扰动具有很强的抗扰动能力？如果对象的时间常数不是远小于主对象的时间常数时，这时副回路抗扰动的优越性还具有吗？为什么？

3-4 串级控制系统投运前需要做好哪些准备工作？主、副调节器的内、外给定如何确定？正反作用如何确定？

3-5 改变副调节器比例放大倍数的大小，对串级控制系统的抗扰动能力有什么影响？试从理论上给予说明。

3-6 分析串级控制系统比单回路控制系统控制质量高的原因。

3-7 仔细阅读实验原理，分析液位与液位串级控制系统在干扰作用下的工作过程。

4 多热工参量系统实训

【导读】

  热工参数主要包括温度、压力、流量、成分、液位等，测量此类参数的仪表称为传感器、变送器，其中传感器直接采集热工系统中的各种运行参数，变送器则将其变换为模拟信号。热工仪表是实现生产过程自动化的基础装置之一，了解并熟悉热工仪器的原理与基本操作规程，对于保障生产过程的平稳有序，实现关键热工参数的精细化控制有着重要的意义。热工参数的调节控制一般通过执行器及其驱动电路来实现。随着生产过程自动化技术的不断发展，自动化对热工参数进行检测和控制不仅可以提高生产率，减少能耗，降低生产成本，而且在某些生产装置或工艺过程无法用人工进行控制的场合（例如有毒有害的危险场所）或人力所不能及的地方，体现出了巨大的优越性。

【学习建议】

  本章内容是围绕多热工参量系统的理论知识，系统的方案、设计、实现、调试及优化展开的。本课程与其他课程有横向联系，在学生对于其他专业课的内容有所了解的基础上，开设本课使学生对于热工参量各参数是如何测量的有所认识。要求学生掌握的重点是各热工参数的测量和自动测量的基本知识和术语，对于各种仪表的制造原理有所了解，重点掌握各种仪表的使用方法和运行调试的方法。在学习本章时，建议学习者查阅资料，在学习过程中详细了解实际过程控制的各部分合作关系，以便做到深入理解、学以致用。

【学习目标】

  (1) 了解热工参量控制系统的测量方法和原理。

  (2) 掌握各种测量仪表的调试和使用方法。

4.1 系统介绍

4.1.1 产品概述

  基于钢铁废水处理的 A3010 热工参数检测实训系统，侧重于温度测量与控制，可结合西门子 S7-200/S7-300、三菱 PLC、DCS 等控制器，模拟真实的工厂操作过程。除了检测温度之外，系统还提供压力、流量、液位等传感器，满足多个热工参数检测实验的需要。

  (1) 产品的特色体现了集成自动化的特点，产品技术参数包括：

设备框架材料：铝合金型材。

供电：220V AC。

设备运行功率：4000W。

对象结构：如图 4-1 所示。

配电柜：配电柜结构如图 4-2 所示。

图 4-1　对象结构

图 4-2　配电柜结构

配电柜内有七个指示灯、六个旋钮。在设置好管路后，检查配电柜电源插头是否接到实验室插座上。单相总电源上电，若机柜的电源指示灯亮，说明 220V 交流电源正常。

（2）指示灯说明：液位低限报警灯（锅炉水位低于下限时指示灯亮）、液位高限报警灯（锅炉水位高于上限时指示灯亮）、水泵 1 号指示灯（水泵 1 启动时亮）、水泵 2 号指示灯（水泵 2 启动时亮）、冷却风机指示灯（冷却风机运行时亮）、电磁阀指示灯（电磁阀打开时亮）。

（3）旋钮说明：加热器旋钮（锅炉加热电源开关）、变频器电源旋钮（变频器上电开关）、变频器启动旋钮（变频器启动开关）、水泵 2 号旋钮（水泵 2 启动开关）、冷却风机旋钮（冷却风机启动开关）、电磁阀旋钮（电磁阀打开开关）。

注意：三挡旋钮中"开"挡为面板手动启动，"自动"挡为远程 PLC 控制。

（4）热工参数：热工参数有 2 个支路，一个热水支路，一个冷水支路。

1）热水支路管路构成：

①变频器控制 P102，从储水箱往锅炉内注水，使锅炉水箱水位介于液位低限和液位高限之间，保证锅炉液位硬件联锁释放，满足锅炉加热要求。

②更改管路，使 P102 水泵从锅炉水箱获得水源，经流量计、滞后管、换热器后，回到锅炉水箱，整个热水管路是一个循环管路。

2）冷水支路管路构成：由水泵 1 从储水箱内抽水，经压力变送器、流量变送器、换热器到锅炉水箱外冷水层，然后经散热器散热后流到有机玻璃水箱，在有机玻璃水箱内可以测试液位高度，最后再回流到储水箱。

4.1.2　工艺流程图

A3010 热工参数实训系统工艺流程图如图 4-3 所示。

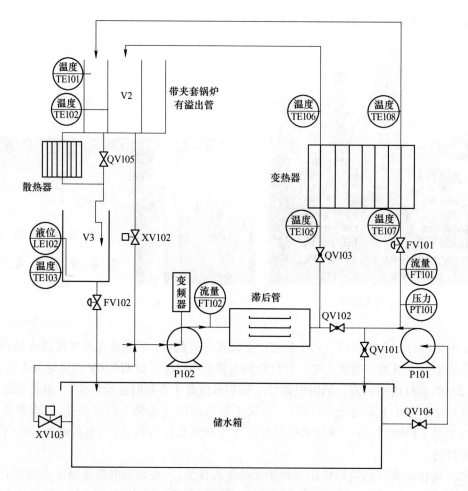

图 4-3　热工参数实训系统工艺流程图

（1）设备使用前确认储水箱水量是否超过水箱的 2/3，如果达不到，则必须给水箱注水，防止在实验过程中水泵空转引起设备损坏。

（2）使用 P101 水泵注水时，必须关闭 QV101、QV102，打开 QV104、FV101、QV105。整个管路处于通路状态后才能启动水泵。

使用 P102 水泵注水时，必须关闭 XV102、QV102，打开 XV103、QV103。整个管路处于通路状态后才能启动水泵。待锅炉水箱内液位低报警消除后，停止水泵运行。

4.1.3　实训系统对象

实训系统对象规格与技术标准见表 4-1。

表 4-1 实训系统对象规格与技术标准

序号	名 称	技 术 规 格	数量
1	框 架	尺寸：600mm（长）×700mm（宽）×1500mm（高），型材框架，带有底部支撑和脚轮	1 套
2	储水箱	450mm（长）×420mm（高）×370mm（宽），不锈钢制造，容积超过 60L，以便满足比较长的温度实验而不会导致温度上升过快而无法实验	1 套
3	常压锅炉单元	全不锈钢 1.2mm 厚度，常压不锈钢容器（内带封闭式夹套，隔热换热），内设溢流装置，采用可控硅调压加热，配合可视温度表、液位指示柱；具有两个液位开关，带专有设计的本质安全的防干烧装置；一个联锁保护系统，以及用户可编程的联锁保护和紧急停车系统	1 套
4	反应容器单元	全不锈钢 1.2mm 厚度，常压不锈钢容器，配合可视温度表、液位指示柱	1 套
5	温度滞后单元	20m 长度盘管，在一定时间内不影响原有系统，获得温度的滞后，滞后时间可调（60~100s）；和环境温差比较衰减 0.7~0.9℃	1 套
6	换热单元	工业标准板式换热器（不锈钢材质），换热面积 0.2m²，能实现良好热交换，可模拟工业换热机组结构，构建恒温供水系统	1 套
7	散热单元	工业风冷散热器，能实现良好风冷效果，减少大水箱热的可能	1 套
8	管路系统	不锈钢材质固定管路系统，相关位置安装有手控阀。管路一路由不锈钢动力泵+电动调节阀+涡轮流量计组成（主支路）；另一路由变频器+不锈钢动力泵+电磁流量计组成（副支路），通过阀门切换，任何一路供水均可到达任何一个水箱	1 套
9	水 泵	静音不锈钢屏蔽，型号：16CQ-8，扬程 8m，最大流量 3m³/h，泵体不锈钢	2 台
10	电磁阀	高质量电磁阀 ZCT-15	3 个

主要检测装置（仪表）的技术规格见表 4-2。

表 4-2 主要现场检测仪表和执行器

序号	名 称	型 号	技 术 规 格	数量	厂家
1	温度传感器	SBWZ 型一体化	Pt100 感温元件，传感变送一体化，0.5% 精度，标准 4~20mA 信号，透明容器安装，用于检测锅炉水温、锅炉回水温度、换热器热水出口水温、换热器冷水出口水温、储水箱水温等	8 个	百特
2	压力变送器	FB0803-150	0.25% 精度，150kPa，标准 4~20mA 信号，用于检测不锈钢动力泵给水压力	1 个	百特
3	液位变送器	FB0803-25	0.25% 精度，2.5kPa，标准 4~20mA 信号，用于检测三容水箱系统中上、中、下水箱液位	1 个	百特
4	金属浮球液位开关	RF-OH2	用于锅炉单元液位低、高限联锁保护	2 个	百特
5	涡轮流量计	LWGY-15	不锈钢，螺纹连接，1% 精度，满量程 3m³/h，标准 4~20mA 信号，用于检测主支路给水流量	1 个	百特
6	电磁流量计	FBF8301 DN15	不锈钢管材，一体式法兰连接，工作温度 ≤100℃，0.5% 精度，满量程 3m³/h，标准 4~20mA 信号，用于检测副支路给水流量	1 套	百特
7	电动调节阀	霍尼韦尔 ML7420	智能型，正反作用可选，输入标准 0~10V/2~10V 信号，连续调节阀位，线性	1 套	霍尼韦尔

续表 4-2

序号	名 称	型 号	技 术 规 格	数量	厂家
8	电动调节球阀	霍尼韦尔	智能型，输入标准 0~10V/2~10V 信号，连续调节阀位，线性	1 套	霍尼韦尔
9	调压模块	SGVTA-50	三相智能调压模块，4~20mA/0~10V 输入，峰值 50A	1 个	威海星佳
10	温度表	WSS	0~250℃	1 个	上仪集团

  实训系统测控点，见表 4-3。虽然测控点很多，但是一般所有点都接入控制器，如果控制器点数不够，可以考虑温度 TE101~TE104 只是作为数显表监控。U104，FV101 也可以考虑不接入控制系统。

表 4-3 实训系统测控点

序号	位号	参数名称	线制或接点特性，用途	信号类型		工程量	设备供电
1	TE101	加热锅炉外套温度	变送器 2 线制	4~20mA	AI0	0~100℃	24V DC
2	TE102	加热锅炉内胆温度	变送器 2 线制	4~20mA	AI1	0~100℃	24V DC
3	TE103	反应器温度	变送器 2 线制	4~20mA	AI2	0~100℃	24V DC
4	TE104	换热器热水出口温度	变送器 2 线制	4~20mA	AI3	0~100℃	24V DC
5	TE105	换热器热水入口温度	变送器 2 线制	4~20mA	AI4	0~100℃	24V DC
6	TE106	换热器冷水出口温度	变送器 2 线制	4~20mA	AI5	0~100℃	24V DC
7	TE107	换热器冷水入口温度	变送器 2 线制	4~20mA	AI6	0~100℃	24V DC
8	PT101	P102 出口压力	变送器 2 线制	4~20mA	AI7	150kPa	24V DC
9	LT101	反应罐 V103 液位	变送器 2 线制	4~20mA	AI8	5kPa	24V DC
10	FT101	流量计 A 流量	变送器 4 线制	4~20mA	AI9	3m³/h	220V AC
11	FT102	流量计 B 流量	变送器 2 线制	4~20mA	AI10	3m³/h	24V DC
12	U101	变频器驱动	380V AC	4~20mA	AO0	50Hz	380V AC
13	FV101	调节 P101 流量控制	24V AC	4~20mA	AO1	0~100℃	24V AC
14	FV102	调节阀，反应器出口流量，压力控制	24V AC	4~20mA	AO2	0~100℃	24V AC
15	BS101	调压模块		4~20mA	AO3	380V	380V AC
16	LS101	加热容器低限液位开关	干接点，接点容量 24V、1A		DI0		干接点
17	LS102	加热容器高限液位开关	干接点，接点容量 24V、1A		DI1		干接点
18	XV101	P102 入口冷水切换阀	24V DC	继电器	DO0	0~100%	220V AC
19	XV102	P102 入口热水切换阀	24V DC	继电器	DO1	0~100%	220V AC
20	XV103	排放	24V DC	继电器	DO2	0~100%	220V AC

续表4-3

序号	位号	参数名称	线制或接点 特性，用途	信号类型		工程量	设备供电
21	E101	散热器启动模拟 热负载变动	24V DC	继电器	DO3	0~100%	220V AC
22	U101RUN	变频器启动	24V DC	继电器	DO4	50Hz	220V AC
23	P102RUN	P102 上电	24V DC	继电器	DO5		220V AC

　　热工参量实训系统可以进行实验一：炉自动补水控制实验，实验二：锅炉加热控制实验，实验三：热交换控制实验，实验四：原料预加热控制实验，实验五：反应器液位控制实验等，主界面如图4-4所示。

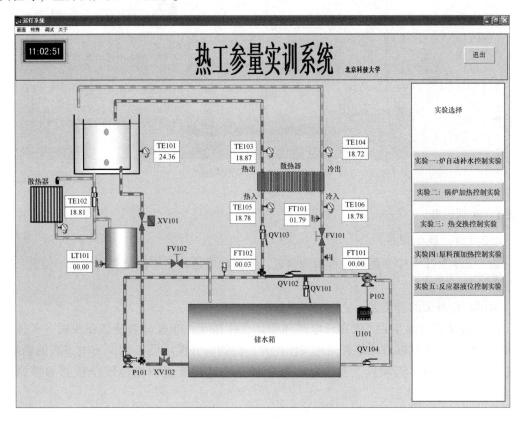

图4-4　热工参量实训系统主界面

4.2　锅炉自动补水控制实训

　　在本项实训中，了解测量仪表的基本知识、性质和结构特点，完成压力、液位的测量。在此基础上设计锅炉自动补水控制流程，在热工参量测控系统中实现自动补水。

　　自动补水实训界面如图4-5所示。

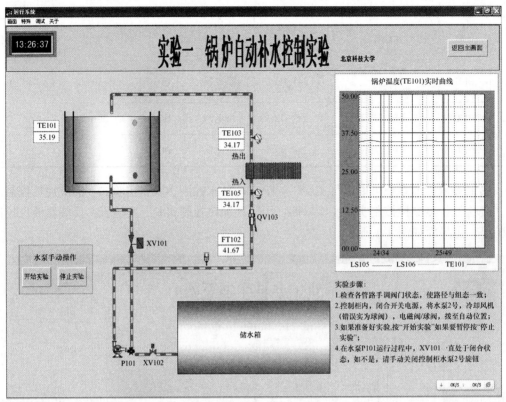

图 4-5　自动补水实训界面

4.2.1　实训设备

4.2.1.1　液位设备

物位开关是工业中常用的一种检测仪表，主要功能是检测物位是否到达某一位置，同时发出信号。

常用物位开关的种类如下：

（1）音叉式物位开关。依靠压电晶体驱动叉体振动，当叉体被液体浸没时，叉体振荡频率下降，据此判断液位是否到达叉体位置。该物位开关不受被测介质电参数的影响，稳定性高。安装后不需调校、免维护、寿命长，是过程控制中液位限位检测和控制的装置。

（2）射频电容式物位开关。在仓体侧壁或顶部安装探头，利用探头与仓壁之间形成的电容器对物料高度是否到达传感器探头的位置进行检测。该"料位开关"应用范围较广，固体、液位物料均可以检测，现场适应能力强，特别适合于高温、高压、强腐蚀、强黏附、强冲击的场合下应用。

（3）超声波式物位开关。超声波液位开关不受液体表面的泡沫、水汽的影响。其中侧贴式超声波液位开关利用超声波在管壁介质中的余振信号完成物位检测，大幅度提高了稳定性和穿透性，可适用于多种材料的容器，包括：合金钢、不锈钢、塑料、玻璃及各种合成材料。

（4）浮球式液位开关。浮球式液位开关是最常用的一种物位开关。金属浮球式液位开关（图4-6）由不锈钢制造，结构简单，使用方便，没有复杂的电路，抗扰性强。可耐高温，使用寿命长，性能稳定，价格低廉。

主要应用于石油化工、制药、水处理、饮料、机械等行业。

技术指标：

安装方式：侧面安装。

工作压力：2MPa。

浮子耐温：−10～200℃。

精度误差：+2mm（水中）。

图 4-6　金属浮球式液位开关

承受电压：250V AC，200V DC。

接线与调校：两条线路一根接到公共端，一根作为信号线。液位开关是常开还是常闭可自己检测。如果不符合要求，可取下浮球后，转换方向即可。

4.2.1.2　自动补水实训设备

自动补水实训设备如下：

（1）锅炉加热水箱；

（2）变频器、水泵；

（3）球阀；

（4）物位开关。

4.2.2　控制流程

锅炉自动补水流程如图4-7所示。

4.2.3　实训步骤

（1）手动打开电动球阀。

（2）手动启动2号泵，往锅炉内注水。

（3）待液位低限报警消除后，停止水泵运行。

（4）电动球阀旋钮打到自动状态。

（5）打开电磁阀XV102。

（6）再次启动2号泵。

（7）调节QV102作泄流。

（8）观察实验效果。

（9）实验完成后，停止水泵，关闭阀门，断掉设备电源。

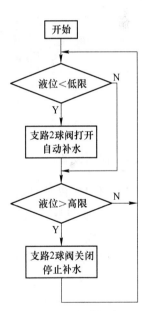

图 4-7　锅炉自动补水流程

4.3　锅炉加热控制实训

温度是一个十分重要的热力学参量之一。从微观上说，它反映物体分子运动平均动能的大小，而宏观上则表示物体的冷热程度。通常，我们把长度、时间、质量等基准物理量称作"外延量"，它们可以叠加；而温度是一种"内涵量"，叠加原理不再适用。温度是热工系统中常见的测量项目，目前有许多适用于不同应用场合的高精度测温仪器。

加热控制实训界面如图4-8所示。

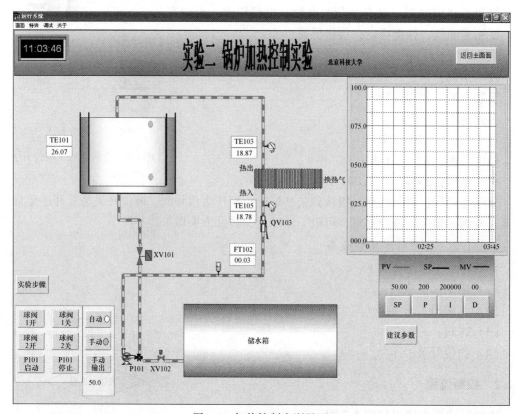

图4-8　加热控制实训界面

4.3.1　实训设备

4.3.1.1　温度仪表

A　温度测量

a　温标

温标是用来度量物体温度数值的标尺。它规定了温度的读数起点（零点）和测量温度的基本单位。目前，国际上应用较多的温标有华氏温标、摄氏温标、热力学温标。

华氏温标（Fahrenheit，符号为℉）规定：在标准大气压下，冰的熔点为32℉，水的沸点为212℉，中间有180等份，每等份为华氏1度。它是德国物理学家丹尼尔·家百列·华伦海特基于虎克的研究，将冰与盐混合后，所能达到的最低温度定为0℉（−17.7℃），而概略的将人体温度定为100℉（37.7℃），两者间等分成100个刻度。

摄氏温标规定：在标准大气压下，冰水混合物的温度为0℃，水的沸点为100℃，中间划分为100等份，每等份为1℃。瑞典天文学家安德斯·摄尔修斯将一大气压下冰水混合物的温度规定为100℃，水的沸点定为0℃，两者间均分成100个刻度，和现行的摄氏温标刚好相反。直到1743年才被修成现行的摄氏温标。

热力学温标规定：以绝对零度（0K）为最低温度，规定水的三相点的温度为

273.16K，1K 定义为水三相点热力学温度的 1/273.16。热力学温标，符号为 T。

摄氏温标和华氏温度（Degree Fahrenheit，℉）两种温标的转换公式为：

$$t = \frac{5}{9}(F - 32)$$

摄氏温标和热力学温标的转换公式为：

$$T = t + 273.15$$

b 温度测量方法

根据温度传感器使用方式的不同，通常分为接触法与非接触法两类。

（1）接触法：由热平衡原理可知，两个物体接触后，经过足够长的时间即可达到热平衡。如果其中之一为温度计，就可以对另一个物体实现温度测量，这种测温方式称为接触法。接触法的特点是，温度计要与被测物体有良好的热接触，使两者达到热平衡，因此准确度较高。用接触法测温时，感温元件要与被测物体接触，往往要破坏被测物体的热平衡状态，并受被测介质的腐蚀影响。因而对感温元件的结构、性能要求苛刻。

（2）非接触法：主要利用物体的热辐射能随温度变化的原理测定物体温度。其特点是，不与被测物体接触，也不改变被测物体的温度分布，热惯性小。从原理上看，用这种方法测温无上限。通常用来测定 1000℃ 以上的移动、旋转或反应迅速的高温物体的温度或表面温度。

热电阻、热电偶一般采用分体式的温度变送器，包括分立的温度传感器和温度变送器。如果采用一体化，则在内部也是分立的。

温度测量装置主要由温度传感器和信号转换器组成，信号转换器安装在温度传感器的冷端接线盒内，温度传感器受温度影响产生电阻或电势效应，经转换产生一个差动电压信号，此信号经放大器放大，再经电压、电流变换，输出与量程相对应的 4~20mA 的电流信号或其他 0~5V/0~10V 电压信号。一体式温度传感变送器如图 4-9 所示。

B 热电阻

工业用热电阻分铂热电阻和铜热电阻两大类。

热电阻是利用温度变化时自身电阻也随之发生变化的特性来测量温度。热电阻的受热部分（感温元件）是用细金属丝均匀地缠绕在绝缘材料制成的骨架上，当被测介质中有温度发生变化时，所测温度是感温元件介质中的平均温度。

图 4-9 一体式温度
传感变送器

与其他温度计比较，装配式热电阻的优点主要有：

（1）准确度高。在所有常用温度计中，它的准确度最高，可达 1mK。

（2）输出信号大，灵敏度高。如在 0℃ 用 Pt100 铂热电阻测温，当温度变化 1℃ 时，其电阻值约变化 0.4W，如果通过电流为 2mA，则其电压输出为 800mV 左右。由此可见，热电阻的灵敏度较热电偶高一个数量级。

（3）测温范围广，稳定性好。适宜的环境下，可在很长时间内保持 0.1℃ 以下的稳定性。

（4）无需参考点。温度值可由测得的电阻值直接得出。

（5）输出线性好。只用简单的辅助回路就能得到线性输出，显示仪表可均匀刻度。

装配式热电阻的缺点：

（1）采用细金属丝的热电阻元件抗机械冲击与振动性能差。

（2）元件结构复杂，制造困难大，尺寸较大，热响应时间长。

（3）不适宜测量体积狭小和温度瞬变区域。

由于经过电流非常少，测量电阻的标准电流如果是 2mA，则电压只有 200mV，易受干扰。

热电阻温度传感器型号为 Pt100，一般为三线制，如图 4-10 所示，目的就是为了消除导线电阻。

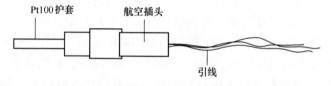

图 4-10　温度传感器 Pt100

温度变送器为两线制，24V 直流供电，如图 4-11 所示。

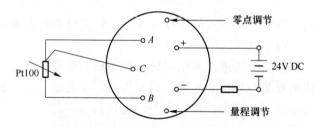

图 4-11　温度变送器接线原理图

热电阻的技术指标：

（1）量程：-200~1800℃。

（2）常规精度：±0.25%。

（3）供电电压：13~30V DC。

（4）负载电阻：0~850Ω。

（5）输出信号：4~20mA。

（6）基本误差：±0.2%，±0.5%。

（7）环境温度影响：0.25%/10℃。

（8）冷端补偿误差：0.5%/10℃。

（9）输入类型：热电阻、Pt100、二线或三线热电偶（所有已知类型）。

（10）环境温度：-40~85℃，带显示型为-10~70℃。

（11）环境湿度：0~95%RH，不冷凝。

接线与调校：变送器系统连接如图 4-12 所示，24V DC 电源通过屏蔽电缆给变送器供电，"V₊" 接 24V DC 的正极，"V₋" 接负极，输出 4~20mA 将变送器接到标准信号源上（电阻箱或毫伏计），在信号源给出零点和满度信号时，反复调零点及满度电位器，即可精确调整量程。"Z"为零点调整电位器,"S"为满度调整电位器(所有电位器在出厂以前都已校好)。使用中,因线阻、环境温度等因素影响而产生误差时,只需微调零点电位器"Z"即可校正,本校准方法也可用于修正系统误差。图中 R_s 为采样电阻,一般不超过 500Ω,主要作用是把电流转换为电压来测量。

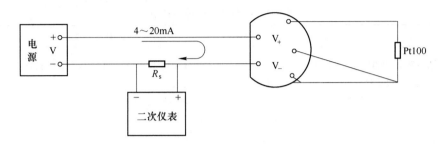

图 4-12　一体式温度传感变送器接线图

C　热电偶

热电偶工作原理是将两种不同的金属导体焊接在一起,构成闭合回路,若在焊接端(即测量端)加热产生温差,则在回路中会产生热电动势,此种现象称为塞贝克效应(Seebeck-effcck)。如将另一端(即参考端)温度保持一定(一般为0℃),那么回路的热电动势则变成测量端温度的单值函数。这种以测量热电动势的方法来测量温度的元件,即两种成对的金属导体,称为热电偶。热电偶产生的热电动势,其大小仅与热电极材料及两端温差有关,与热电极长度、直径无关。其原理如图 4-13 所示。

图 4-13　热电偶原理

热电偶同其他温度计相比,热电偶具有以下优点:

(1)热电偶可将温度量转换成电量进行检测。易于温度的测量、控制,以及对温度信号的放大、变换。

(2)结构简单,制造容易。

(3)价格便宜。

(4)惯性小。

(5)准确度高。

(6)测温范围广。

(7)能适应各种测量对象的要求(特定部位或狭小场所),如点温和面温的测量。

(8)适于远距离测量和控制。

热电偶的缺点有:

(1)测量准确度难以超过 0.2℃。

(2)必须有参考端,并且温度要保持恒定。

（3）在高温或长期使用时，因受被测介质影响或气氛腐蚀作用（如氧化、还原）等而发生劣化。

热电偶材料按分度号分为 B、R、S、N、K、E、J、T 及 WRe3-WRe25、WRe5-WRe26，10 个标准形式，尚有其他非标准丝材可供选择。热电偶材料种类特点见表4-4。

表 4-4　热电偶材料种类特点

种类	优　点	缺　点
B	适于测量 1000℃ 以上的高温； 常温下热电动势极小，可不用补偿导线； 抗氧化、耐化学腐蚀	在中低温领域热电动势小，不能用于 600℃ 以下； 灵敏度低； 热电动势的线性不好
R、S	精度高、稳定性好，不易劣化； 抗氧化、耐化学腐蚀； 可作标准	灵敏度低； 不适用于还原性气氛（尤其是 H_2、金属蒸气）； 热电动势的线性不好； 价格高
N	热电动势线性好； 1200℃ 以下抗氧化性能良好； 短程有序结构变化影响小	不适用于还原性气氛； 同贵金属势电偶相比时效变化大
K	热电动势线性好； 1000℃ 下抗氧化性能良好； 在廉金属热电偶中稳定性更好	不适用于还原性气氛； 同贵金属热电偶相比时效变化大； 因短程有序结构变化而产生误差
E	在现有的热电偶中，灵敏度最高； 同 J 型相比，耐热性能良好； 两极非磁性	不适用于还原性气氛； 热导率低具有微滞后现象
J	可用于还原性气氛； 热电动势较 K 型高 20% 左右	铁正极易生锈； 热电特性漂移大
T	热电动势线性好； 低温特性好； 产品质量稳定性好； 可用于还原性气氛	使用温度低； 铜正极易氧化； 热传导误差大

一般采用常见的 K 分度热电偶。量程：0～1000℃，或者其他值。输出信号：4～20mA。供电电源：24V DC。

热电偶的技术参数为：

传感器类型：K。

精度：±1%。

负载电阻：<600Ω。

供电电压：24V DC±10%。

温度漂移：±0.025%/℃（年漂移小于±0.05%）。

环境温度：–20～+70℃。

温度杆材料：1Cr18Ni9Ti。

接线室外壳材料：铸铝合金。

其原理和接线图如图 4-14 所示。

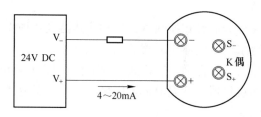

图 4-14 热电偶测量接线

热电偶使用注意事项：

（1）温度变送器请勿超量程使用，否则容易损坏变送器。

（2）电源应尽量使用线性电源，慎用开关电源，使用时注意高频干扰。

（3）电源接线应采用屏蔽电缆传输，可防止干扰。

4.3.1.2 锅炉加热实训设备

锅炉加热实训设备如下：

（1）锅炉加热水箱；

（2）调压模块、加热棒；

（3）温度变送器；

（4）PLC S7-300。

4.3.2 控制流程

锅炉加热控制流程如图 4-15 所示。

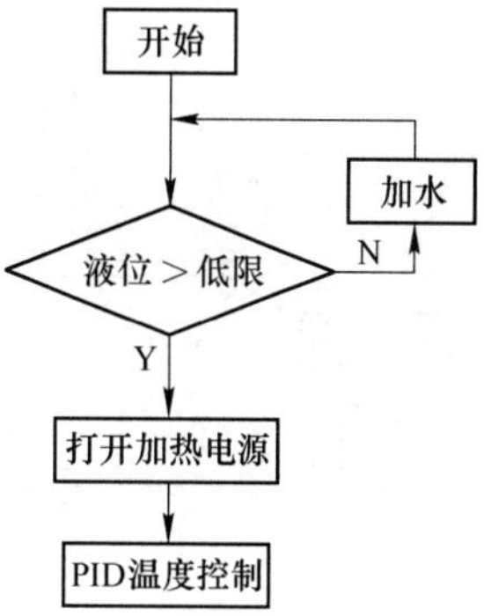

4.3.3 实训步骤

（1）手动打开电动球阀。

（2）手动启动 2 号泵，往锅炉内注水。

（3）待液位低限报警消除后，停止水泵运行。

（4）打开加热棒电源。

（5）运行 PLC 控制程序。

（6）设置 PID 参数，设置设定值。

（7）PID 投入自动。

（8）观察实验效果。

（9）实验完成后，停止水泵，关闭阀门，断掉设备电源。

图 4-15 锅炉加热控制流程

4.4 热交换控制

热交换又称换热，是指热能从热流体直接或间接传向冷流体的过程。就是由于温差而引起的两个物体或同一物体各部分之间的热量传递过程。热交换一般通过热传导、热对流和热辐射三种方式来完成。

间壁式换热器是温度不同的两种流体在被壁面分开的空间里流动，通过壁面的导热和流体在壁表面对流进行换热。间壁式换热器有管壳式、套管式等，其中间壁式换热器是目前应用最为广泛的换热器。

直接接触式换热器又称为混合式换热器，这种换热器是两种流体直接接触，彼此混合进行换热的设备，例如冷水塔、气体冷凝器等。

流体连接间接式换热器，是把两个表面式换热器由在其中循环的热载体连接起来的换热器，热载体在高温流体换热器和低温流体之间循环，在高温流体接受热量，在低温流体换热器把热量释放给低温流体。

流量是指单位时间内流体（气体、液体、粉末或固体颗粒等）流经管道或设备某处横截面的数量。当流体以体积表示时称为体积流量，以质量表示时称为质量流量。用于测量流量的计量器具称为流量计，通常由一次装置和二次仪表组成。一次装置即流量传感器安装于流体管道内部或外部，根据流体与一次装置相互作用，产生一个与流量有确定关系的信号。二次仪表接收一次装置的信号，并转换成流量显示信号或输出信号。

热交换实训界面如图 4-16 所示。

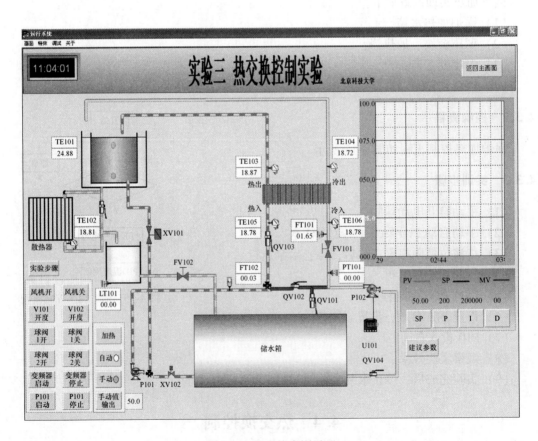

图 4-16　热交换实训界面

4.4.1 实训设备

4.4.1.1 流量设备

流量的测量装置很多，包括常用的涡轮流量计、电磁流量计、涡街流量计、超声波流量计、金属浮子流量计、差压式节流流量计等。我们一般选择涡轮流量计和电磁流量计，这两种使用最为广泛。

A 涡轮流量计

a 涡轮流量计原理

涡轮流量计通过在管道中的转轮来测量流量，通过霍尔效应检测转轮的转速。

LWGY 型涡轮流量传感器（以下简称传感器）可测量液体的流量，具有精度高、寿命长、操作维护简单等特点，广泛用于石油、化工、冶金、供水、造纸等行业，是流量计量的理想仪表。

LWGY 型涡轮流量传感器适用于测量与不锈钢 1Cr18Ni9Ti、2Cr13 及刚玉 Al_2O_3、硬质合金不起腐蚀作用、且无纤维、颗粒等杂质的液体。

LWGY 型涡轮流量传感器适用于在工作温度下黏度小于 $5 \times 10^{-6} m^2/s$ 的介质，对于大于 $5 \times 10^{-6} m^2/s$ 的液体，要对传感器进行实液标定后使用。涡轮流量传感器基本结构如图 4-17 所示。

被测液体流经传感器时，传感器内叶轮旋转，此时，检出装置中的磁路磁阻发生周期性变化，在检出线圈两端就感应出频率与流量成正比的电脉冲信号，经放大器放大后远传输出。

在测量范围内，传感器的流量脉冲频率与体积流量成正比，这个比值即为仪表系数，用 K 表示。

$$K = f/Q$$

式中，f 为流量信号频率，Hz；Q 为体积流量，m^3/h 或 L/h。

每台传感器的仪表系数由制造厂填入检定证书中。K 值设置到配套的显示仪表中，便可显示出瞬时流量和体积总量。

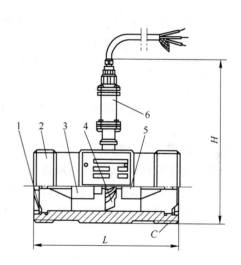

图 4-17 传感器结构及安装尺寸示意图
1—压紧圈（涨圈）；2—外壳；3—前导向件；
4—叶轮；5—后导向件；6—检出器

常用的涡轮流量计产品包括脉冲式输出和 4~20mA 输出。对于 DN10 的涡轮流量计，还包括过滤组件。脉冲式输出的涡轮流量计如图 4-18 所示。

把脉冲转换为 4~20mA 需要一个转换器，其产品如图 4-19 所示。

b 涡轮流量计安装

（1）传感器的安装根据规格不同，采用螺纹或法兰连接。

（2）安装前，应清洗管路，以避免管道杂质堵塞叶轮。

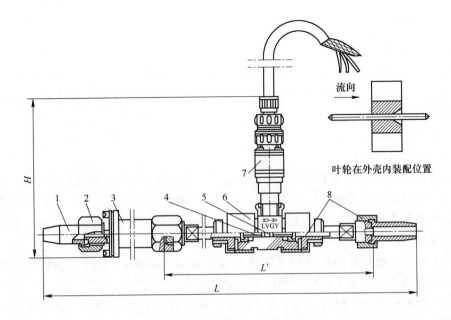

图 4-18　脉冲式输出的传感器结构及安装尺寸示意图

1—管接头；2—接线螺母；3—过滤器；4—前导向器；5—叶轮；6—外壳；7—前置放大器；8—密封垫圈

（3）传感器可水平、垂直安装，垂直安装时流体方向必须向上，液体应充满管道，不得有气泡。

（4）安装时，液体流动方向应与传感器外壳上指示流向的箭头方向一致。传感器上游端至少应有 20 倍公称通径长度的直管段，下游端应有不小于 5 倍公称通径的直管段。

（5）传感器应远离外界电场、磁场，必要时应采取有效的屏蔽措施，以避免外来干扰。

（6）为了检修时不致影响液体的正常输送，建议在传感器的安装处，安装旁通管道，如图 4-20 所示。

（7）传感器露天安装时，请做好放大器及插头处的防水处理。

（8）传感器与显示仪表的接线，注意是脉冲式还是两线制的 4~20mA 式。如果是两线制，接线如图 4-21 所示。

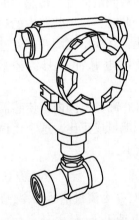

图 4-19　涡轮流量计外形图
（LWGB 型，带变送）

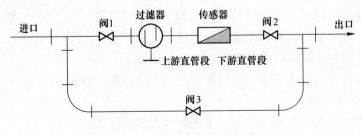

图 4-20　传感器安装示意图

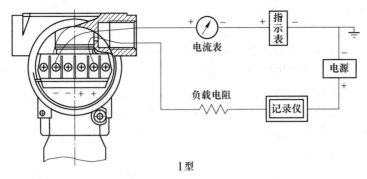

I 型

图 4-21 两线制接线方式

c 涡轮流量计使用和维护

（1）使用时，应保持被测液体清洁，不含纤维和颗粒等杂质。

（2）传感器开始使用时，应先将传感器内缓慢地充满液体，然后再开启出口阀门，严禁传感器处于无液体状态时，受到高速流体的冲击。

（3）传感器的维护周期一般为半年，检修清洗时，请注意勿损伤测量腔内的零件，特别是叶轮，装配时请看好导向件及叶轮的位置关系。

（4）传感器不用时，应清空内部液体，且在传感器两端加上防护套，防止尘垢进入，然后置入干燥处保存。

（5）配用的过滤器应定期清洗，不用时，应清空内部的液体，同传感器一样，加防尘套，置于干燥处保存。

（6）传感器的传输电缆可架空或埋地敷设（埋地时应套上铁管）。

涡轮流量计的一般故障及消除方法见表 4-5。

表 4-5　一般故障及消除方法

序号	故障现象	原　因	消　除　方　法
1	显示仪表对流量信号和检验信号均无显示	（1）电源未接通或保险丝熔断； （2）显示仪表有故障	（1）接通电源或更换保险丝； （2）检修显示仪表
2	显示仪表对"校验"信号有显示但对流量信号无显示	（1）传感器与显示仪表间接线有误或有开路、短路、接触不良等故障； （2）放大器有故障或损坏； （3）转换器（线圈）开路或短路； （4）叶轮被卡住； （5）管道无流体流动或堵塞	（1）对照图 4-21 检查接线的正常性和接线质量； （2）维修或更换放大器； （3）维修或更换线圈； （4）清洗传感器及管道； （5）开通阀门或泵，清洗管道
3	显示仪表工作不稳；计量不正确	（1）实际流量超出仪表的计量范围或不稳定； （2）仪表系数 K 设置有误； （3）传感器内挂上纤维等杂质； （4）液体内有气泡存在； （5）传感器旁有较强的电磁场干扰； （6）传感器轴承及轴严重磨损； （7）传感器电缆屏蔽层或其他接地导线与线路地线断开或接触不良； （8）显示仪表故障	（1）使被测流量与传感器的测量范围相适应，并稳定流量； （2）使系数 K 设置正确； （3）清洗传感器； （4）采取消气措施，清除气泡； （5）尽量远离干扰源或采取屏蔽措施； （6）更换"导向件"或"叶轮轴"； （7）对照图 4-21 接线； （8）检修显示仪表

B　电磁流量计

a　电磁流量计原理

电磁流量计的基本原理是基于法拉第电磁感应定律，当被测量的导电介质在磁场中作切割运动时，导电介质会产生感应电动势，信号经转换器处理，再经微处理器处理后，输出与流量呈线性关系的模拟信号，以供后位仪表计算或控制，也可与上位机通信。

电磁流量计要求被测流体电导率一般应大于 5μS/cm（自来水的电导率约 100～500μS/cm），可以用来测量各种酸、碱、盐溶液、纸浆、矿浆等介质，但介质中不能含有较多的铁磁性物质和气泡。

电磁流量计，广泛地应用于石油、化工、冶金、轻纺、造纸、环保、食品等工业部门及市政管理、水利建设等领域的流量测量。

电磁流量计如图 4-22 所示，有可能采购的型号稍有区别，为圆形变送器，但是操作基本一致。

电磁流量计传感器的测量系统是基于法拉第电磁感应定律，在与测量管轴线和磁场磁力线相互垂直的管壁上安装一对检测电极，当导电液体沿测量管轴线运动时，导电液体作切割磁力线运动产生感应电势。此感应电势由测量管上的两个电极检出，数值大小为：

图 4-22　电磁流量计

$$E = KBVD$$

式中，E 为感应电势；K 为仪表常数；B 为磁感应强度；V 为测量管截面内的平均流速；D 为测量管的内直径。

测量流量时，流体流过垂直于流动方向的磁场，感应出一个与平均流速成正比的电势，感应电压信号通过两个电极检出，并通过电缆传送至转换器，经过信号处理及相关运算后，将累计流量和瞬时流量显示在转换器的显示屏上。

电磁流量计的特点如下：

（1）测量不受流体密度、黏度、温度、压力和电导率变化的影响。

（2）测量管内无阻碍流动部件、无压损、直管段要求较低。

（3）传感器可带接地电极，实现仪表良好接地。

（4）传感器采用先进加工工艺，使仪表具有良好的抗负压能力。

（5）转换器采用液晶背光式显示可使直射阳光下或暗室内的读数变得容易。

（6）转换器可同时显示体积流量百分比、实际流量和累计流量。

（7）安装在管子上与标准（型）成≤90°旋转显示屏改善了一体型流量计的可见度。

（8）通过红外线触摸按键设定参数，在恶劣的环境下不打开转换器盖板也可以安全的进行参数设定。

（9）转换器具有自诊断报警输出、空负载检测报警输出、流量上下限报警输出、两级流量值报警输出等功能。

（10）沉浸型和潜水型电磁流量计可实现优越的流量和过程测量。

（11）高压电磁流量计传感器采用专利技术制造，专门应用于石油、化工等行业。

b　电磁流量计转换器特性

（1）特点及适用领域。采用新技术的电磁流量转换器不仅可用于一般的过程检测，还适用于矿浆、纸浆等糊状液的测量。

（2）主要技术参数：

主电源：AC 100V，110V，115/120V±10%；

　　　　AC 200V，220V，230V/240V±10%；

　　　　DC 24V±10%。

频率：50Hz 或 60Hz。

动力消耗：≤13W（17VA）（浆液型≤80W）。

显示与按键：带背光的三行 LCD 显示，用于显示百分比流量、瞬时流量和总流量。4个红外线触摸式按键，用于数据设定。

计数器：正向累积总量、反向累积总量及差值累积流量。

输入信号：流量信号来自检测器的正比于流量的电压信号；固态触点或非电压触点实现触点输入。

输出信号：

（1）模拟量输出：4~20mA DC（选择数字输出）。

无 SFC 通信：0.8~22.4mA（-20%~+115%），负载电阻：0~600Ω；

有 SFC 通信：3.2~22.4mA（-5%~+115%），SFC 通信用外部电源：DC 16~45V（可选），负载电阻（Ω）=（通信用外部电源-8.5V）/0.025。

（2）数字输出：DE（选择模拟输出）。

（3）触点输出（任选）：开放式集电极，触点容量 30V DC 最大，200mA 最大（可选）。

报警驱动的触点输出：针对自诊断，无负载检测以及流量上、下限值报警的报警驱动的触点输出；

范围鉴别的输出：针对大、小范围以及正/反方向范围的 ID 信号触点的输出；

预设定状态的输出（脉冲输出型）：当内装式计数器达到设定值时，向一个触点输出信号；

自诊断报警输出：当自诊断功能检测出错误时，向一个报警驱动触点输出信号；

空负载检测报警输出：当检测器中的流体的液位低于电极液位时，向一个报警驱动触点输出信号；

流量上下限报警输出：当流量值超过设定的上、下限时，向一个报警驱动触点输出信号；

两级流量值报警输出：当流量值同时超过两个上限值（H，HH）或两个下限值（L，LL)时，向一个报警驱动触点输出信号。

（4）脉冲输出（任选）：开放式采集器，脉冲频率 2000Hz 最大，脉冲宽度 0.3~999.9ms，随机设定或固定在周期的 50%。

（5）通信信号：HART 协议或现场总线 FF。

阻尼时间常数：连续变量从 0.5~199.9s（时间持续到设定范围的 63.2%）；

低流量切断：模拟输出和数据输出的设定范围在 0~10% 内所对应的输出值恒为 0%（整数是连续变量）；

雷击保护：12kV、1000A，归并入电源、外部输入和输出端子；

失电：当使用脉冲输出时，EEPROM 保留总流量的数据记录值（保存周期大致在 10 年）。

c   电磁流量计安装和接线

电磁流量计安装注意事项：

（1）管道必须充满介质（见图 4-23（a））。

（2）避免空气气泡（见图 4-23（b））。

（3）不能在泵抽吸侧安装流量计（防止真空）（见图 4-23（c））。

（4）直管段要符合要求（见图 4-23（d））。

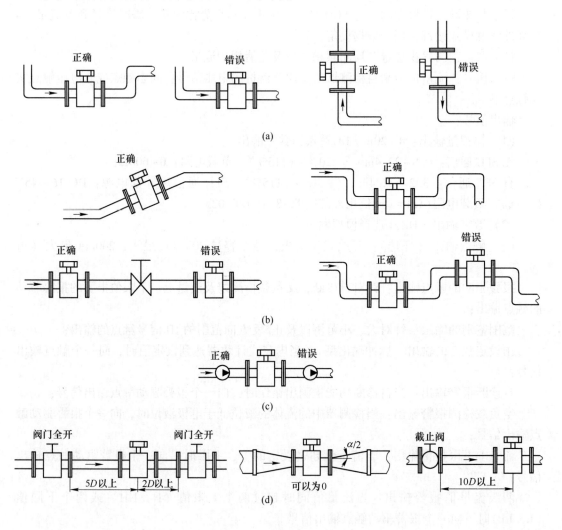

图 4-23   安装注意事项

一体化的电磁流量计接线图如图 4-24 所示。不需要连接转换器和传感器之间的信号线。

注意，只连接 220V 电源 L 和 N 线以及保护地，信号"4~20mA"输出。对于电磁恶劣环境，一定要接地，RS485 信号一般没有使用。

不要将交流电源线连接到传感器或连接到转换器的信号端子上，这样会造成电路板的永久损坏。

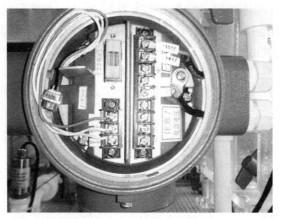

图 4-24 电磁流量计接线图

分体式的传感器和转换器接线图如图 4-25 所示。

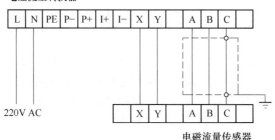

图 4-25 分体式的传感器和转换器接线图

d 电缆敷设和接线要求

电缆敷设和接线时必须注意以下几点：

（1）信号电缆不应与大电流的动力线平行敷设。

（2）传感器和转换器之间的电气连接必须按照图连接。

（3）传感器和转换器之间的接线距离越短越好。出厂时供有 15m 信号电缆和 15m 励磁电缆，如长度不够时，请采用 RVVP 型双芯聚氯乙烯绝缘屏蔽护套线，规格为 2m×32/0.2m，电缆线外径为 $\phi 8mm$。

e 接地

传感器壳体应始终依据国家标准接地。未做到这点会降低设备提供的保护，使设备无法正常工作。接线盒内侧的内部接地连接（提供保护的接地连接）是内部的接地连接螺丝。此螺丝用接地符号标识。

f 选型原则

被测流体必须是导电的液体或浆液，其电导率不小于 $5\mu S/cm$，且不应含较多的铁磁性的物质或气泡，应根据被测流体温度、工作压力、腐蚀性、磨损性等物性选择合适的压力等级、衬里材料、电极材料及仪表结构形式。

电磁流量计具体选型原则如下：

（1）通常选择仪表口径与工艺管道相同。

（2）若被测介质含固体颗粒，推荐的滤速为 $1~3m/s$。如实际流速过大，又不便更改工艺管道的，可选仪表通径大于工艺管道通径，以适当减小流量计测量管段的介质流速，减轻颗粒对电极和衬里的磨损。

（3）若工艺管道中可能有沉积物，推荐的流速为 $2~5m/s$。如实际流速过小，又不便更改工艺管道的，可选仪表通径小于工艺管道通径，以适当增大流量计的介质流速，避免沉积物对仪表精度的影响。

（4）流速太小而又要求精确计量的，可选择小于工艺管道通径的传感器，使流速变大，保证较高精度。

上述（2）~（4）项情况，流量计上、下游须装异径管。异径管中心锥角应不大于 $15°$，且异径管上游至少有 5 倍工艺管道直径的直管段。

g 电磁流量计选型

正确选用电磁流量计是保证用好电磁流量计的前提。选用什么样的电磁流量计应根据用户的工艺流程、被测流体介质的物理性质和化学性质，安装使用环境等因素来确定，从而使电磁流量计的结构、通径、流量范围、衬里及电极材料、安装环境、输出信号等参数满足测量要求。为正确合理地选用流量计，可以根据具体使用状况从以下几个方面来考虑。

流量计通径与量程的选择：作为流量计，首先需要确定它的通径和测量范围，即确定传感器测量管内流体的流速范围。流量计量程范围的选择对提高流量计工作的可靠性及精度有很大的关系，根据不低于预计的最大流量值的原则选择满量程，常用流量最好不超过满程量的 50%，这样就可以获得较高的测量精度。

传感器通常选用与工艺相同的通径或者略小些。在流量选定的情况下，通径的选择是根据不同的测量对象以及传感器测量管内流速的大小来决定。电磁流量计所测流体的流速，从其测量原理本身考虑，可以选的很高，个别场所可选到 $10m/s$，但在一般使用条件下，考虑到管道中流体的流速与压头损失的关系，流速选择 $2~4m/s$ 为最适宜。在特殊情况下，要按照不同的使用条件来确定，例如，对于带有颗粒造成管壁磨损的流体，通常流速不大于 $3m/s$；对于易黏附管壁的流体，通常流速不小于 $2m/s$。在测量纸浆时，流体的流速可提高到 $4m/s$ 以上，可以达到自动清除电极上附着纤维的目的。

确定了流速以后，传感器的通径可以根据下述关系式确定：

$$v = 353.678 \frac{Q}{d^2}$$

式中，d 为传感器通径，mm；Q 为体积流量，m^3/s。

当管内的介质流速在 $0.3~12m/s$ 范围内时，选择传感器的口径与连接的工艺管道口径相同。这种选择，安装方便，无需异径管，初试安装时，流速处于较低的状态，后期安装后，管内流速就处于较高状态，只要在现场更改仪表的满量程即可，不需要更换仪表。流量、流速与口径三者关系可查阅曲线图。

当出现以下情况时，传感器的口径与连接的工艺管道口径不相同：

（1）管道内的流速偏低，工艺流量又较稳定，为满足仪表对流速范围的要求，在仪表部分局部提高流速，选择传感器口径小于工艺管道口径，在传感器的前后加接异径管。

（2）从价格上考虑，对于大口径电磁流量计，口径越大，价格越高。对管道内流速偏低，工艺参数稳定的情况，可选用口径较小的传感器，不仅可使仪表运行在较好的工作状态下，还可降低仪表的投资费用。

C　电磁阀

2W 系列电磁阀，阀体采用锻压成型，内件不锈钢制作，用于管路中对液体、气体介质的自动控制。其外形如图 4-26 所示。

电磁阀主要技术参数：

（1）使用压力范围：$0\sim8kg/cm^2$。

（2）最大耐压力：$16kg/cm^2$。

（3）使用流体：空气、水、油、瓦斯、煤气、液化气。

（4）使用流体黏度：25CST 以下。

（5）工作温度：$-5\sim80℃$。

图 4-26　电磁阀

（6）电压波动范围：±10%。

（7）动作方式：直动式。

（8）形式：常闭式（通电后阀体开启），或常闭型（通电阀闭）。

（9）工作寿命：大于 15 万次。

（10）线圈升温：小于 75℃。

（11）功率：小于 15W。

安全注意事项：

（1）安装电磁阀，阀体上的箭头标记应同管路流体流向一致。

（2）电磁阀上的各种铭牌参数应与实际使用要求相符，需特别注意标记的额定电压。

D　电动调节阀

电动调节阀执行器采用霍尼韦尔电动执行器，安装简便快速，采用永磁同步电机，具有低功耗、高关断力、寿命长等特点。阀体为自产自平衡防抱死阀体，耐高温、耐高压，可调节温度、压力、湿度等参数。PI 控制，提供精确、稳定的温度控制。低泄漏率，精确定位，可提供二通及三通阀体（合流、分流），均为法兰连接。其外形如图 4-27 所示。

电动调节阀技术参数：

控制信号：$0\sim10V$ 或 $2\sim10V$。

供电电压：24V AC+15%。

扭矩轴力：600N。

图 4-27　电动调节阀

介质温度：最大值 150℃。

行程：20mm。

频率：50/60Hz。

尺寸：242mm×135mm×161mm

重量：1.3kg。

功率消耗（驱动）：6VA。

环境温度范围：-10~50℃。

储藏温度范围：-40~70℃。

运行湿度范围：（5%~95%）RH，不结露。

电动调节阀安装步骤如下：

（1）将执行器通过 U 形螺栓安装到阀座的颈圈上，如图 4-28 所示。

（2）顺时针拧紧 U 形螺栓上的螺母。

注意：为确保阀座受力均衡，首先拧上螺母，然后交替拧螺母，直到全部拧紧。

（3）推开执行器杆上按钮的定位夹并保持，如图 4-29 所示。

（4）等到阀杆按钮的头部在执行器固定夹里面时，提升阀座。

（5）松开杆上按钮的固定夹，检查按钮是否被固定夹固定好。

接线：

（1）用十字螺丝刀打开执行器的上盖，如图 4-30 所示。

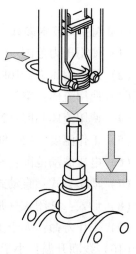

图 4-28　安装执行器

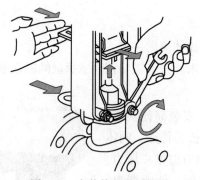

图 4-29　安装执行器到阀座

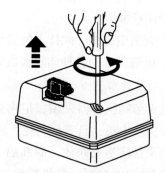

图 4-30　打开执行器上盖

（2）将电源线和信号线引入位于执行器底部的接线盒内，如图 4-31 所示。

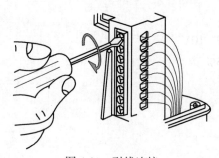

图 4-31　引线连接

（3）接线如图 4-32 所示。

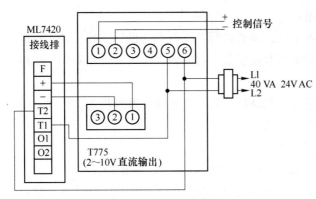

图 4-32 调节阀接线图

（4）盖上执行器的上盖。

（5）提供电源和控制信号测试执行器。

跳线如图 4-33 所示。

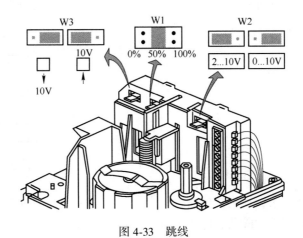

图 4-33 跳线

执行器跳线 W1、W2、W3 功能：

W1 的功能：

0% 执行器的位置对应的 0V DC 或 2V DC 信号；

50% 执行器在中间；

100% 执行器位置在 10V DC 信号处。

W2 的功能：

选择控制信号是 0~10V 还是 2~10V。

W3 的功能：

选取信号连接的是控制信号还是反馈信号。

执行器检测：在执行器和阀座安装好并接线后进行检测。执行器的检测一般分为直接检测和控制器检测两种方式。

直接检测的步骤为：

（1）检查阀座位置安装好，确保执行器是 24V AC 供电；

（2）执行器供电；

（3）如果执行器不动，检查执行器是否安装良好，接线是否正确；

（4）如果执行器安装和接线都没有问题，执行器仍然不动，更换执行器。

控制器检测的步骤为：

（1）选取合适的开度驱动执行器，观察执行器的状态；

（2）如果执行器是关闭的，应该打开；

（3）如果执行器仍然关闭，调大开度；

（4）如果执行器没动，检查 24V AC 供电是否正确；

（5）如果供电正确，检查控制器和执行器之间的线路是否正常；

（6）如果线路没有问题，更换执行器。

4.4.1.2　热交换实训设备

热交换实训设备如下：

（1）锅炉加热水箱；

（2）调压模块、加热棒；

（3）温度变送器；

（4）S7-300PLC。

4.4.2　实训流程

热交换控制流程如图 4-34 所示。

4.4.3　实训步骤

（1）手动打开电动球阀。

（2）手动启动 2 号泵，往锅炉内注水。

（3）待液位低限报警消除后，停止水泵运行。

（4）打开加热棒电源。运行冷却水管路水泵，打开散热器。

（5）运行 PLC 控制程序。

（6）设置 PID 参数，设置设定值。

（7）PID 投入自动。

（8）观察实验效果。

（9）实验完成后，停止水泵，关闭阀门，断掉设备电源。

4.4.4　热交换控制实训补充

实训流程：原料预热温度控制流程如图 4-35 所示。原料预加热温度控制实训如图 4-36 所示。

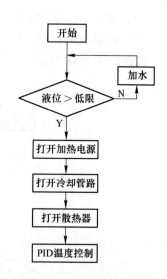

图 4-34　热交换控制流程

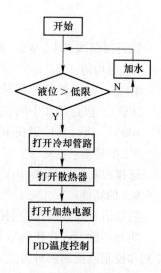

图 4-35　原料预热温度控制流程

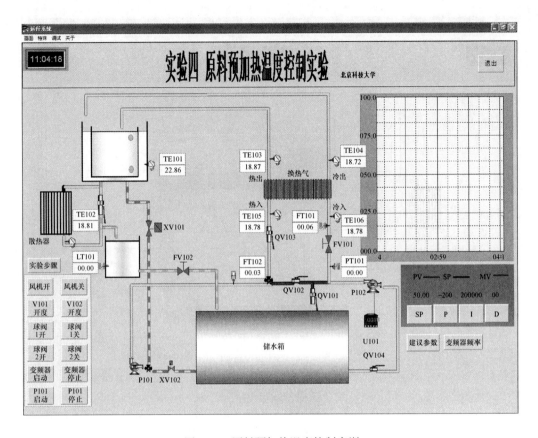

图 4-36　原料预加热温度控制实训

实训步骤：

（1）手动打开电动球阀。

（2）手动启动 2 号泵，往锅炉内注水。

（3）待液位低限报警消除后，停止水泵运行。

（4）打开加热棒电源。运行冷却水管路水泵，打开散热器。

（5）运行 PLC 控制程序。

（6）设置 PID 参数，设置设定值。

（7）PID 投入自动。

（8）观察实验效果。

（9）实验完成后，停止水泵，关闭阀门，断掉设备电源。

4.5　反应器液位控制

压力是工业生产过程中重要的工艺参数之一，正确的测量和控制压力是保证工业生产过程实现高产、优质、低耗及安全生产的重要环节。

反应器液位控制实训界面如图 4-37 所示。

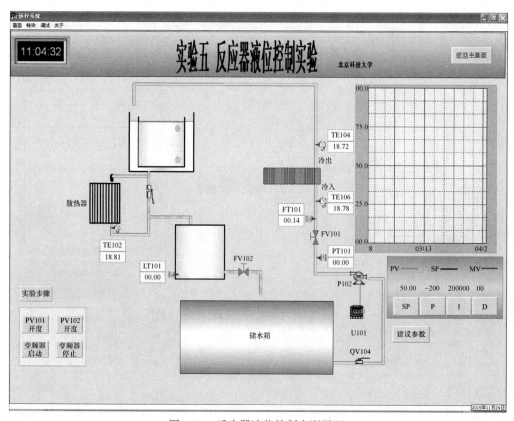

图 4-37 反应器液位控制实训界面

4.5.1 实训设备

4.5.1.1 压力设备

A 液位/压力变送器

一般采用扩散硅或电容式压力变送器。此类变送器具有优异的性能，抗过载和抗冲击能力强，温度漂移小，稳定性高，具有很高的测量精度。

压力变送器具有多种型号，多种量程，多种连接形式，可广泛用于石油、化工、电力、冶金、制药、食品等工业领域，可适应工业各种场合及介质，是工业自动化领域理想的压力测量仪表。

a 扩散硅压力变送器

压力传感器采用进口芯片，基本原理是利用半导体的压阻效应和微机械加工技术，在单晶硅片的特定晶向上，用光刻、扩散等半导体工艺制作惠斯顿电桥，形成敏感膜片，当受到外力作用时，产生微应变，电阻率发生变化，使桥臂电阻发生变化（一对变大一对变小），再激励电压信号输出，经过计算机温度补偿、激光调阻、信号放大等处理手段和严格的装配检测、标定等工艺，生产出具有标准输出信号（4~20mA）的压力变送器。其原理如图 4-38 所示。

扩散硅压力变送器的外形结构如图 4-39 所示。

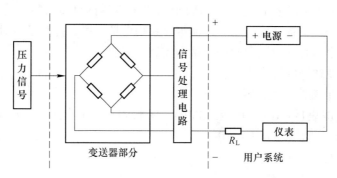

图 4-38 扩散硅压力变送器原理图

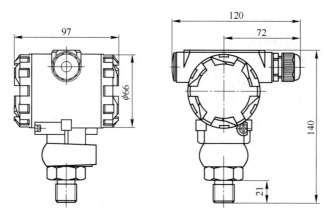

图 4-39 扩散硅压力变送器

压力变送器如图 4-40 所示。

扩散硅压力变送器的特点：

（1）输出稳定灵敏度高。应变式传感器输出仅为 10mV 左右，而扩散硅传感器满量程输出为 100mV 左右，干扰及噪声等因素影响相对较小，放大电路成本也相应降低，分辨率大大提高。零压力附近无死区。

（2）精度高，重复性好。扩散硅压阻式压力传感器实现了压力受感，压力传递力—电转换由同一元件上实现，无中间转换环节，无压力滞后，无机械位移变形，保证了极小的重复性和迟滞误差，以及良好的线性度，无蠕变、稳定、可靠、寿命长。

图 4-40 压力变送器

（3）良好的温度特性。由于采用了激光调阻，计算机补偿等先进技术可实现满量程温度漂移（灵敏度温度系数）自补偿，克服了半导体晶片本身温度系数大的缺陷，使变送器的零位和满度温漂达到了较高的水准，拓宽了使用温区。

（4）适合于危险易爆的领域和场所应用。扩散硅压力传感器、变送器具有低电流、低电压、低功耗的特点，属于安全防爆型产品，并已取得了国家安全防爆机构颁发的防爆证书。

（5）高可靠性与抗干扰性能。产品由于采用了不锈钢材质与特殊防护结构，以及放大电路的防雷击、抗干扰、抗过压、过流等一系列保护手段，提高了应对腐蚀等恶劣工作环境的能力，完全适合一般工业现场测量和控制的需要。

扩散硅压力变送器的技术指标：

（1）使用对象液体、气体或蒸汽。

（2）测量范围表压：0～5kPa～3.5MPa；密封表压：0～7MPa～100MPa；绝对压力：0～20kPa～35MPa；负压：-0.1～2MPa。

（3）输出：4～20mA DC。

（4）电源：12～36V DC。

（5）负载特性：4～20mA DC，二线制。

（6）温度范围：-40～+85℃。

（7）外壳防护：优于 IP65。

（8）防爆类型：隔爆型 Exd Ⅱ CT6；本安型 Exib Ⅱ CT6 应外配安全栅。

扩散硅压力变送器的性能指标：

（1）综合精度等级：0.1%、0.2%。

（2）稳定性：优于±0.25%FS/3 年。

（3）温度影响：-10～+60℃ 范围内：变化量小于±0.1%/10℃（0.1 级），变化量小于±0.15%/10℃（0.2 级）；-30～-10℃，60～85℃ 范围内：变化量小于±0.15%/10℃（0.1 级），变化量小于±0.20%/10℃（0.2 级）。

（4）振动影响：在任何方向上振动频率为 20～200Hz 时，变化量小于±0.02% BFSL。

（5）冲击影响：任何方向 100G 冲击 11ms 后，变化量小于±0.02% BFSL。

（6）负载影响：只要输入变送器的端子电压高于 12V，就无负载影响。

（7）位置影响：安装位置不影响零点。

扩散硅压力变送器的结构指标：

（1）结构材料外壳：不锈钢或低铜铸铝；接触介质材料与选择的传感器类型及采用的密封方式有关。全焊接结构：316L SS；O 型圈密封结构：聚四氟乙烯或氟橡胶。

（2）过程连接标准提供 M20×1.5 外螺纹。

（3）电气连接可根据需要从任何一个出口引出，建议使用 φ10mm 工业电缆作为引线，以便密封。引出接头可选用通用电缆接头 PG16 或 M20×1.5，不引线一端用端盖封住。

b   陶瓷电容型压力变送器

陶瓷电容压力变送器抗过载和抗冲击能力强，稳定性高，并有很高的测量精度，此类变送器具有多种型号，多种量程，多种过程连接形式及材料，可广泛用于石油、化工、电力、冶金、制药、食品等工业领域，可适应工业测量的各种场合及介质，是传统压力表及传统压力变送器的理想升级换代产品，是工业自动化领域理想的压力测量仪表。

工作原理：被测介质的压力直接作用于传感器的陶瓷膜片上，使膜片产生与介质压力成正比的微小位移，正常工作状态下，膜片最大位移不大于 0.025mm，电子线路检测这一位移量后，即把这一位移量转换成对应于这一压力的标准工业测量信号。超压时膜片直接贴到坚固的陶瓷基体上，由于膜片与基体间隙只有 0.1mm，因此过载时膜片的最大位移只能是 0.1mm，从结构上保证了膜片不会产生过大变形。由于膜片采用高性能的工业陶瓷，因而传感器具有很强的抗冲击及抗过载能力。

陶瓷电容型压力变送器的特点：

（1）抗过载和抗冲击能力强，过压可达量程的数倍至百倍。

（2）精度高，重复性好稳定性高，优于 0.1% FS/年。

（3）温度漂移小。由于取消了测量元件的中介液，因而传感器获得了较高的测量精度，且受温度影响小。

（4）抗干扰能力强，防水、防尘、防振、防爆、防腐。

（5）安装简便，产品结构合理，体积小，质量轻，可直接任意位置安装。

陶瓷电容型压力变送器的技术指标：

（1）使用对象包括液体、气体或蒸汽。

（2）测量范围表压：0~5kPa~3.5MPa；密封表压：0~7MPa；绝对压力：0~20kPa~100kPa；负压：-0.1~7MPa。

（3）输出：4~20mA DC。

（4）电源：12~36V DC。

（5）负载特性：4~20mA DC，二线制。

（6）温度范围：环境温度-40~+70℃。

（7）外壳防护：优于 IP65。

（8）防爆类型：隔爆型 ExdⅡCT6；本安型 ExibⅡCT6 应外配安全栅。

陶瓷电容型压力变送器的性能指标：

（1）综合精度等级：0.1%、0.2%。

（2）稳定性：优于±0.1% FS/年。

（3）温度影响：-10~+60℃范围内：变化量小于±0.10%/10℃（0.1级），变化量小于±0.15%/10℃（0.2级）；-30~-10℃，60~85℃范围内：变化量小于±0.15%/10℃（0.1级），变化量小于±0.20%/10℃（0.2级）。

（4）振动影响：在任何方向上振动频率为 20~200Hz 时，变化量小于±0.02% BFSL。

（5）冲击影响：任何方向 100G 冲击 11ms 后，变化量小于±0.02% FS。

（6）负载影响：只要输入变送器的端子电压高于 12V，就无负载影响。

（7）位置影响：安装位置不影响零点。

陶瓷电容型压力变送器的结构指标：

（1）结构材料膜片：氧化铝陶瓷。

（2）外壳：低铜铸铝。

（3）接触介质材料：不锈钢 316L（美国标准）1Cr18Ni9Ti（中国标准）；O 型圈密封结构：聚四氟乙烯或氟橡胶。

（4）过程连接标准提供 M20×1.5 外螺纹。

（5）电气连接可根据需要从任何一个出口引出，建议使用 φ10mm 工业电缆作为引线，以便密封。引出接头可选用通用电缆接头 PG16 或 M20×1.5，不引线一端用端盖封住。

陶瓷电容型压力变送器的安装接线和调试：

（1）直接安装在测量点上（任意角度），若接口尺寸和现场接口尺寸不符，可自制转换头连接。

（2）尽量安装在温度梯度与温度波动小的场合，同时避免强振动和冲击。

（3）室外安装时，尽可能放置于保护盒内，避免阳光直射和雨淋，以保持变送器性能稳定和延长寿命。

（4）测量蒸汽或其他高温介质时，注意不要使变送器的工作温度超限。必要时，加引压管或其他冷却装置连接。

（5）安装时应在变送器和介质之间加装压力截止阀，以便检修和防止取压口堵塞而影响测量精度。在压力波动范围大的场合还应加装压力缓冲装置。

常用压力变送器为 4~20mA 电流输出，电压与电阻输出方式接线图类似，压力变送器接线如图 4-41 所示。压力变送器的信号端子设置在一个单独舱室内，在接线时，拧下后盖，其中有两个测试指示表连接端子（见图 4-41）。测试端子（TEST）上的电流和信号端子上的电流一样，都是 4~20mA DC，可用来连接指示表头供测试用。电源通过信号线接到变送器，切勿将电源信号线接到测试端子，否则电源会烧坏。连接在测试端子的二极管，如果二极管被烧坏，换上二极管或短接两测试端子后，变送器便可正常工作。

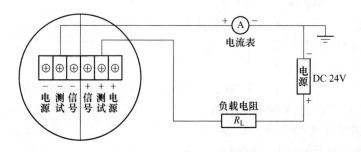

图 4-41　压力变送器接线图

变送器顶部两侧面的连接孔用电缆密封或信号线装配，信号电缆通过紧固螺母锁紧，未接线端的连接口必须密封。

调整方法：调整前，检查电源极性和电压，然后检查气路连接是否泄漏，一切正常后接通电源，稳定 5min 即可。变送器调零、量程电位器在电路板一侧的舱室内。

（1）压力信号源与待测变送器的连接头连接，并注意使之密封良好。

（2）用压力信号源给变送器输入零位时的压力信号，若变送器零位压力为零（表压），则把变送器直接与大气相通。此时变送器输出电压为 1.0V（或 4.0mA），若不等于此值，可调整零位电位器。

（3）用压力信号源给变送器输入满量程压力信号，变送器输出 5.0V（或 20.0mA），若不等于此值，可调整量程电位器。

（4）按照（2）、（3）反复几次，即可校正量程。

（5）零点调节范围为±5%，满量程调节范围为±20%。

调校：变送器出厂前已根据用户需求，量程、精度均已调到最佳状况，一般不需校验。但以下情况需重新校验：

（1）运输途中出现跌落、强烈振颤和碰撞。

（2）存放期超过一年。

（3）长时间运行后，出现大于精度范围内的误差。

（4）使用单位的例行检验。

压力变送器调校系统如图 4-42 所示。

图 4-42　压力变送器调校接线图

变送器检测仪，可用 24V DC 稳压电源，250Ω 或 50Ω 标准电阻，$4\frac{1}{2}$ 位数字电压表代替，如图 4-43 所示。

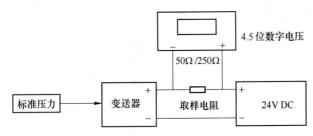

图 4-43　无变送器检测仪的变送器校验接线图

B　变频器

变频器采用三菱的 D470 变频器，用于控制水泵。具体操作请参考"三菱变频器 D470 使用手册（基本篇或高级篇）"。

三菱变频器如图 4-44 所示。

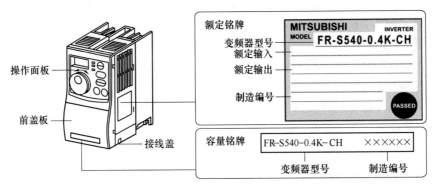

图 4-44　三菱变频器

三菱变频器有多种模式，可以通过 PU/EXT 按钮切换。内部设置为模式 3，具体操作见后序章节。

如果为 PU 模式，则可以进行面板操作，按 RUN 键开始运行，按 STOP 键关闭输出，通过转轮设定频率，按 SET 键有效。

如果为 EXT 模式，打开变频器正转启动开关，变频器就开始按照给定的电流输出。

即使变频器不处于运行状态，其电源输入线，直流回路端子和电动机端子上仍可能带电。因此，断开开关以后必须等待 5min，保证变频器放电完毕，再开始安装、维护等工作。变频器拆卸如图 4-45 所示。

- 前盖板的拆卸与安装：
  请按箭头方向拉出则可拆卸下。
  安装时，请将盖与机身正面吻合，
  直接安装上

FR-S520S-0.2～0.7K-CH　　FR-S540-0.4～3.7K-CH
FR-S520S-1.5K-CH

- 接线盖的拆卸与安装：
  向前拉出可方便的拆卸下。
  安装时，请与导板相吻合，
  安装到机身上

接线盖

图 4-45　变频器安装拆卸图

变频器接线如图 4-46 所示。

在把 STF 启动拨动开关断开后，可以设置面板控制模式，通过旋钮进行频率设定。面板如图 4-47 所示。

三菱变频器操作模式有以下几种：

（1）设定模式 PR79 为模式 0，可以切换 PU 操作或外部操作。

（2）设定模式 PR79 为模式 1，可以 PU 操作。

（3）设定模式 PR79 为模式 2，可以外部操作。

（4）设定模式 PR79 为模式 3，则 4～20mA 频率设定，STF、STR 启动。

（5）设定模式 PR79 为模式 4、5 则为其他操作模式。

最常用的有两种：

（1）A2000 的 PU 操作就选择模式 0，通过 PU 键切换到 PU 操作，然后通过旋钮设定频率，RUN 按钮启动。

（2）4～20mA 操作选择模式 3，通过启动开关启动，然后加入外部 4～20mA 控制。

面板操作步骤：

（1）变频器上电，液晶屏显示：00。

（2）首先断开 STF 和 SD 的连接（启动旋钮），按 PU/EXT 键，设置 PU 操作模式，PU 显示灯亮 RUN PU EXT。

（3）旋转 ◯ 直到显示为希望的频率值（设 30），约 5s 闪灭。

（4）在数值闪烁期间，按 SET 键，设定频率数值，300 F。

（5）闪烁 3s 后，显示屏回到 0.0 显示状态，按 RUN 键运行，00 →3s后 300。

（6）按 STOP/RESET 键，变频器停止工作，300 → 00。

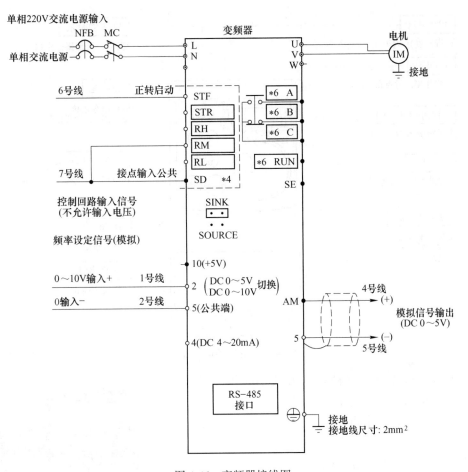

图 4-46　变频器接线图

⊚ 主回路端子；○ 控制回路输入端子；● 控制回路输出端子

4～20mA 电流控制操作步骤：首先断开 STF 和 SD 的连接（启动旋钮），按 ⊙MODE 键，进入参数设定模式，拨动 ⊙ 选择参数 Pr.79（操作模式选择），设定为 3。输入一个 4～20mA 电流信号到变频器的 4、5 号端子，启动旋钮设置到 ON 位置，水泵运转。改变输入的电流值，可以看到输出的频率也改变了。调试完，将参数 Pr.79 设为 0。

C　调压模块

三菱变频器是将晶闸管功率电路、单片机控制移相触发电路、信号检测传感电路、电压调节电路封装在一起的多功能功率集成模块。可实现对负载电压的精确调控，具有内置线性控制电路、精度高、稳定性好等优点。额定电流 50～500A，额定电压 220V、380V、440V，频率分为 50Hz 和 60Hz 两种。广泛用于各种感性式阻性负载，如交流电机、变压器、调控温度、调光、交流调压等领域。

a　单相调压模块

单相调压模块外观如图 4-48 所示。

通常调压模块的特点包括：输入、输出光电隔离；内置 RC 吸收保护电路；抗干扰能

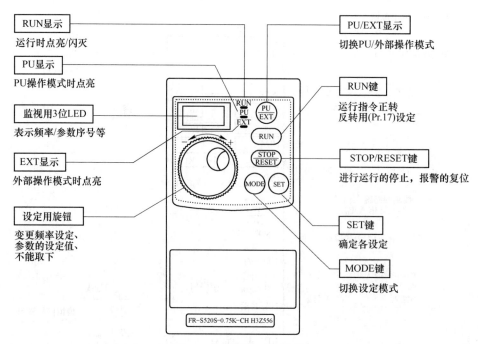

图 4-47 变频器面板操作

力强，调压线性度好；多种输入方式集一体，可随意选择；可直接配合温控表使用。

单相调压模块技术指标：

输入信号：4~20mA 或 0~5V DC。

供电电压：150~280V AC。

负载输出：0~100%电源电压。

额定电流：根据铭牌。

工作温度：−35~75℃。

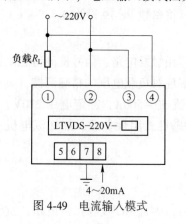

散热方式：安装 BC 或 D 系列散热器，自然冷却或强制风冷。

LTVDS-220V-15A 调压模块有 4~20mA 和 0~5V DC 两种输入方式。电流输入方式接线图如图 4-49 所示，电压输入接线图如图 4-50 所示。

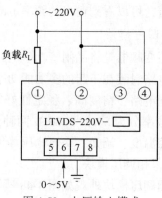

图 4-48 调压模块

图 4-49 电流输入模式

图 4-50 电压输入模式

b 三相调压模块

三相调压模块内部连接图如图 4-51 所示。

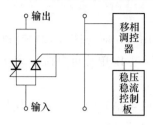

图 4-51 调压模块内部连接图

三相调压模块主要技术参数见表 4-6。

表 4-6 三相调压模块主要技术参数

参数类别	参 数 值
输入电压范围	220V±20%
输出正负波形不对称度	≤2%
控制信号电压	0~10V DC（输入阻抗 10kΩ）
控制电流	4~20mA（输入阻抗 330Ω）
手动电位器阻值	10kΩ
冷却方式	散热器风冷，风速应不小于 6m/s
工作环境温度	−30~+40℃
存储温度范围	−25~+55℃

主电路电参数见表 4-7。

表 4-7 主电路电参数

参 数	单位	参 数 值							
标称电流	A	50	70	100	120	200	250	350	500
晶闸管阻断电压	V	800~1200							
断态漏电流（最大）	mA	≤8	≤10	≤10	≤10	≤10	≤15	≤15	≤20
通态电压降（最大）	V	1.6	1.6	1.6	1.8	1.8	1.8	1.8	1.8
绝缘电压（端子/底板）	V	≥2500							

实际应用中的控制接线如图 4-52 所示。

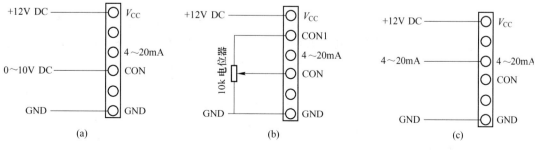

图 4-52 调压模块接线图

（a）用 0~10V 外部电压接口；（b）10k 电位器手动调节；（c）用 4~20mA 电流输入接口

接线注意事项：

（1）220V 模块输入输出零线火线不可接反，L1 接火线，L2 接负载，N 接零线，见图 4-48 标签；380V、440V 模块 L1、L2 任意接。

（2）红色 LED 为 12V 电源指示，绿色 LED 为工作指示。使用时，应先接入 12V 控制电源，此时红色 LED 亮，绿色 LED 灭，然后接通交流主回路，经过 1s 单片机自检，绿色 LED 点亮，即可正常工作。请使用 12V/1A 开关电源。

（3）本模块为正控方式，即输入控制电压（电流）为 0V（或 4mA）时，交流输出为 0V；输入控制电压为 10V（或 20mA）时，交流输出约等于交流电源电压。

4.5.1.2　反应器液位实训设备

反应器液位实训设备如下：

（1）锅炉加热水箱、有机玻璃水箱。

（2）水泵。

（3）液位变送器。

（4）S7-300 PLC。

4.5.2　实训流程

反应器液位控制流程如图 4-53 所示。

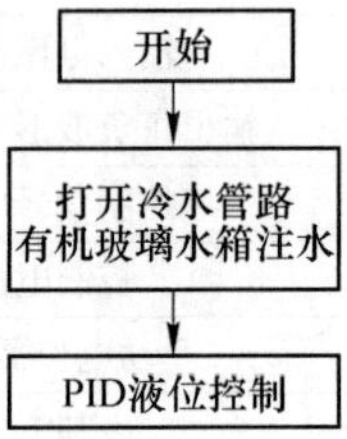

4.5.3　实训步骤

图 4-53　反应器液位控制流程

（1）调整冷水管路，打开相关手阀。

（2）启动 1 号泵，经锅炉后往有机玻璃内注水。

（3）运行 PLC 控制程序。

（4）设置 PID 参数，设置设定值。

（5）PID 投入自动。

（6）观察实验效果。

（7）实验完成后，停止水泵，关闭阀门，断掉设备电源。

———————— 小　　结 ————————

本章主要介绍了传统的热工参量基本测试技术，对主要的热工参量，如温度、压力、流量、流速等的测量技术进行了比较系统的讲解。最后，介绍了采用计算机技术对测量信号进行分析与处理，为读者掌握热工关键参数的测量及控制打下一定的基础。

习　　题

4-1　简述热电偶测温的测温原理。

4-2　热电偶测温对材料有哪些要求？并列举常见的材料。

4-3 测压仪表主要有哪几类？

4-4 试述压力传感元件有哪些，并说明各自的特点。

4-5 按工作原理不同，物位测量仪表主要有哪些类型？并简述它们的工作原理。

4-6 压力仪表的选用与安装要从哪几方面入手？

5 纸张张力测量与控制系统实训

【导读】

张力控制，比较通俗地讲，就是通过控制使卷取物体时物体相互拉长或者绷紧的力满足一定的条件。

张力控制技术是纤维缠绕、印刷、造纸、IC制造中应用最为广泛的技术之一，随着现代卷绕设备向高速、高精度方向发展，张力控制技术显得尤为重要。卷绕张力控制技术是薄膜类卷材生产制造中的关键技术，卷绕张力控制的精度、稳定性将直接影响柔性薄膜材料产品的质量。所以，需要对张力的变化情况进行在线检测和实时控制，以实现对张力的有效控制，满足实际生产的要求。

在许多包装机械设备上，如分切机、印刷机、复合机等在卷材的生产加工过程中，即在收卷和放卷的过程中，卷筒直径是变化的，直径的变化会引起卷材张力的变化，张力太小，卷材容易松弛产生横向漂移；张力太大，则又会导致卷材表面起皱甚至断裂。因而在收卷和放卷的过程中，为保证生产的质量及效率，保持恒定的张力是很重要的。

【学习建议】

本章内容是围绕纸张张力控制系统的原理、结构、设计及应用展开的。学习本章内容需要自动控制、传感器技术、PLC的相关基础。学生需要在学习和理解这些基础知识的前提下，展开本章学习。学习过程应注重理解其功能、结论以及PID控制的参数整定方法。在学习过程中，建议初学者多查阅资料、详细了解实际应用的设备型号、参数及应用场合，以便能够学以致用。

【学习目标】

（1）理解纸张张力控制系统的工作原理及其性能特点。

（2）掌握PLC编程以及PID控制的参数整定。

5.1 纸张张力对象的特点和分析

纸张的张力是纸张弹性性质的表现。在造纸机的施胶部、烘干部、压光部以及卷纸部纸张的含水量已经接近成品纸的含水量，以便顺利地进行卷纸。这种干度的纸张伸缩率已经很小，即失去了湿纸张具有较大弹性的特性。在这种情况下，纸张张力变化就会对纸页的生产质量造成较大影响。当牵引力过大会使张力太高，易引起断纸；张力太低，纸张产生飘动，易引起褶皱。因此，为提高纸张的制造效率和纸张质量，必须对纸张张力进行检测并引入张力控制策略，使纸张维持在一定的张力范围内。

5.1.1 张力的产生

在造纸机收卷过程中，为了满足造纸生产工艺要求的张力，必须有摩擦力施加在纸张上面，所以向收卷辊传递动力力矩。为了使得造纸机生产过程中纸带间的张力恒定，要求收卷环节的线速度和造纸机出纸的线速度要同步，如果不同步，就会产生张力的变化。所以，张力控制问题就转化为速度差的控制问题了。

5.1.2 张力对象的性质

（1）卷材材质的不均匀性。如薄膜卷材弹性模量的波动，在长度和宽度方向厚度的变化，薄膜卷材质量的偏心，以及生产环境湿度、温度的变化，都会对整套设备的张力波动产生一定的影响。

（2）薄膜卷材不圆、重心不与旋转轴重合，或者更换薄膜卷材等原因。

（3）薄膜在收、放卷过程中，薄膜卷材的卷径是动态变化的，卷径的变化势必会引起薄膜卷材张力的变化。放卷薄膜卷径在不断地减少，在制动力矩不变的情况下，张力将随之增大；收卷情况则恰恰相反，在收卷力矩不变的情况下，收卷卷径逐渐增大，张力将逐步减少。这一点也是引起卷材张力变化的主要原因。

（4）薄膜卷材复合装置的主要构造，例如导辊、底座等的生产制造精度和装配精度存在一定的偏差，控制系统的信号干扰等。

上述的四个原因中的任何一个都有可能造成薄膜卷材的张力变化，造成薄膜卷材传输和加工不稳定，薄膜卷材皱褶，甚至发生薄膜卷材断裂等更为严重的问题。特别是对于特殊薄膜卷材复合装置，张力的波动和变化对复合精度影响更大。所以，在收放卷的过程中保持薄膜卷材张力恒定，是需要着重考虑和分析的问题。

5.2 纸张张力测量与控制系统的技术要求

（1）保持收卷过程中薄膜材料的张力恒定。

（2）要求机器能够平滑启动，快速制动。

（3）具有一定的调速范围，能可逆运行，以便在到头时能够反向运行。

5.3 纸张张力测量与控制系统的方案

张力控制精度是保证系统在自动卷绕控制系统中进行稳定运行比较关键的一个方面。在薄膜卷材收放卷的过程中，例如放卷半径逐渐减小时，放卷薄膜的质量也随之减轻；相反收卷的卷径便会逐渐增加，放卷薄膜卷材的质量随之增加。另外，薄膜所处的外界条件（温度湿度大小），薄膜卷材的收放卷过程中的速度变化等因素也会致使薄膜卷材张力不够稳定，进而系统的生产技术指标超出正常范围，难以满足基本的生产要求。良好的张力控制是对生产效率、产品品质提升的重要保障。已知薄膜卷材的张力控制是一个非线性时变系统，卷绕过程中张力存在波动，故需对张力进行实时控制。由于整个卷绕过程中，引起张力变化最主要的因素是卷材辊的转速，故决定采用张力控制反馈系统来控制收放卷卷材辊的转速，其他电机均为匀速运动，只要在张力变化时改变卷绕电机的转速，便可以改变薄膜卷材中的张力。

5.3.1　纸张张力控制方案分析与选择

这里讨论的恒张力的卷取系统可以按有无反馈信号划分为薄膜卷材的开环张力控制和闭环张力控制。开环控制的原理就是通过调节电机的转矩大小来直接调整薄膜卷材张力的大小。闭环张力控制按照张力检测的不同方式分为直接张力控制、间接张力控制以及复合张力控制。

开环式张力控制系统，就是没有检测装置和反馈环节，或者只有检测装置而没有反馈环节的控制形式。如卷径检测张力控制就是一个开环式张力控制系统。因为卷轴每转一圈，卷径减少两倍纸带厚度，该控制系统就用安装在卷轴处的接近开关检测出卷轴的转速，并通过纸卷直径初始值和纸带厚度，累积计算求得纸卷当前的直径及相应卷径的变化，输出控制信号，以控制放卷制动转矩，从而调整纸带的张力。这种张力控制系统的精度较差。

闭环式张力控制系统是由张力传感器直接测定纸带的实际张力值，然后把实际张力值转换成张力信号反馈给张力控制器，通过此信号与张力控制器预先设定的张力值对比，进行 PID 运算，直接输出控制信号，自动控制执行机构，以使张力稳定。它是目前较为先进的张力控制方法。

实训中系统采用闭环式张力控制，该张力控制系统整体可以分为三个部分：（1）张力检测器；（2）张力控制器；（3）执行机构——电动机。张力检测器实时检测纸带的张力，张力控制器则将张力检测装置采集的信号与事先给定的张力设定值进行对比，按照一定的控制策略进行数据处理，实时调整控制信号，再通过放大环节来控制执行机构完成对张力的调整。

直接张力控制情况下，由于系统拥有张力检测元件、张力辊以及相应的张力控制环，首先把张力检测设备的检测信号和参考设定的张力值进行比较，把比较的结果通过张力控制环后驱动张力执行机构，只要张力辊的位置比较明确，可以起到准确地控制薄膜卷材的张力。直接张力控制方式可以实现高精度的张力控制，张力检测装置的精度决定控制精度，检测元件的精度越高，张力控制的精度也就越高，反之则相反，因此从理论上讲，直接张力控制可以实现零误差控制。

5.3.2　系统控制器

本实验控制器选用西门子 S7-300 PLC。CPU 为 313C-2DP，也可以使用 312C，315-2DP。主要涉及 STEP7 的编程软件以及组态王组态软件的使用，本书在此不做详述，请参考西门子和组态王的相关资料。

5.3.3　纸张张力检测方式

5.3.3.1　张力传感器检测方式

张力传感器检测方式是对张力直接进行检测。通常两个传感器配对使用，将它们装在检测导辊两侧的端轴上，纸带通过检测导辊施加负载，使张力传感器敏感元件产生位移或变形，从而检测出实际张力值，并将此张力数据转换成张力信号反馈给张力控制器，最终实现张力闭环控制。张力传感器的类型较多，经常采用的有板簧式微位移张力传感器，应变电阻片张力传感器和压磁式张力传感器等。其优点是检测范围宽、响应速度快、线性好，缺点是当张力变化较大时不能吸收其峰值。

电阻应变式传感器的工作原理就是在弹性元件上附着电阻应变片，然后把弹性元件搭建成电桥形式，只要有力作用在电桥上面，电桥就会有电信号的输出。电阻应变式称重传感器包括两个主要部分：一个是弹性敏感元件，它将被测的重量转换为弹性体的应变值；另一个是电阻应变计，它利用弹性体发生的应变，将其转换成电桥里面的电阻的变化。由于电阻应变片能感应到的形变量很微弱，一般在 $1\mu m \sim 1cm$，如此小的应变量对应电阻变化也非常微弱，实验室使用的测量设备很难进行测量，因此可以通过桥式电路将电阻的变化转换为电压变化，用电压变化来表征弹性形变量，进而来测量作用在传感器上面的重力作用。电阻应变式称重传感器工作原理框图如图 5-1 所示。

图 5-1　电阻应变式称重传感器工作原理框图

电阻应变式称重传感器桥式测量电路如图 5-2 所示。图中 4 个应变片电阻按顺时针方向分别记为 R_1、R_2、R_3、R_4。由于该电路的输出对温度变化比较敏感，需要添加温度补偿元件，图中的 R_m 为温度补偿电阻，e 为输入电压，V 为输出电压。

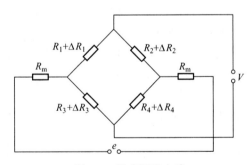

图 5-2　桥式测量电路

假若不考虑 R_m，在没有任何负重的情况下，电桥的输出电压可表示为：

$$V = \left(\frac{R_1}{R_1 + R_2} - \frac{R_4}{R_3 + R_4} \right) e \tag{5-1}$$

假如 4 个桥臂的起始电阻都相等，即 $R_1 = R_2 = R_3 = R_4 = R$，所以在没有任何负重负载的情况下输出电压 $V = 0$。

当有负载加在传感器上时，电桥平衡被打破，应变片的电阻 R_1、R_2、R_3、R_4 变成 $R + \Delta R_1$、$R + \Delta R_2$、$R + \Delta R_3$、$R + \Delta R_4$ 时，电桥的输出电压变为：

$$V = \left(\frac{R + \Delta R_1}{R + \Delta R_1 + R + \Delta R_2} - \frac{R + \Delta R_4}{R + \Delta R_3 + R + \Delta R_4} \right) e \tag{5-2}$$

通过化简，式（5-2）变为：

$$V = \frac{e}{4}\left(\frac{\Delta R_1}{R} - \frac{\Delta R_2}{R} + \frac{\Delta R_3}{R} - \frac{\Delta R_4}{R}\right) \qquad (5\text{-}3)$$

根据式（5-3）可得，整个电桥输出电压的变化与各个桥臂的电阻变化率的代数和成正比。如果 4 个桥臂的应变片的灵敏系数相同，且 $\Delta R/R = K\varepsilon$，则式（5-3）变形为：

$$V = \frac{eK}{4}(\varepsilon_1 - \varepsilon_2 + \varepsilon_3 - \varepsilon_4) \qquad (5\text{-}4)$$

式中，K 为应变片灵敏系数；ε 为应变量。

在压力传感器中未加温度补偿网络时，其输出是随温度变化的，因此环境温度较大而精度要求高时必须加温度补偿。这里介绍几种简单实用补偿电路。传感器满量程输出是随温度升高而减少，随温度减少而增加，其温度系数为 $-0.9\%/℃$，近似线性变化，由于传感器的输出在压力一定下与其供电电压或电流有关，因此补偿的基本思路是当温度改变时改变供电电压或电流。即当温度升高时补偿电路调节作用使实际供给桥路电压增高，而当温度降低时，补偿电路的作用是使实际供给桥路的电压降低。

常见的补偿方法有以下三种：

（1）采用传感器与电源之间串联电阻。

（2）采用热敏电阻与固定电阻并联的温度补偿电路。

（3）采用硅二极管与三极管补偿电路。

5.3.3.2　三辊式张力检测方式

三辊式张力检测方式是通过测量辊在弹簧的上下摆动来控制薄膜卷材的张力，实质上就是一种位置控制。三辊式张力检测机构在薄膜张力检测中应用较多，其中一个是测量辊，另外两个是辅助辊，被测量的材料绕于三辊之上。

三辊式张力检测装置原理图如图 5-3 所示。

当张力稳定时，卷材上的张力与弹簧的作用力保持平衡，即有 $F + G = 2T$。当张力发生变化时，这种平衡将被破坏，测量辊位置会上升或下降，带动连杆滑动导致电位器的输出发生变化。根据胡克定律有：

$$F = 2T - G = kx \qquad (5\text{-}5)$$

$$x = \frac{2T - G}{k} \qquad (5\text{-}6)$$

式中，T 为卷材张力；G 为测量辊自身重力；F 为弹簧拉力。

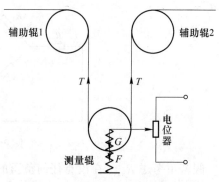

图 5-3　三辊式张力检测装置原理图

可见，测量辊偏离平衡位置的变化与张力的变化是成正比的。因此，与测量辊相连的电位器触头的上下变化可以较为方便地检测出电压信号。因此薄膜卷材的张力变化可以转化为测量辊的上下位置比变化，通过测量辊的位置移动，来迅速保持张力的恒定，这比张力传感器检测方式在检测到张力变化后再作调整快捷得多。鉴于三辊式的张力检测机构是一种很好的储能结构，可以利用它本身的冗余作用，可在较大张力跳变范围里具有较好的吸收缓冲的功能。此外，在选择测量辊和连杆时，尽可能选择质量轻的材料，这样反应快速灵敏。

5.3.3.3 张力传感器

测压张力检测器主要是由两部分组成的,即高精度的差动变压器和优质弹簧。检测器首先把薄膜卷材作用在受压方向上的压力用弹性形变来表示,差动变压器再把弹簧的形变量转换为电信号,而且该电信号与弹簧的形变量成线性的关系,实质上张力传感器也就是用比较直观的电压信号来间接表征加在其上面的薄膜卷材的传输张力变化。

WZZC 轴台式张力传感器采用了三菱结构形式,拉压型设计,使得其响应频率大大提高,输出信号具有线性好和响应快的特点,保证了零点绝对回复。该传感器坚固耐用,安装方便,性价比高。普遍被应用于印刷、复合、涂布、剪切、造纸、橡胶、纺织、电线电缆及胶片等卷取控制设备和生产线上。

张力传感器实物如图 5-4 所示。

图 5-4 张力传感器实物图

张力传感器原理图如图 5-5 所示。

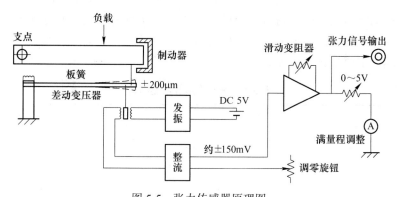

图 5-5 张力传感器原理图

张力传感器是通过检测辊施加应力负载,使板簧产生如图 5-5 所示的微小位移,通常在 ±200μm 以内,然后通过差动变压器来感应并检测出实际张力大小。

张力检测器在整定以后,基本可以看作是线性器件。但是由于机械的作用,不可避免的有延迟现象,因此,张力检测器的传递函数可以用一个一阶惯性环节来表示,即 $\alpha/(T_o s + 1)$。其中,α 为张力变送系数;T_o 为张力检测器延迟时间系数;s 为微分算子。

张力传感器示意图如图 5-6 所示。

张力传感器的上面与测量辊直接接触,薄膜卷材的张力值通过测力辊传输到张力传感

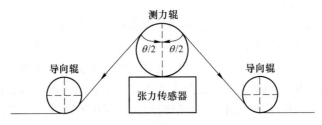

图 5-6　张力传感器示意图

器上。我们假设传感器是水平安装的，即左右段薄膜卷材与测力辊中心线所形成的夹角相等，即薄膜卷材所受的张力为 T，对张力传感器的正压力为 F，检测辊的重力为 G，则对检测辊进行受力分析得：

$$F = 2T\cos\left(\frac{\theta}{2}\right) + G \tag{5-7}$$

变形后得：

$$T = \frac{F - G}{2\cos(\theta/2)} \tag{5-8}$$

式（5-8）中可以通过传感器的调零消除掉检测辊的重力 G，于是就有：

$$T = \frac{F}{2\cos(\theta/2)} \tag{5-9}$$

在 $\theta = 60°$，不难发现此时 $T = F$，即张力检测器检测到的压力值就是实际的薄膜卷材的张力值，那么就可以认为传感器是理想安装的。

张力传感器产品特点：采用电阻应变式测量原理，使用 S 梁结构保证了测试精度的要求，抗横向摆动能力强。全密封防腐蚀设计，长期稳定性好。受温度影响小，灵敏度高，反应快，线性好。采用铸造成型，性价比极高。

张力传感器主要参数见表 5-1。

表 5-1　张力传感器主要参数

过载系数	200%	环境湿度	95R. H.
输入电压	12V	温度漂移	0.004%/℃
张力信号输出	0~20mV	传感器接头规格	WS16
应变片电阻值	350Ω/全桥	传感器本体材料	特种合金或不锈钢
综合误差	<±0.05%	型号分类	WZZC-M1
线性误差	<±0.5%		WZZC-M2
重复性误差	<±0.02%	额定张力/N	100，200，300，500
环境温度	-30~+85℃		1000，2000，3000，5000

张力传感器安装要求：

（1）按照要求将传感器与轴肩、轴承座等安装为一体。轴肩的中心要与上平板的中心点对应。传感器上板安装轴承时注意螺钉拧紧后不能超出上板厚度（上板最大厚度为 13mm）。

（2）电气连接插座按照 1 电源+3 电源地，2 信号+4 信号地或红、蓝、黄、绿。

（3）安装时注意不得将销钉等硬物掉入压头与上盖的夹缝中以免影响使用性能。

（4）传感器各连接部分调整后参数已严格测试，不得随意拆装改变原安装状态。

张力传感器安装尺寸图：张力传感器俯视图如图 5-7 所示；张力传感器主视图如图 5-8所示。

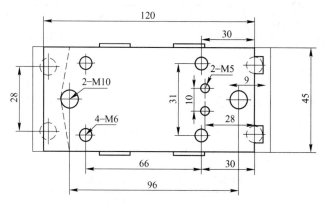

图 5-7　张力传感器俯视图

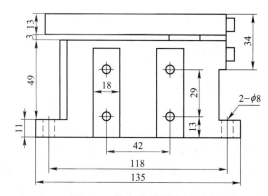

图 5-8　张力传感器主视图

5.3.3.4　信号放大器

信号放大器用于从张力传感器读取张力弱信号，经过变送器的预处理，即采用固定增益系数对信号进行放大，然后经由 A/D 转换电路变换成标准的模拟量信号输出（0～10V或 4～20mA）给控制器、PLC 或终端处理系统。放大器为张力传感器提供可靠的工作电源，可配接 1 路或 2 路信号输入，电源回路带短路保护功能，信号隔离处理，稳定可靠。

信号放大器的主要特点：

（1）可接两只张力传感器 A1B1，A2B2。

（2）传感器供电回路带短路保护。

（3）标准模拟量输出信号（0～10V，4～20mA）。

（4）通过置零电位器和范围电位器对零点及量程值调置。

（5）24V DC 供电，带 12V 传感器电源。

信号放大器接线图如图 5-9 所示。

信号放大器的技术参数如表 5-2 所示。

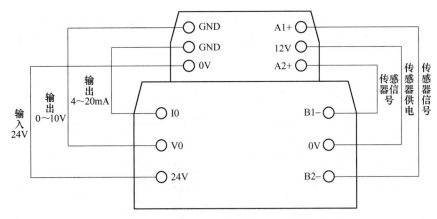

图 5-9　信号放大器接线图

表 5-2　信号放大器的技术参数

电　源	24V（±5%>0.2A）	综合精度	0.1%测量值
传感器供电	12VDC，max120mA	工作温度	−20～+50℃
输入信号	−0.5～3.5mV/V	存放温度	−40～+80℃
皮重范围	±80%测量值	接　线	端子块（节距为5.08mm）
模拟输出信号	0～10V，4～20mA 可选	防护等级	IP30

张力信号放大器应用领域：该张力信号放大器广泛应用于称重、配料、测力、同步、分切、印染、造纸、纺织、印刷等以及胶片薄膜生产、橡胶轮胎工业、拉丝拢线行业、线缆钢丝行业、复合制品行业、机床配套行业、行吊起重等行业。

安装调试：放大器输出信号分 0～10V、4～20mA、WFBS-3 型同时带 2 路输出，但不能同时使用，客户根据实际要求进行选择。输出信号不同调试方法也不同。

（1）4～20mA 输出信号，在调试前，先在传感器上加载张力辊，用数字万用表测试 OUT 4～20mA 输出电流，当输出电流端测量为负电流时，应逆时针方向旋转"调零电位器"反之为正电流时，应顺时针方向旋转（在旋转过程中可能一时电流没有变化，这是正常的，只要一直旋转下去，在某一段范围里，就会有变化）直至调到电流输出为 4±0.1mA 即可。然后，按照"标定示意图"在张力辊上加张力（该张力值为变换器输出 20mA 时对应的张力值），用螺丝刀调节"范围电位器"，直到万用表电流指示为 20±0.1mA 即可。最后，再按照上述过程重复调试一遍，如果调零和范围调节都正常，即调试完毕。调零为零点调整电位器，范围为增益调整电位器，由于调整增益电位器时，零点同时被放大，所以要重复调整。

（2）0～10V 输出信号，在调试前，先在传感器上加载张力辊，用数字万用表测试 OUT 0～10V 输出电压，当输出电压端测量为负电压时，应逆时针方向旋转"调零电位器"反之为正电压时，应顺时针方向旋转（在旋转过程中可能一时电压没有变化，这是正常的，只要一直旋转下去，在某一段范围里，就会有变化）直至调到电压输出为 0±0.1V 即可。然后，按照"标定示意图"在张力辊上加张力（该张力值为变换器输出 10V

时对应的张力值），用螺丝刀调节"范围电位器"，直到万用表电压指示为 10±0.1V 即可。最后，再按照上述过程重复调试一遍，如果调零和范围调节都正常，即调试完毕。调零为零点调整电位器，范围为增益调整电位器，由于调整增益电位器时，零点同时被放大，所以要重复调整。

注意事项：张力信号放大器属于精密器件，因此在安装调试时，特别注意接线，防止接错线损坏传感器。在调试过程中，要轻拧调整旋钮，防止用力过大损坏放大器，造成用户不必要的损失。对于干扰问题，建议传感器信号尽量与动力线分开，或尽量缩短传感器信号接入放大器的距离。

5.3.4 控制张力的执行机构

目前应用最为广泛的张力控制执行机构有两种：一种是磁粉制动器（离合器），它主要用于低张力控制。磁粉制动器是一种比较新型的自动化控制元件，它采用高磁化磁粉作为转矩的传动介质，通过改变励磁线圈中的电流来改变磁场的强度，使磁粉之间的剪切力发生变化来调节输出转矩。另一种是变频电机，它是通过变频器控制其转速，从而实现张力的恒定。它主要应用于对速度和张力都有较高要求的大规模工业系统中，如钢铁行业、电缆制造业等。

变频电机具有以下特点：

（1）平衡质量高，机械零部件加工精度高，并采用专用高精度轴承，可以高速运转。

（2）与传统变频电机相比较，具备更宽广的调速范围和更高的设计质量，经特殊的磁场设计，进一步抑制高次谐波磁场，以满足宽频、节能和低噪声的设计指标。具有宽范围恒转矩与功率调速特性，调速平稳，无转矩脉动。

由于采用变频器供电后，电动机可以在很低的频率和电压下以无冲击电流的方式启动，并可利用变频器所供的各种制动方式进行快速制动，为实现频繁启动和制动创造了条件。

采用"减速机+变频专用电机+编码器+变频器"实现超低速无级调速的精准控制。变频专用电机通用性好，其安装尺寸符合 IEC 标准，与一般标准型电机具备可互换性。

本系统采用三菱 FR-D700 变频器搭配西门子电动机。

本设备使用的三菱 FR-D700 变频器型号是 FR-D720S-0.75K-CHT，输入单相电压 220V，输出三相 220V，0~50Hz 变频调速。

变频器的基本面板如图 5-10 所示。

变频器参数修改范例如图 5-11 所示。

变频器接线图如图 5-12 所示。

在本设备中，控制正反启动时，我们只需要将 PLC 的 DO 数字量输出，即可控制继电器动作，从而 SD 与 STF（正向启动）、SRF（反向启动）接通。

外部控制模式（EXT）下 PLC 驱动变频器，在 PU 模式下，可以修改参数。

输入信号说明见表 5-3。

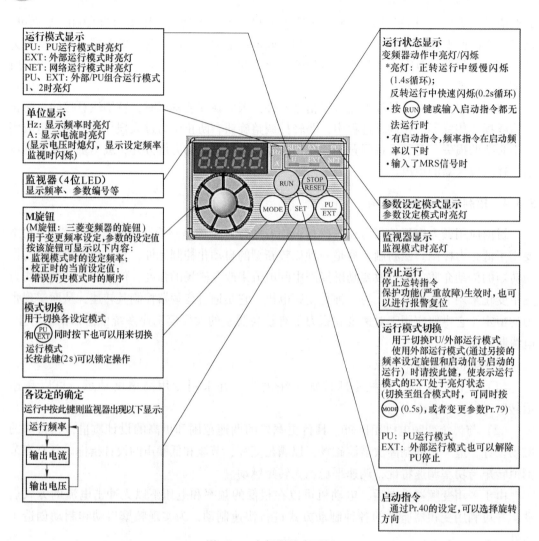

运行模式显示
PU：PU运行模式时亮灯
EXT：外部运行模式时亮灯
NET：网络运行模式时亮灯
PU、EXT：外部/PU组合运行模式
1、2时亮灯

单位显示
Hz：显示频率时亮灯
A：显示电流时亮灯
（显示电压时熄灯，显示设定频率
监视时闪烁）

监视器（4位LED）
显示频率、参数编号等

M旋钮
（M旋钮：三菱变频器的旋钮）
用于变更频率设定，参数的设定值
按该旋钮可显示以下内容：
· 监视模式时的设定频率；
· 校正时的当前设定值；
· 错误历史模式时的顺序

模式切换
用于切换各设定模式
和PU(EXT)同时按下也可以用来切换
运行模式
长按此键（2s）可以锁定操作

各设定的确定
运行中按此键则监视器出现以下显示：
运行频率 →
↓
输出电流
↓
输出电压

运行状态显示
变频器动作中亮灯/闪烁
*亮灯：正转运行中缓慢闪烁
（1.4s循环）；
反转运行中快速闪烁（0.2s循环）
· 按(RUN)键或输入启动指令都无
法运行时
· 有启动指令，频率指令在启动频
率以下时
· 输入了MRS信号时

参数设定模式显示
参数设定模式时亮灯

监视器显示
监视模式时亮灯

停止运行
停止运转指令
保护功能（严重故障）生效时，也可
以进行报警复位

运行模式切换
用于切换PU/外部运行模式
使用外部运行模式（通过另接的
频率设定旋钮和启动信号启动的
运行）时请按此键，使表示运行
模式的EXT处于亮灯状态
（切换至组合模式时，可同时按
(MODE)(0.5s)，或者变更参数Pr.79）

PU：PU运行模式
EXT：外部运行模式也可以解除
PU停止

启动指令
通过Pr.40的设定，可以选择旋转
方向

图 5-10　变频器基本面板

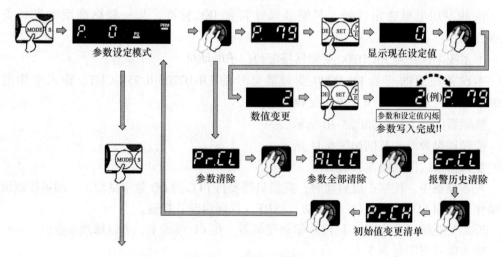

图 5-11　变频器参数修改

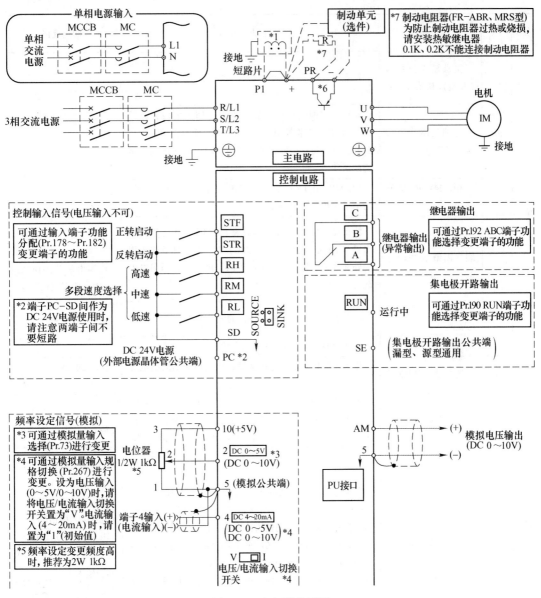

图 5-12 变频器接线图

表 5-3 输入信号说明

种类	端子记号	端子名称	端子功能说明		额定规格
接点输入	STF	正转启动	STF 信号 ON 时为正转，OFF 时为停止指令	STF、STR 信号同时 ON 时变成停止指令	输入电阻 4.7kΩ 开路时电压：DC 21~26V 短路时：DC 4~6mA
	STR	反转启动	STR 信号 ON 时为反转，OFF 时为停止指令		
	RH、RM、RL	多段速度选择	用 RH、RM 和 RL 信号的组合可以选择多段速度		

种类	端子记号	端子名称	端子功能说明	额定规格
接点输入	SD	接点输入公共端（漏型）（初始设定）	接点输入端子（漏型逻辑）	—
		外部晶体管公共端（源型）	源型逻辑时当连接晶体管输出（即集电极开路输出），例如可编程控制器（PLC）时，将晶体管输出用的外部电源公共端接到该端子时，可以防止因漏电引起的误动作	
		DC 24V 电源公共端	DC 24V，0.1A 电源（端子 PC）的公共输出端子，与端子 5 及端子 SE 绝缘	
	PC	外部晶体管公共端（漏型）（初始设定）	漏型逻辑时当连接晶体管输出（即集电极开路输出），例如可编程控制器（PLC）时，将晶体管输出用的外部电源公共端接到该端子时，可以防止因漏电引起的误动作	电源电压范围DC 22～26.5V，容许负载电流100mA
		接点输入公共端（源型）	接点输入端子（源型逻辑）的公共端子	
		DC 24V 电源	可作为 DC 24V、0.1A 的电源使用	
频率设定	10	频率设定用电源	作为外接频率设定（速度设定）用电位器时的电源使用	DC 5±0.2V 容许负载电流 10mA
	2	频率设定（电压）	如果输入 DC 0～5V（或 0～10V），在 5V（10V）时为最大输出频率，输入输出成正比。通过 Pr. 73 进行 DC 0～5V（初始设定）和 DC 0～10V 输入的切换操作	输入电阻 10±1kΩ 最大容许电压 DC 20V
	4	频率设定（电流）	如果输入 DC 4～20mA（或 0～5V，0～10V），在 20mA 时为最大输出频率，输入输出成比例。只有 AC 信号为 ON 时端子 4 的输入信号才会有效（端子 2 的输入将无效）。通过 Pr. 267 进行 4～20mA（初始设定）和 DC 0～5V、DC 0～10V 输入的切换操作。电压输入（0～5V/0～10V）时，请将电压/电流输入切换开关切换至"V"	电流输入的情况下：输入电阻 233±5Ω 最大容许电流 30mA 电压输入的情况下：输入电阻 10±1kΩ 最大容许电压 DC 20V 电流输入（初始状态） 电压输入
	5	频率设定公共端	是频率设定信号（端子 2 或 4）及端子 AM 的公共端子。请不要接大地	—

5.4　纸张张力测量与控制系统设计与实现

5.4.1　纸卷放卷过程的数学建模及分析

纸卷放卷过程中纸带张力的变化规律非常复杂，建模时如果考虑所有影响因素必将得出一个难于实际应用的多变量非线性数学模型。为此可作如下假定：

（1）纸带各处物理特性完全一致，其密度、弹性模量及厚度为常量，其变形为遵守胡克定律（弹簧发生形变时，弹簧的弹力和弹簧的形变量呈正比）的弹性变形。纸卷具有理想的圆度、圆柱度。

（2）左纸带的宽度方向上应力分布均匀，纸带的横截面积和厚度在其纵向变形时变化很小，可以忽略不计。

（3）纸带张力发生变化时，纸张的弹性形变是在瞬间完成的，该时间相对纸张本身的运动速度可以忽略不计。

（4）纸带在卷筒过程中，张力不受空气的温度和湿度的影响，不受卷筒机各零件的加工及装配误差的影响。

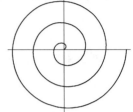

（5）纸卷轴所受滚动摩擦阻力忽略不计。

通过对放卷的变化规律的了解，纸卷是按照阿基米德螺旋线的规律缠绕而成的。所以，纸卷的放卷半径变化符合阿基米德螺旋线的运动规律，如图 5-13 及式（5-10）所示。

图 5-13　阿基米德螺旋线

$$R = R_0 - \frac{\delta}{2\pi}\varphi \qquad (5\text{-}10)$$

式中　R——瞬时纸卷半径；

　　　R_0——纸卷的初始半径；

　　　δ——卷带厚度；

　　　φ——瞬时转角。

式（5-10）对时间求导，解得：

$$R = \sqrt{R_0^2 - \frac{\delta vt}{\pi}} \qquad (5\text{-}11)$$

该式就是实时卷材半径放卷变化的数学模型，在稳定状态复合时可以把 δ、v 看作是一个恒定值，该模型也是一个非线性系统，不难发现，薄膜卷材半径也是随着时间的变化而变化的函数。

5.4.2　张力系统 PID 控制

5.4.2.1　PID 控制简介

PID 控制是一种在各行业中得到广泛应用的控制方法，它动态和静态特性优良，可靠性高，适应性强，算法简单，参数整定方便，具有较强的鲁棒性。特别是对于那些数学模型不易精确求得、参数变化较大、或不能通过有效的测量手段获得参数的系统，往往能得到满意的控制效果。据调查，有近 90% 的过程控制系统采用 PID 控制技术。

PID 控制算法常规的分为增量式和位置式两种。PID 控制的基本原理框图如图 5-14所示。

由图 5-14 可见，PID 控制器是通过对误差信号 $E(t)$ 进行比例、积分和微分运算，将其结果的代数和作为控制器的输出 $U(t)$，也即控制对象的控制值。

而误差信号 $E(t)$ 是给定值 $R(t)$ 与实际输出值 $C(t)$ 之差，即

$$E(t) = R(t) - C(t) \qquad (5\text{-}12)$$

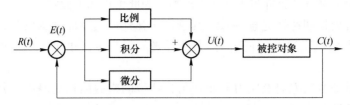

图 5-14　PID 控制的基本原理框图

PID 控制器的数学表达式为：

$$U(t) = K_P\left(E(t) + \frac{1}{T}\int_0^t E(t)\,\mathrm{d}t + T_D\frac{\mathrm{d}E(t)}{\mathrm{d}t}\right) \tag{5-13}$$

其传递函数：

$$G(s) = K_P\left(1 + \frac{1}{T_I s} + T_d\right) \tag{5-14}$$

式中，K_P 为比例关系；T_I 为积分时间常数；T_D 为微分时间常数。

5.4.2.2　PID 三个控制环节的作用

A　比例控制（P）环节

比例控制是一种最简单的控制方式。其控制器的输出与输入误差信号成比例关系。

实际控制中，一方面希望目标信号和反馈信号无限接近，即差值很小，从而满足调节的精度；另一方面，又希望调节信号具有一定的幅度，以保证调节的灵敏度。解决这一矛盾的方法就是事先将差值信号进行放大，K_P 为差值信号的放大系数。比例控制（P）环节是 PID 控制中必不可少的环节。

比例控制对系统稳定性的影响很大，比例系数 K_P 太小，会使系统的响应速度缓慢。加大 K_P，系统的动作灵敏，速度加快，其稳态误差减小，控制精度提高。但无论怎样却不能完全消除稳态误差（系统输出稳态值与期望值之差）。K_P 太大，由于系统存在惯性环节或滞后环节，会导致超调，振荡次数变多，调节时间反而加长，甚至系统失稳。因此，一般在调整比例系数 K_P 时要由小到大逐步调整。

K_P 可以选负数，这主要是由执行机构、传感器以及控制对象的特性决定的。如果 K_P 的符号选择不当，系统输出值就会离控制目标的设定值越来越远。

B　积分控制（I）环节

在积分控制环节中，控制器的输出与输入误差信号的积分成正比关系。其作用是消除系统的稳态误差，提高控制系统的控制精度，减缓经过比例控制环节放大后的误差信号的变化速度，防止振荡。只要有误差，积分调节就进行，直至无误差，积分调节停止。即便输入误差很小，积分项也会随着时间的增加而加大，而控制器的输出增大使稳态误差进一步减小，直到等于零。

积分时间常数 T_I 与积分控制作用的强弱成反比。T_I 太小，容易造成系统较大的超调量，使系统不稳定，但能消除稳态误差，提高系统的控制精度。若 T_I 太大时，积分作用太弱，以至不能有效地减小稳态误差。当 T_I 合适时，系统过渡过程比较理想。一般在调整积分时间常数 T_I 时要由大到小逐步调整。积分控制不能单独使用，通常与比例控制或微分控制联合作用，构成 PI 或 PID 控制。

C 微分控制（D）环节

在微分控制环节中，控制器的输出与输入误差信号的微分（即误差的变化率）成正比关系。由于存在有较大惯性组件（环节）或有滞后（delay）组件，具有抑制误差的作用，其变化总是落后于误差的变化。微分控制反映系统偏差信号的变化率，能预见偏差变化的趋势，因此能产生超前的控制作用，即在误差接近零时，使抑制误差的控制作用等于零，甚至为负值，这样，在偏差还没有形成之前，就已被微分调节作用消除。从而避免了被控量的严重超调，克服振荡，提高系统的稳定性，加快系统的过渡过程，减少调节时间，改善系统的动态性能。

微分时间常数 T_D 与微分控制作用的强弱成正比。它在响应过程中抑制偏差向任何方向变化，对偏差变化进行提前预报，改善动态特性。T_D 偏大时，超调量较大，调节时间较短；但 T_D 过大，也会造成系统振荡，并且较强放大噪声，对系统抗干扰不利。T_D 偏小时，超调量也较大，调节时间也较长；只有 T_D 合适，才能使超调量较小，缩短调节时间。此外，微分控制的是变化率，而当输入没有变化时，微分作用输出为零。微分控制不能单独使用，需要与另外两种调节规律相结合，组成 PD 或 PID 控制器。

5.4.2.3 增量式 PID 控制算法

PID 控制算法由比例、积分和微分三部分组成。

首先，推导比例控制算法，同样的办法不难得到积分和微分算法。

对于连续形式的比例控制环节，可表示为：

$$u(t) = K_P e(t) \tag{5-15}$$

式中　　$u(t)$——比例环节的输出量；

　　　　$e(t)$——输入量；

　　　　　K_P——比例常数。

式（5-15）的离散形式为：

$$u(nT) = K_P e(nT) \tag{5-16}$$

其中，T 为采样周期，n 为采样次数。简单起见，可将 $u(nT)$ 写为下标形式 u_n，$e(nT)$ 写为 e_n。得到离散型比例控制环节写成以下的简化形式：

$$u_n = K_P e_n \tag{5-17}$$

在第 $n-1$ 次采样周期中，可得：

$$u_{n-1} = K_P e_{n-1} \tag{5-18}$$

将比例控制环节的输入和输出写成增量的形式，即：

$$\Delta u_n = u_n - u_{n-1} = K_P(e_n - e_{n-1}) \tag{5-19}$$

该式就是比例控制算法。

同理，根据连续形式的积分控制环节 $u(t) = K_I \int_0^t e(t)\,dt$，可得其离散形式为：

$$u_n = K_I \sum_{j=0}^{n-1} T e_j = K_I T \sum_{j=0}^{n-1} e_j \tag{5-20}$$

写成增量形式为：

$$\Delta u_n = u_n - u_{n-1} = K_I T e_{n-1} \tag{5-21}$$

对于连续形式的微分控制环节，可表示为 $u(t) = K_D \dfrac{de}{dt}$。在第 n 次采样周期中，微分控制环节的离散形式为：

$$u_n = K_D \frac{e_n - e_{n-1}}{T} \tag{5-22}$$

写成增量形式为：

$$\Delta u_n = u_n - u_{n-1} = \frac{K_D}{T}(e_n - 2e_{n-1} + e_{n-2}) \tag{5-23}$$

由以上三个增量方程，可得数字 PID 控制器的控制算法为：

$$\Delta u_n = u_n - u_{n-1} = K_P(e_n - e_{n-1}) + K_I T e_{n-1} + \frac{K_D}{T}(e_n - 2e_{n-1} + e_{n-2}) \tag{5-24}$$

上式称为 PID 的增量控制算法。对增量式算法归并之后我们有：

$$\Delta u_n = K_1 e_n + K_2 e_{n-1} + K_3 e_{n-2} \tag{5-25}$$

式中，$K_1 = K_P + \dfrac{K_D}{T}$，$K_2 = K_I - K_P - 2\dfrac{K_D}{T}$，$K_3 = \dfrac{K_D}{T}$。

5.4.2.4　位置式 PID 控制算法

由 PID 控制模型可以得到：

$$u(t) = K_P\left(e(t) + \frac{1}{T_I}\int_0^t e(\tau)d\tau + T_D \frac{de(t)}{dt} \right) \tag{5-26}$$

用求和的方式来代替积分，用作差的方式来代替微分，则：

$$\frac{1}{T_I}\int_0^t e(\tau)d\tau = \frac{T_S}{T_I}\sum_{j=0}^{k} e(j) \tag{5-27}$$

$$T_D \frac{de(t)}{dt} = \frac{T_D}{T_S}(e(k) - e(k-1)) \tag{5-28}$$

代入式（5-26）可得：

$$u(k) = K_P\left[e(k) + \frac{T_s}{T_I}\sum_{j=0}^{k} e(j) + \frac{T_D}{T_S}(e(k) - e(k-1)) \right] + u_0 \tag{5-29}$$

也可以写为：

$$u(k) = K_P e(k) + K_I \sum_{j=0}^{k} e(j) + K_D(e(k) - e(k-1)) + u_0 \tag{5-30}$$

式中　u_0——控制初值，即 $k=0$ 时刻的控制量输出值；

　　$u(k)$——第 k 个采样时刻的输出值；

　　K_P——比例放大倍数；

　　K_I——积分放大系数，$K_I = K_P \dfrac{T_S}{T_I}$；

　　K_D——微分放大系数，$K_D = K_P \dfrac{T_D}{T_S}$。

式（5-30）是数字 PDI 算法的非递推形式，称全量算法。算法中，为了求和，必须将系统偏差的全部过去值 $e(i)$ 都存储起来。这种算法得出控制量的全量输出 $u(k)$，是控制量的绝对数值。在控制系统中，这种控制量确定了执行机构的位置，将这种算法称为"位置算法"。

从上面的推导，我们可以得出，增量式的 PID 控制算法不需要作累加，控制量的输出只与最近的几次采样有关，因而不需要保存很多的采样值的量，节省了系统的开销。其次，增量式输出是控制量的增量，误差小，相比位置式而言，产生误动作的影响小。再次，增量式算法中，由于机构本身具有保持功能，因而较容易实现从手动到自动的无干扰切换。

5.4.3 PID 控制技术的改进算法

5.4.3.1 带有死区的 PID 控制

某些控制系统中，我们不希望控制作用频繁的动作，只是希望当偏差超出一定范围值的时候才动作，处于这一范围之内就保持当前输出，这一控制作用方式就叫做带有死区的 PID 控制算法。它的控制方式用式子直观写出就是：

$$\Delta u_k = \begin{cases} \Delta u & \text{当} \mid e_k \mid \geqslant \mid e_0 \mid \\ 0 & \text{当} \mid e_k \mid < \mid e_0 \mid \end{cases} \tag{5-31}$$

5.4.3.2 积分分离的 PID 控制

在一般的 PID 控制系统中，给定值有较大的变化时，如启动、停止时，由于短时间内产生较大的偏差，加上系统有滞后作用，往往会产生严重的积分饱和现象，造成很大的超调和长时间的振荡。所谓的积分饱和现象，就是当系统控制变量达到一定数值之后，控制输出不再增长，系统进入饱和区，这就要求系统的控制变量必须有一个控制的范围，即：$u_{\min} \leqslant u \leqslant u_{\max}$，若控制器的输出变量超过了上述数值范围，系统实际执行的不是控制变量的输出值，而是控制量的极值，控制达不到预期的效果，甚至会引起振荡。为了克服这个缺点可以采用积分分离的方法，就是偏差较大的时候，即 $\mid e_n \mid > \dfrac{1}{2} \mid R_n \mid$ 时，不考虑积分作用，采用 DP 控制，这就是所谓的积分分离的 PID 控制。

5.4.3.3 不完全微分的 PID 算法

在有微分控制环节的时候，为了避免输入值的大幅度变化时所造成的振荡现象，可采取只对控制对象的输出值进行微分，而对输入值变化不进行微分，构成不完全微分的 PID 算法控制。

5.4.3.4 前馈控制

如果引入前馈控制，可进一步提高张力控制系统的响应速度和稳态精度，抑制干扰。有两种前馈方式，一是输入前馈，极大地减小甚至消除稳态误差，但前馈部分并不改变反馈部分特性；二是干扰前馈，补偿扰动，可使误差减小，反馈控制获得了较大的增益，提高了带宽，使系统拥有较好的快速性和稳定性。

5.4.3.5 自寻最优参数的 PID 算法

PID 控制器的控制效果，特别是对于运行工况易于变化的系统，很大程度上取决于 K_1、K_2、K_3 和 T 参数的选择。采样周期 T 的选择可以根据香农采样定理来进行选择，对 K_1、K_2、K_3 的选择，可以有多种方法，例如可以在计算机内存中预先存入多组的 K_1、K_2、K_3 的数值，根据系统运行的条件，选择其中一组；或者是采用计算机寻优的方法，寻求最优的 PID 参数对 K_1、K_2、K_3。

5.4.3.6　模糊控制方法

模糊控制的控制对象是模糊量和模糊推理,可以运用专家经验确定模糊量与精确量之间的转换以及模糊推理的规则。模糊控制适用于被控对象里各种参数之间无法精确表示被控参量或无精确的数学关系的情况。本文所研究的薄膜卷材的张力控制正属于此类情况,目前薄膜卷材的张力控制系统大部分控制方法都停留在常规 PID 控制水平,模糊逻辑控制仍然是具有非线性和时变性的对象的首选控制方案。

模糊控制算法是在模糊集合理论和模糊推理基础上发展起来的一种非线性控制策略。现代模糊控制的实质就是在模糊逻辑基础上,根据专家经验的控制策略并将其转化成为自动控制策略来实现的。它所参考的原理是模糊隐含概念和复合推理规则。模糊控制器是在模糊集理论的基础上发展起来的一种语言型控制器,并已经成为将人的推理和控制经验纳入自动控制策略的一条简洁的途径。

在工业生产过程中,模糊控制一般是按系统偏差 e 及偏差变化率 e_c 来实现生产控制。模糊控制系统的基本结构流程如图 5-15 所示。

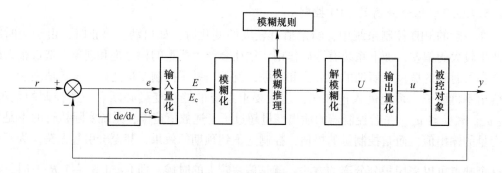

图 5-15　模糊控制系统的结构流程

模糊控制系统主要组成部分包括输入量化、模糊化、模糊规则、模糊推理、解模糊化和输出量化等。

图 5-15 中 r 为系统张力设定值,y 为输出张力的反馈值,e 和 e_c 分别为张力偏差值和张力偏差变化率,E 和 E_c 分别是 e 和 e_c 经过输入量化后的语言变量,U 为基本模糊控制器语言化变量,u 为经过输出量化以后的实际输出值。模糊控制的基本原理如下:系统张力设定值 r 与实际张力值 y 进行比较之后,得到张力偏差值 e 和张力偏差变化率 e_c,经过模糊量化之后,可以得到模糊值 E 和 E_c 作为模糊控制器的输入变量,通过模糊控制算法求得系统的控制量 U 作为模糊控制器的输出量,然后把控制量 U 去模糊化后得到精确量 U,U 再经模糊量输出量化模块施加在被控对象上,控制相应的执行机构,以满足系统的性能要求。

5.4.4　控制器编程

本节通过一个范例(纸面张力 PID 调速控制实验),详细介绍编程、组态和调试过程,希望读者可以参考完成其他控制案例的编程。

纸面张力 PID 调速控制系统如图 5-16 所示。

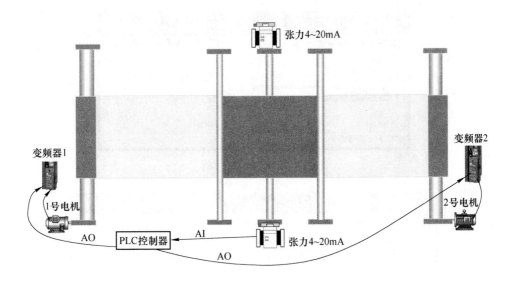

张力4~20mA

变频器1

变频器2

1号电机

2号电机

AO　PLC控制器　AI　张力4~20mA

AO

图 5-16　张力控制系统

测点清单见表5-4。

表 5-4　测点清单

序号	位号或代号	设备名称	用途	原始信号类型		工程量
1	U1	变频器 1	电机调速	4~20mA DC	AO	0~50Hz
2	U2	变频器 2	电机调速	4~20mA DC	AO	0~50Hz
3	张力 1	张力传感器	力矩测量	4~20mA DC	AI	0~200N

首先，设定好两个电机以相同的速度运行，同时启动两个电机，再切换到自动 PID 控制上来，电机速度经过减速器（30 倍）后速度较慢。通过手动改变 PID 参数实现稳定控制，本例为定值自动调节系统，U2 为操纵变量，张力为被控变量，采用 PID 调节来完成。但是，要求张力传感器在软件内设置超限保护，大于 230N 应该停止电机运行。

5.4.4.1　创建工程

创建一个新的工程。在这个阶段要进行编程前的准备工作，包括通信设置和硬件组态。

A　新建工程

单击 File→New…或者工具栏上的新建按钮，新建一个工程项目，命名为 PID，类型默认 Project。单击 Browse…选择工程保存地址。

单击 OK，系统创建了一个名为 PID 的新工程，如图 5-17 所示。

建立 S7-300 站。右键单击工程名 zhanglitest，单击 Insert New Object→SIMATIC 300 Station，如图 5-18 所示。

图 5-17　新建工程

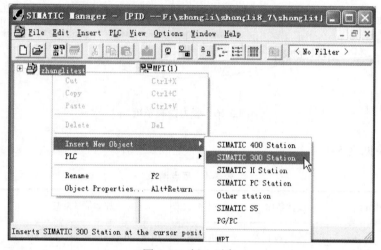

图 5-18　插入对象

B　设置通信

进行通信设置，单击 Options→Set PG/PC Interface，如图 5-19 所示。

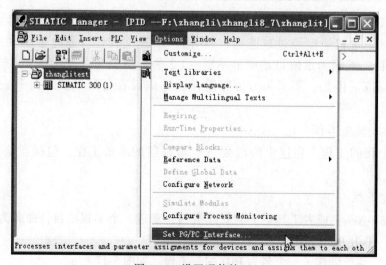

图 5-19　设置通信接口

在"Set PG/PC Interface"窗口中，单击"Select…"，如图 5-20 所示。

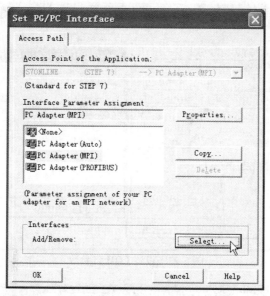

图 5-20　通信接口选择

这里我们使用的是 S7-300 MPI 电缆连接方式，因此选择 PC Adapter，Install（见图 5-21）。注意不要安装其他接口，例如 PC/PPI。

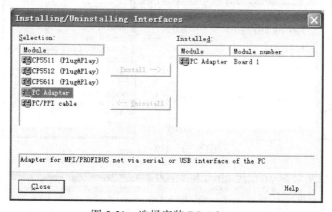

图 5-21　选择安装 PC Adapter

设置或添加 PC Adapter（MPI）：Property 按钮 Local Connection 属性页 COM 1　19200，一般连接到计算机的串行口 1，其他参数不需要设置。注意选择 PC Adapter（MPI），如图 5-22 所示。

5.4.4.2　硬件组态和下装

单击展开 PID，双击 Hardware，从而进入 HW Config 窗口。

在 HW Config 中，双击 Hardware，从而进入 HW Config 窗口，如图 5-23 所示。

单击 Station→Close，关闭当前硬件组态。如果要安装新的 DP 设备，则需要安装 GSD 文件。否则，无法安装 GSD 文件。如果打开的是带有总线模块的程序，则 GSD 文件会自动导入。

在 HW Config 窗口中，插入 RACK-300 机架，如图 5-24 所示。

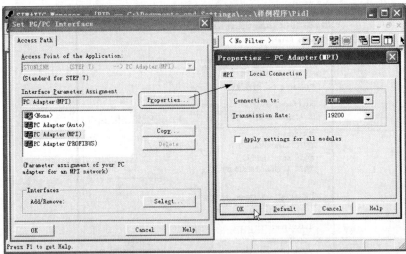

图 5-22　设置 COM 口参数

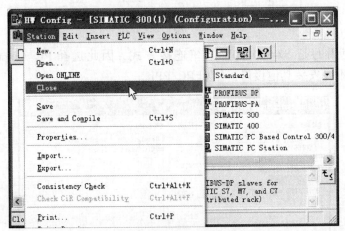

图 5-23　HW Config

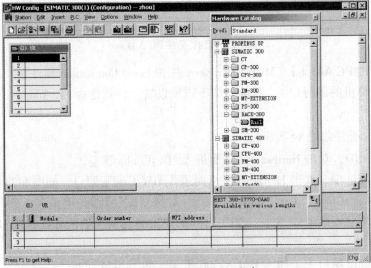

图 5-24　插入 RACK-300 机架

选中机架第一栏，双击 PS-300→PS 307 2A，插入电源模块（见图 5-25）。如果实际没有用 PS 307，也需要增加这个模块。

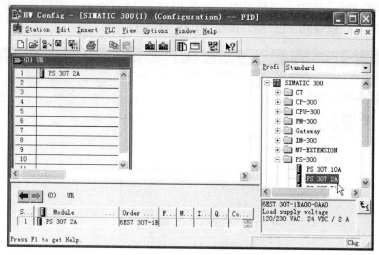

图 5-25 插入电源模块

选中机架第二栏，插入 CPU。例如，双击 CPU-300→CPU 313C-2DP，注意供货编号为 313-6CG04-0AB0。

如果是 CPU 312C，则选择 312-5BD00-0AB0，也可能是 312-5BD00-0AB0。

如果是 CPU 315-2PN/DP，则选择对应的供货编号。

如果 CPU 支持 DP，则在跳出的 DP 设置对话框中可以设置 DP 通信参数。

在 SLOT 4 位置插入模拟量输入输出模块 SM334，供货编号为 334-0CE01-0AA0，如图 5-26 所示。

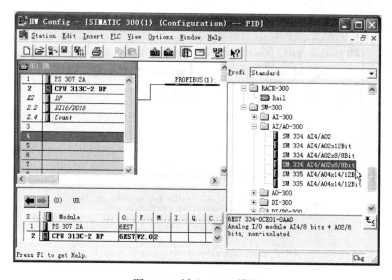

图 5-26 插入 AIAO 模块

SM334 的输入输出地址为：

AI 地址：256-263；

AO 地址：256-259。

单击 Station→Save 保存。

在 SIMATIC Manager 中，选择工程，选择 PLC→Clear/Reset，可以清除原来的配置信息（见图 5-27）。建议使用 PLC 模式按钮 MRES 的方法。

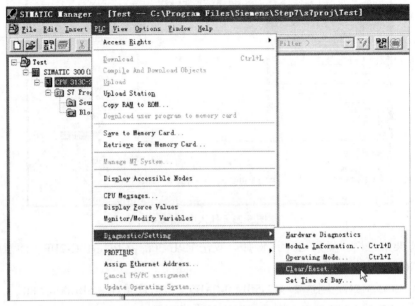

图 5-27　清除原配置信息

把 CPU 开关拨到 STOP，再转到 RUN 位置，则 CPU 开始运行。

在 HW Config 窗口中，选择 Station→Save and Compile，选择 PLC→Download 或者 Ctrl+L 快捷键下载，如图 5-28 所示。

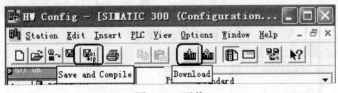

图 5-28　下载

Download 后出现如图 5-29 所示的对话窗。

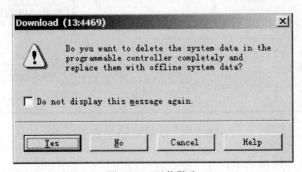

图 5-29　下载警告

忽略提示，按 Yes。然后 Stop，在下载完后 Restart。

在 HW Config 窗口，右键单击 S7-300 的 SM334 模块，选择 Monitor/Modify，如图 5-30 所示。

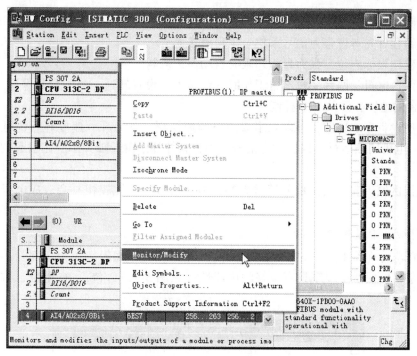

图 5-30　Monitor/Modify

选择 DI16/DO16 也可以进行 Monitor/Modify。监控窗口如图 5-31 所示。

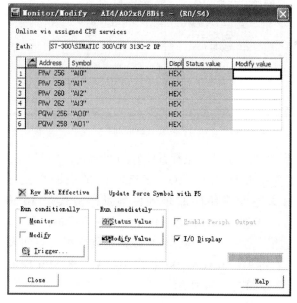

图 5-31　监控窗口

在监控窗口，选中 Monitor，要求此时在运行状态 RUNNING。可以设置 16 进制数值，然后按 Modify Value，就可以写入。当然，如果 CPU 的程序也在写同一个变量，则可以 Force all 或者强制某个变量。在调试后，解除强制。

5.4.4.3 程序编写

A 编程思路

（1）编程首先考虑张力信号采集，工程值转换。

（2）建超限标志位，张力量程超限时启动保护机制。

（3）两台电机，两台变频器，工作时一台是手动设置转速，另一台是保证一定张力，跟踪第一台的速度，涉及 PID 控制。

（4）使设备更加稳定，可以采用双回路调速控制，张力环、速度环。也可以不采用 PID 控制，电机同频运行，根据张力信号大小，软件补偿由卷轴大小变化引起的纸张速度的变化。

（5）比例值不要太大，积分稍微大些，力矩信号响应比较快，会造成电机停转反复的情况。

B 符号和变量编辑

左侧资源管理器中选择 S7 Program（1），双击 Symbols 编辑，编辑全部输入输出相关的全局变量，以便使得程序具有很好的可读性（见图 5-32），包括 IO 地址，数据块重命名等。

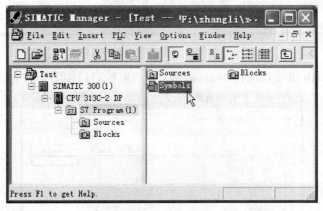

图 5-32　Symbols

建立所有需要用到的全局变量，先看看建好的变量表，如图 5-33 所示。

其中 AI（SM334 模拟量输入）、AO（SM334 模拟量输出），变量地址都是 PIW、PQW 的格式，这表示这些变量使用的是硬件地址，格式是 16 进制数，范围十进制 0-27648。PIW 表示输入，PQW 表示输出。具体含义见变量的注释。

这些变量可以在这里一个一个填写，也可以通过硬件组态界面来编写。

打开 HW Config，右键单击 RACK-300 里的 AI4/AO2x8/8Bit 模拟量输入输出模块，选择 Edit Symbols。编辑符号如图 5-34 所示。

在 Edit Symbols 窗口中输入 Symbol，Data Type 默认为 WORD（字，16 位二进制数，范围是 W#16#0000 ~ W#16#6C00），Comment 注释可随意填写，便于记忆。符号编辑界面如图 5-35 所示。

填写完毕后单击 OK。

同样的方法设置数字量输入输出变量、ET200S 输入变量、变频器输入输出变量。

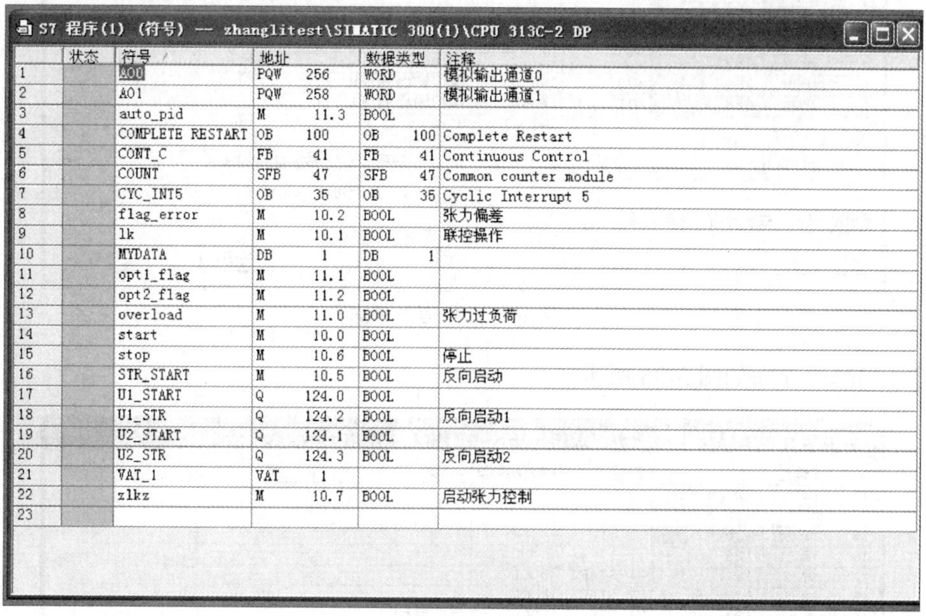

S7 程序(1) (符号) -- zhanglitest\SIMATIC 300(1)\CPU 313C-2 DP

	状态	符号	地址		数据类型		注释
1		AO0	PQW	256	WORD		模拟输出通道0
2		AO1	PQW	258	WORD		模拟输出通道1
3		auto_pid	M	11.3	BOOL		
4		COMPLETE RESTART	OB	100	OB	100	Complete Restart
5		CONT_C	FB	41	FB	41	Continuous Control
6		COUNT	SFB	47	SFB	47	Common counter module
7		CYC_INT5	OB	35	OB	35	Cyclic Interrupt 5
8		flag_error	M	10.2	BOOL		张力偏差
9		lk	M	10.1	BOOL		联控操作
10		MYDATA	DB	1	DB	1	
11		opt1_flag	M	11.1	BOOL		
12		opt2_flag	M	11.2	BOOL		
13		overload	M	11.0	BOOL		张力过负荷
14		start	M	10.0	BOOL		
15		stop	M	10.6	BOOL		停止
16		STR_START	M	10.5	BOOL		反向启动
17		U1_START	Q	124.0	BOOL		
18		U1_STR	Q	124.2	BOOL		反向启动1
19		U2_START	Q	124.1	BOOL		
20		U2_STR	Q	124.3	BOOL		反向启动2
21		VAT_1	VAT	1			
22		zlkz	M	10.7	BOOL		启动张力控制
23							

图 5-33　变量表

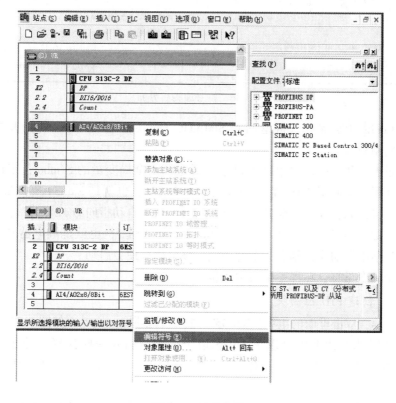

图 5-34　编辑符号

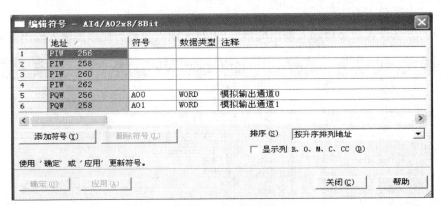

图 5-35　符号编辑界面

符号编辑后界面如图 5-36 所示。

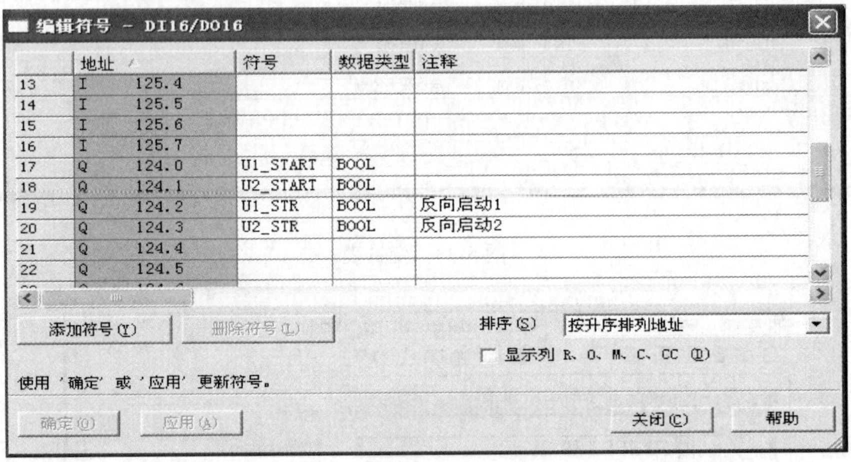

图 5-36　符号编辑后界面

在 HW Config 中点保存，再返回到 SIMATIC Manager→S7 Program（1）里的 Symbols，可以看到我们刚添加的变量。

有了变量表，我们在程序中就可以直接通过调用全局变量的 Symbol，来访问该硬件地址。例如在程序中调用 AI0，它会自动指向 PIW 256，也就是 SM334 模拟量输入通道 0 的模拟量值。又比如在程序中向 DO0 写入一个 1，它会自动指向 Q 124.0，也就是 CPU 的 DI/DO 模块的数字量输出通道 0，该通道便会输出开关量 1，也就是继电器开关闭合。如果该通道通过继电器切换控制着一个电磁阀，该电磁阀便会启动。

余下的全局变量将会在程序编辑中逐步添加。

5.4.4.4　创建 PID 控制块

单击 Blocks，双击里面的组织块 OB35，进入编辑环境。块界面如图 5-37 所示。

在跳出的属性对话框中可以为 OB35 取个名字，加入一些注释，并非必要。单击 Close，进入编程界面。这里我们选择 View→LAD 梯形图编程语言，比较形象直观，易于理解。

要进行 PID 单回路控制的编程，我们首先了解如何添加一个 PID 控制块，如图 5-38

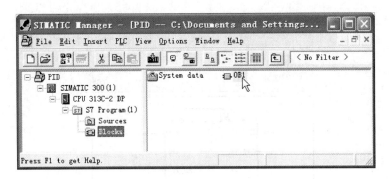

图 5-37 块界面

所示。在左边的分类目录中点选 Libraries→Standard Library→PID Control Blocks→FB41 CONT_C ICONT, 将其拖到右边代码区梯形图上, 即可添加一个 PID 控制块。

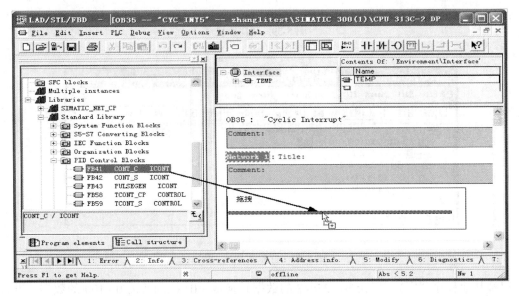

图 5-38 OB35 编程

单击 PID 控制块顶端红色的 "???", 输入 "DB3", 系统提醒是否建立 INSTANCE DATA BLOCK, 回答 YES, 就可以创建一个 PID 的背景数据块, PID 控制所涉及的所有参数都存放在这个背景数据块中, 可以通过在组态软件中控制这些参数 (见图 5-39)。

双击 DB3, 以访问 PID 的背景数据块 (见图 5-40)。

PID 的背景数据块: DB3 背景数据如图 5-41 所示。

PID 的输入输出、手自动切换、参数、控制功能都能通过 DB3 中的数据进行控制。实际工程应用中, 还需要增加手动自动无扰切换控制。在手动时, SP 跟随 MV, MV 等于 MAN (手操作值), 自动时 MAN (手操作值) 跟随 MV。

5.4.4.5 创建数值转换功能

张力变送器是 4~20mA 信号, 被 SM334 模拟量输入输出模块采集后, 数据范围是 5530~27648。因此, 我们需要编写一个专门用来进行数值转换的功能 (FC, 类似于函数,

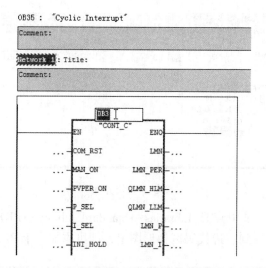

图 5-39   PID 模块

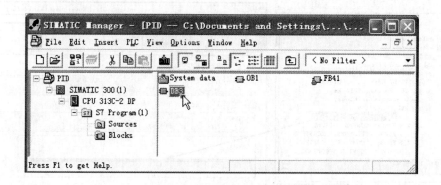

图 5-40   背景数据块 DB3

可以被其他程序调用），把 5530~27648 的数据转换成 PID 控制所需 0~100 的数据，并通过组态软件监控 0~100 的数据，符合人们的日常习惯。

在编写功能之前，首先看一下该功能编写完成后的格式。FC201 即为数值转换功能。它有五个输入：IN、IN_MIN、IN_MAX、OUT_MIN、OUT_MAX 和一个输出：OUT。其中：

IN：需要进行转换的原始输入变量。

IN_MIN：原始变量的下限值，在此程序内固定 5530。

IN_MAX：原始变量的上限值，在此固定 27648。

RANGE_MIN：转换成的目标变量的下限值。

RANGE_MAX：转换成的目标变量的上限值。

OUT_AI0：输出目标变量。

这段程序的意义是：将 AI0（SM334 的 PIW256 输入通道 0）转换成 0~200 实际值的数，纸张的张力根据三角形关系求得。张力三角模型如图 5-42 所示。

其中，垂直的力矩 F_1 通过传感器测量得到，F_2 根据该函数关系求得。

	Address	Declaration	Name	Type	Initial value	Actual value	Comment
1	0.0	in	COM_...	BOOL	FALSE	FALSE	complete restart
2	0.1	in	MAN_...	BOOL	TRUE	TRUE	manual value on
3	0.2	in	PVPER...	BOOL	FALSE	FALSE	process variable peripherie on
4	0.3	in	P_SEL	BOOL	TRUE	TRUE	proportional action on
5	0.4	in	I_SEL	BOOL	TRUE	TRUE	integral action on
6	0.5	in	INT_H...	BOOL	FALSE	FALSE	integral action hold
7	0.6	in	I_ITL_ON	BOOL	FALSE	FALSE	initialization of the integral action
8	0.7	in	D_SEL	BOOL	FALSE	FALSE	derivative action on
9	2.0	in	CYCLE	TIME	T#1S	T#1S	sample time
10	6.0	in	SP_INT	REAL	0.000000e...	0.000000e...	internal setpoint
11	10.0	in	PV_IN	REAL	0.000000e...	0.000000e...	process variable in
12	14.0	in	PV_PER	WORD	W#16#0	W#16#0	process variable peripherie
13	16.0	in	MAN	REAL	0.000000e...	0.000000e...	manual value
14	20.0	in	GAIN	REAL	2.000000e...	2.000000e...	proportional gain
15	24.0	in	TI	TIME	T#20S	T#20S	reset time
16	28.0	in	TD	TIME	T#10S	T#10S	derivative time
17	32.0	in	TM_LAG	TIME	T#2S	T#2S	time lag of the derivative action
18	36.0	in	DEAD_...	REAL	0.000000e...	0.000000e...	dead band width
19	40.0	in	LMN_...	REAL	1.000000e...	1.000000e...	manipulated value high limit
20	44.0	in	LMN_L...	REAL	0.000000e...	0.000000e...	manipulated value low limit
21	48.0	in	PV_FAC	REAL	1.000000e...	1.000000e...	process variable factor
22	52.0	in	PV_OFF	REAL	0.000000e...	0.000000e...	process variable offset
23	56.0	in	LMN_F...	REAL	1.000000e...	1.000000e...	manipulated value factor
24	60.0	in	LMN_...	REAL	0.000000e...	0.000000e...	manipulated value offset
25	64.0	in	I_ITLV...	REAL	0.000000e...	0.000000e...	initialization value of the integral action
26	68.0	in	DISV	REAL	0.000000e...	0.000000e...	disturbance variable
27	72.0	out	LMN	REAL	0.000000e...	0.000000e...	manipulated value
28	76.0	out	LMN_P...	WORD	W#16#0	W#16#0	manipulated value peripherie
29	78.0	out	QLMN...	BOOL	FALSE	FALSE	high limit of manipulated value reached
30	78.1	out	QLMN...	BOOL	FALSE	FALSE	low limit of manipulated value reached
31	80.0	out	LMN_P	REAL	0.000000e...	0.000000e...	proportionality component
32	84.0	out	LMN_I	REAL	0.000000e...	0.000000e...	integral component
33	88.0	out	LMN_D	REAL	0.000000e...	0.000000e...	derivative component
34	92.0	out	PV	REAL	0.000000e...	0.000000e...	process variable
35	96.0	out	ER	REAL	0.000000e...	0.000000e...	error signal
36	100.0	stat	sInvAlt	REAL	0.000000e...	0.000000e...	

图 5-41　DB3 背景数据

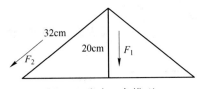

图 5-42　张力三角模型

存储到"MYDATA"AI0_C（DB1.DBD8）中。再将 AI1 转换成 0~200 的数，存储到
"MYDATA"AI1_C（DB1.DBD12）中。模拟输入标准化如图 5-43 所示。

程序段1：标题：

张力检测1

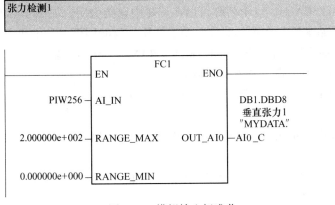

图 5-43　模拟输入标准化

同理，输出的数值转换功能如图 5-44 所示。PID 输出是 0~100 之间的浮点数，在此建一个 FC2 子程序，内部的最大最小值已经固定。输出的直接就是 0~27648 之间的数，对应变频器的输入要求为 0~10V。

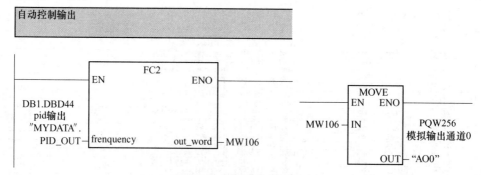

图 5-44　模拟输出标准化

了解了该功能的使用方法，就让我们开始创建这个功能。右键单击工作区，选择 Insert New Object→Function，如图 5-45 所示。

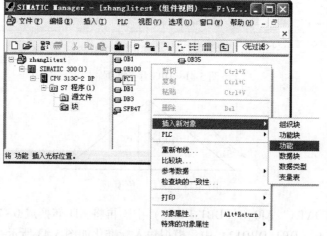

图 5-45　插入对象

在弹出窗口中的 Name 区输入名称 FC1。也可以在 Symbolic Name 区输入一个容易记忆的名字，例如 MYSCALE。这个名称可以在程序中直接引用，如图 5-46 所示。

双击 FC1，开始编辑。在顶部的临时变量区输入仅能用于本功能块中的临时变量。单击 Interface→IN，输入 AI_IN、RANGE_MIN、RANGE_MAX，输出 OUT、OUT_AI0。特别要注意数据类型必须正确。如图 5-47 所示。

输入临时变量 TEMP，输入临时变量 TEMP0~TEMP3，但是数据类型不同。变量操作如图 5-48 所示。

编写梯形图程序。单击 Network 1 区域横线，选择工具栏上的 Empty Box（Alt+F9），如图 5-49 所示。

在 Network 1 上会出现输入框，在其中输入 SUB_I，意思是整数的减法运算，回车。函数块操作如图 5-50 所示。

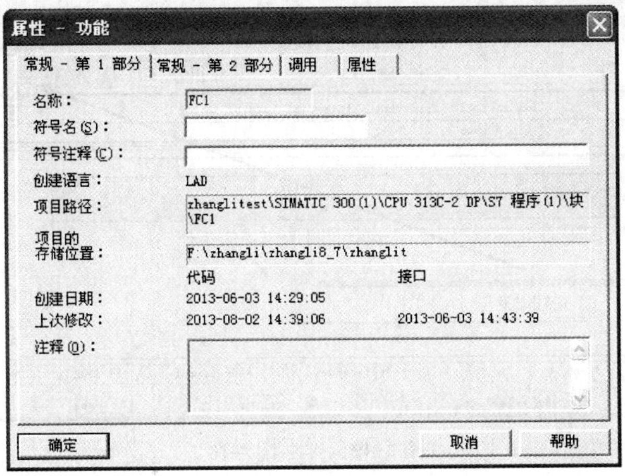

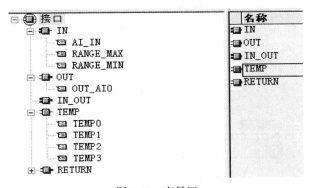

图 5-46 功能块属性

图 5-47 变量区

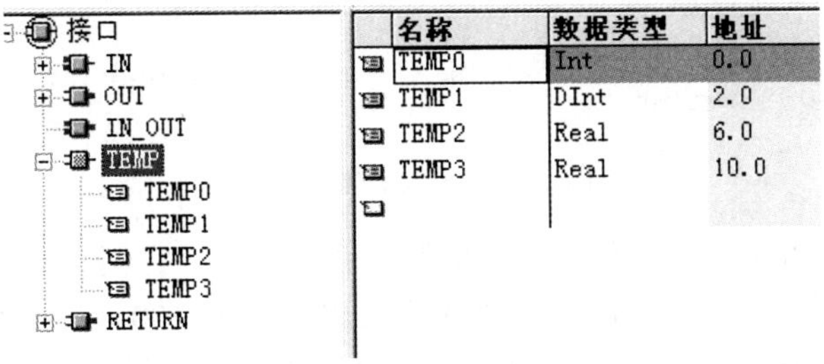

图 5-48 变量操作

单击红色的"???",输入变量值。输入第一个字母,系统会自动辅助用户输入其余字符,如图 5-51 所示。

按照上述方法,输入 Network 1 全部程序。

转换公式为:

$$OUT = \frac{IN - IN\_MIN}{IN\_MAX - IN\_MIN} \times (OUT\_MAX - OUT\_MIN) + OUT\_MIN \qquad (5\text{-}32)$$

整个程序全貌,如图 5-52 所示。

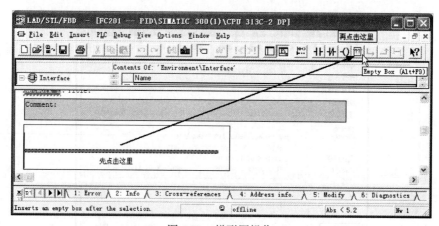

图 5-49　梯形图操作

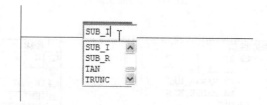

图 5-50　函数块操作

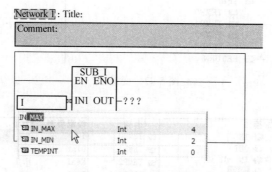

图 5-51　函数块操作情况

同样的方法，读者可以自行创建输出的数值转换功能。它们之间的区别在于：模拟量输入是把 Word 格式的（5530~27648）数据输入成为（0~100）Real 值。而输出则相反，要将（0~100）Real 值输出成为 Word 格式（5530~27648）的数据。

编程完毕后保存，工作区中便添加好了 FC1 和 FC2 两个功能供使用。其中的 FB41 是之前生成的系统 PID 控制块，DB1 是 FB41 的背景数据块。OB1 是主程序组织块。组件视图如图 5-53 所示。

5.4.4.6　单 PID 控制编程

在进行 OB1 正式编程前，需要建立一个用户数据存储块，定义一些在编程中要用到的变量。

在工作区单击鼠标右键，选择 Insert New Object→Data Block。

在弹出的对话框中输入 Name 和 Symbolic Name，可以根据自己的习惯输入。这里输入

DB3 和 MYDATA。数据块属性如图 5-54 所示。

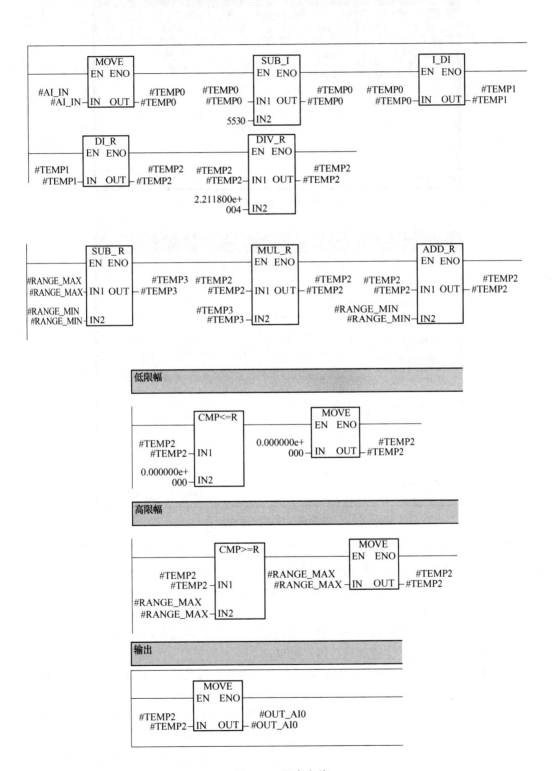

图 5-52　程序全貌

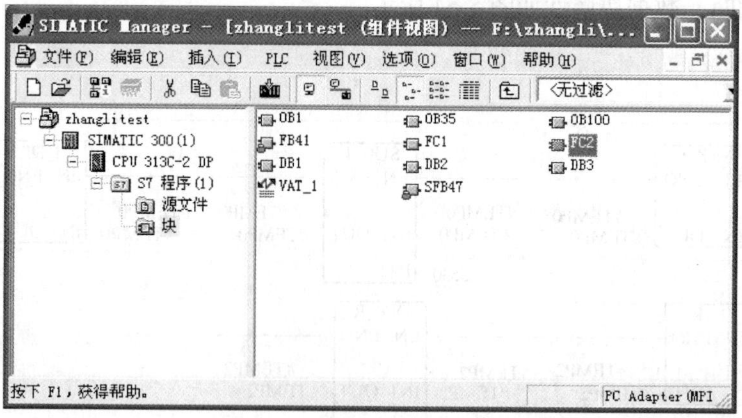

图 5-53   组件视图

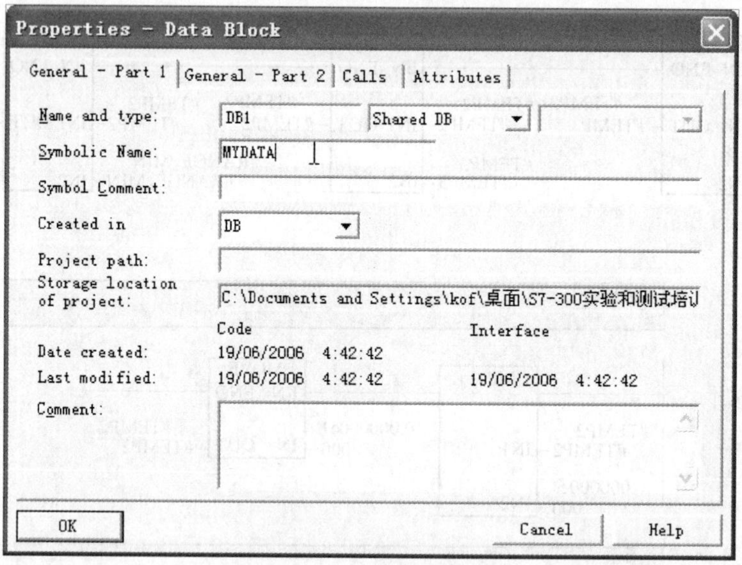

图 5-54   数据块属性

双击 DB1，进入数据块编辑界面。这里可以根据需要输入一些变量，以便 OB1 主程序存储使用，也可以供组态软件进行监控访问。

右击，选择快捷菜单 "Declaration Line after Selection"，插入一行后进行修改。

最后如图 5-55 所示。

返回工作区，双击 OB35，开始编辑中断程序。其实经过之前的工作，主程序的编写已经是水到渠成的事情了，这里只需做三件事：

将 AI0、AI1 两路模拟量输入转换为 0~200 的实数，再赋值给 MYDATA. AI0_C（即为 DB3 数据块中的用户自定义变量）。也可以表示为 DB3. DBD8 和 MYDATA. AI1_C，以便组态软件获取这个数据。根据三角关系求得斜面张力，根据设定的距离参与 PID 运算的值除以 3.2 赋给 pid_pv（本程序是 3.2，如果卷轴距离变化时，该值需要变化）。

PID 运算程序 FB41 CONT_C，同时产生 DB1。如果用了两个 PID，就还产生一个 DB2。

地址	名称	类型	初始值	注释
0.0		STRUCT		
+0.0	F_ZLI	REAL	0.000000e+000	纸张力1
+4.0	S_JULI	REAL	3.200000e+001	调整斜边距
+8.0	AI0_C	REAL	0.000000e+000	垂直张力1
+12.0	AI1_C	REAL	0.000000e+000	垂直张力2
+16.0	F_ZLI2	REAL	0.000000e+000	纸张力2
+20.0	average	REAL	0.000000e+000	平均张力
+24.0	MAN_F1	REAL	5.000000e+000	手动加频率1
+28.0	set_zli	REAL	1.000000e+002	设置张力
+32.0	PID_GAN	REAL	1.000000e-001	比例
+36.0	PID_TI	DINT	L#20000	积分时间
+40.0	PID_TD	DINT	L#0	微分时间
+44.0	PID_OUT	REAL	0.000000e+000	pid输出
+48.0	MAN_F2	REAL	5.000000e+000	手动加频2
+52.0	pid_sp	REAL	0.000000e+000	PID运算给定%比
+56.0	pid_pv	REAL	0.000000e+000	PID运算过程值%
=60.0		END_STRUCT		

图 5-55　数据块

将 PID 运算程序 FB41 输出的控制量 DB1.DBD72 给 PID_OUT 转换为 5530~27648 的 Word 字，输出给 AO0。AO1 直接由组态软件给 DB1，从这里输出，某些时候需要控制一些其他相关量，如调压模块、调节阀等。

相应的程序如图 5-56 所示。

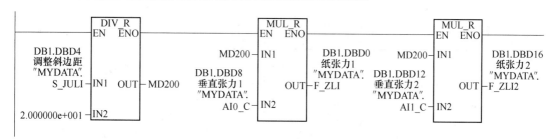

纸张张力计算根据硬件尺寸,修改内部值，三角关系计算

图 5-56　纸张力计算

PID 控制及 PID 参数设置如图 5-57 和图 5-58 所示。

编辑完成后单击保存，最好是能够实现一个无扰的切换，如果两个电机的速度相差太大，会造成纸张撕裂。

实际上，如果做一个工程，程序比较多，准确性要求比较高，建议把网络 2 放到 OB35 中。OB35 默认 100ms 执行一次，你可以让 PID 按照 100ms、200ms、500ms 等速度运行。

OB35 周期可以修改。在 HW 中，选择 CPU，右击，选择 "Object Property"，在窗口上选择 "Cyclic Interrupt" 属性页。CPU 属性如图 5-59 所示。

5.4.4.7　FB41 模块和 PID 控制

PID 控制软件包里的功能块包括连续控制功能块 CONT_C，步进控制功能块 CONT_S 以及具有脉冲调制功能的 PULSEGEN。FB41 就是 CONT_C，提供连续模拟量控制。

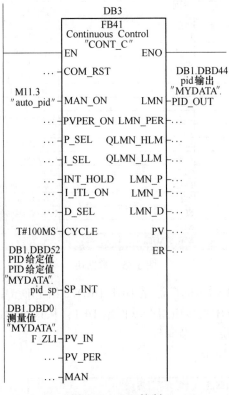

图 5-57　PID 控制

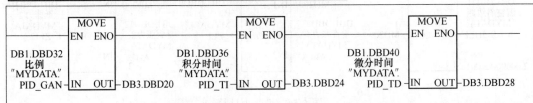

图 5-58　PID 参数设置

控制模块利用其所提供的全部功能可以实现一个纯软件控制器。循环扫描计算过程所需的全部数据存储在分配给 FB 的数据区里，这使得无限次调用 FB 变成可能。功能块 PULSEGEN 一般用来连接 CONT_C，以使其可以产生提供给比例执行器的脉冲信号输出。

在 SIMATIC S7 可编程控制器上，功能块 FB41 用来控制具有连续输入输出的技术过程。在参数设置过程中，可以通过参数设置来激活或取消激活 PID 控制的某些子功能来设计适应过程需要的控制器。

除了给定点和过程变量分支的功能外，FB 自己就可以实现一个完整的具有连续操作值输出并且具有手动改变操作值功能的 PID 控制器。

给定点的值以浮点形式在 SP_INT 处输入。

过程变量可以从外设直接输入到 PV_PER 或以浮点 PV-IN 形式输入。功能 CRP_IN

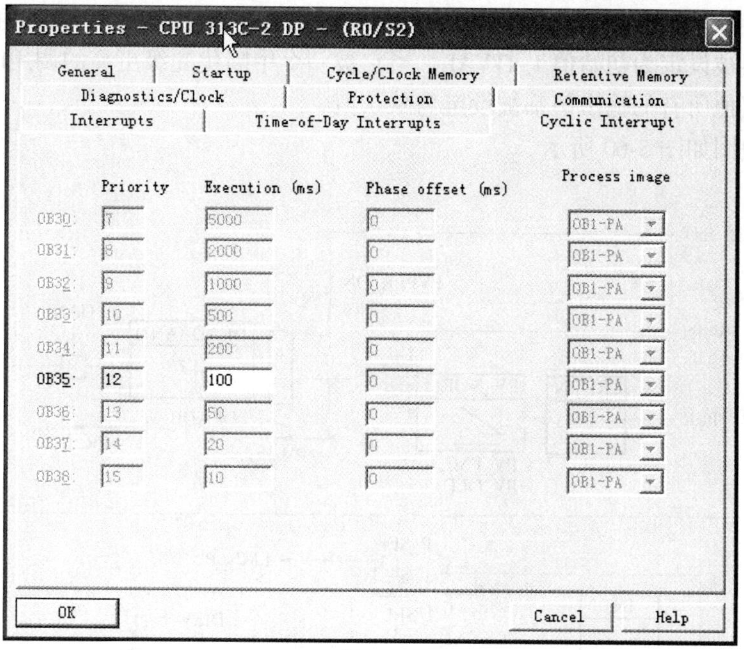

图 5-59 中显示 Properties - CPU 313C-2 DP - (R0/S2) 对话框。

图 5-59　CPU 属性

将从外设来的值 PV-PER 转化成范围在 $-100\% \sim 100\%$ 之间的浮点形式，规则如下：

CRP_IN = PV_PER×100/27648

功能 PV_NORM 根据下面的公式标准化 CRP_IN 的输出：

PV_NORM 的输出 = (CRP_IN 的输出)×PV_FAC+PV_OFF

PV_FAC 和 PV_OFF 的默认值分别为 1 和 0。

误差是给定点和过程变量之间的差值。为了抑制由于控制量量化而引起的小扰动（例如，控制量由于其执行元器件的分辨率有限），可将死区功能 DEADBAND 运用在误差信号上。如果 DEADB_W = 0，则死区就不起作用。

此处 PID 算法是位置式的，比例、积分和微分作用并联并且可以分别激活或取消激活。这样可以根据需要分别构造 P、PI、PD 以及 PID 控制器。

可以在手动和自动模式之间切换。在手动模式下，操作值由一个手动选择值来设定，积分器在内部设定为 LMN(操作值)-LMN_P(比例操作值)-DISV(扰动)，微分器设定为 0 并且在内部进行同步，这意味着当转换到自动模式后，不会引起操作值的突然改变。

利用 LMNLIMIT 功能可以将操作值限定在所选值范围内，输入值引起的输出超过界限时会在信号位上表现出来，功能 LMN_NORM 根据下面的公式标准化 LMNLIMIT 的输出，LMN = LMNLIMIT 的输出×LMN_FAC+LMN_OFFLMN_FAC，LMN_OFF 的默认值分别为 1 和 0 操作值也可以直接输出到外设，功能 CRP_OUT 将浮点形式的值 LMN 根据下面的公式转化成能输出到外设式的值：

LMN_PER = LMN×100/27648

前馈控制

扰动可以作为前馈信号从 DISV 处输入。

模式 Complete Restart/Restart。

当输入参数 COM_RST 为真时，FB41"CONT_C"开始执行完全重启的程序。在此过程中，积分器被设定为初始值 I_ITVAL，当它被一个中断优先级更高的调用时，将以该值继续工作，其他所有的输出值都被设定为默认值。

系统模块图如图 5-60 所示。

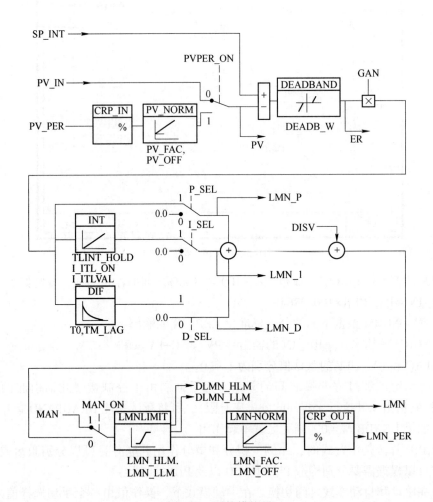

图 5-60　系统模块图

系统输入参数见表 5-5。

表 5-5　系统输入参数

参　　数	数据类型	数据范围	默认值	描　　述
COM_RST	BOOL		FALSE	完全重启，当为真时执行重启程序
MAN_ON	BOOL		TRUE	手动操作，若为真，控制环中断，操作值手动设定
PVPER_ON	BOOL		FALSE	过程变量直接从外设输入

参　数	数据类型	数据范围	默认值	描　　述
P_SEL	BOOL		TRUE	为真则比例控制起作用
I_SEL	BOOL		TRUE	为真则积分控制起作用
D_SEL	BOOL		FALSE	为真则微分控制起作用
INT_HOLD	BOOL		FALSE	为真则积分控制的输出不变
I_ITL_ON	BOOL		FALSE	为真，使积分器的输出为 I_ITLVAL
CYCLE E	TIM	≥1ms	T#1s	采样时间
SP_INT	REAL	−100%~100% 或者物理量	0.0	内部的给定点的输入值
PV_IN	REAL	−100%~100% 或者物理量	0.0	过程变量以浮点形式输入的值
PV_PER	WORD		W#16#0000	过程变量从外设直接输入的值
MAN	REAL	−100%~100% 或者物理量	0.0	通过这个参数设定手动操作的值
GAIN	REAL		2.0	比例控制增益
TI	TIME	≥CYCLE	T#20s	决定积分器的响应时间
TD	TIME	≥CYCLE	T#10s	微分时间
TM_LAG	TIME	≥CYCLE/2	T#2s	微分器的延迟时间
LMN_HLM	REAL		100.0	操作值的最高限
LMN_LLM	REAL		0.0	操作值的最低限
PV_FAC	REAL		1.0	过程变量因子，调整过程变量的范围
PV_OFF	REAL		0.0	过程变量偏置，调整过程变量的范围
LMN_FAC	REAL		1.0	操作值因子，调整操作值的范围
LMN_OFF	REAL		0.0	操作值偏置，调整操作值的范围
I_ITLVAL	REAL	−100%~100% 或者物理量	0.0	积分器的初始化值
DISV	REAL	−100%~100% 或者物理量	0.0	输入的扰动变量
DEADE_W	REAL	−100%~100% 或者物理量	0.0	死区宽度

注：对 S7，TIME 格式保存为 32 位有符号整数，毫秒值。

系统输出参数见表 5-6。

表 5-6　输出参数

参　数	数据类型	数据范围	默认值	描　　述
LMN	REAL		0.0	以浮点形式输出的有效操作值
LMN_PER	WORD		W#16#0000	直接输出到外设的操作值
QLMN_HLM	BOOL		FALSE	手动操作值达到最高时设置为真
QLMN_LLM	BOOL		FALSE	手动操作值达到最低时设置为真
LMN_P	REAL		0.0	比例控制产生的操作值
LMN_I	REAL		0.0	积分控制产生的操作值
LMN_D	REAL		0.0	微分控制产生的操作值
PV	REAL		0.0	输出的有效过程变量
ER	REAL		0.0	输出的误差信号

5.4.4.8　启动控制

启动控制包括正反向的启动，以及过负荷的联锁保护。启动联锁如图 5-61 所示。

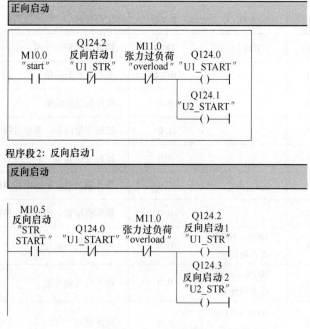

图 5-61　启动联锁

联锁控制时，或者单一自动控制时，手动改变输出（增减频率设定），如图 5-62 所示。

自动控制时反向 2号可以手动加频，1号调节

```
                     M11.1
                    "opt1_
         M10.4      flag"                    FC2
         ──┤├──      ──┤/├──    EN                ENO

                   DB1.DBD48
                   手动加频率2
                   "MYDATA".
                   MAN_F2      frenquency   out_word  ── MW102
```

程序段5：标题：

手动加频，频率转换，自动控制正向时1号可以手动加频，2号调节

```
                     M11.2
                    "opt2_
         M10.3      flag"                    FC2
         ──┤├──      ──┤/├──    EN                ENO

                   DB1.DBD24
                   手动加频率1

                   "MYDATA".
                   MAN_F1      frenquency   out_word  ── MW100
```

图 5-62 手动操作

联控输出，如图 5-63 所示。

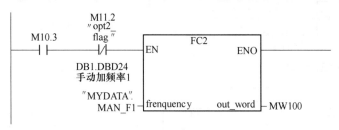

图 5-63 联控输出

控制方式联锁，如图 5-64 所示。

启动张力控制，主要驱动1号电机，电机运行正反方向自由选择，m10.7张力自动控制

```
         M10.7      M10.1                    M11.1
         启动张力控制  联控操作     M10.0        "optl_
         "zlkz"     "1k"       "start"      flag"
         ──┤├──      ──┤/├──    ──┬──┤├──     ──( )──
                               │
                               │  M10.5
                               │  反向启动     M11.2
                               │  "STR_      "opt2_
                               │  START"     flag"
                               └──┤├──       ──( )──
```

图 5-64 联锁保护

组织块 OB100 初始化程序，在此程序内先给一些参数赋初始值，如图 5-65 所示。

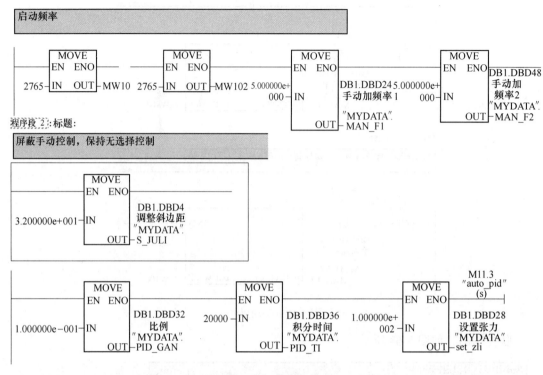

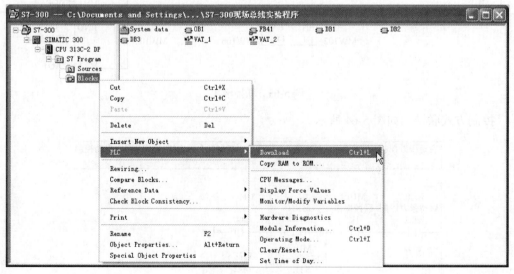

图 5-65　参数初值

5.4.4.9　编译下载调试项目

如果是第一次下载，首先使用 PLC 的 MRES 拨动开关进行复位。然后在 Manager 窗口选择 Blocks，右击，选择快捷菜单 PLC →Download，如图 5-66 所示。

图 5-66　程序下载

实现整个程序块（包括 System Data，以及所有 OB、FB、DB）的下载。下载前最好先清除 CPU。如果出现 CPU 不容易了解的停机和故障，那么也可以先清除 CPU 重新下载。

如果不容易调试，那么可以把程序一段段复制到一个新的工程中，然后下载，运行。

如果原来下载过，现在只是修改了某个程序块，则可以只下装指定的模块。下载时如果 PLC 处于"RUN"状态，则会被停止，完成下载后可以再次进入"RUN"状态，或者下载后把 S7-300 的模式开关拨到"RUN"。

5.4.4.10　组态王对控制器的设备组态

西门子 S7-300 在与组态王通信时，通常采用 MPI 多点接口电缆连接，这里主要介绍这种通信方式。

运行组态王 6.5 软件，弹出组态王工程管理器。单击新建按钮，输入保存路径和名称等，即可建立一个新的组态工程。

在工程浏览器中，选择左侧大纲项设备→COM1，在工程浏览器右侧用鼠标左键双击"新建"图标，运行"设备配置向导"。

选择 PLC →西门子→S7-300 系列→MPI（电缆）。设置向导如图 5-67 所示。

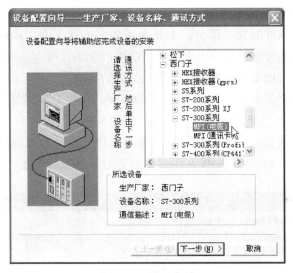

图 5-67　设置向导

单击"下一步"，弹出"逻辑名称"窗口，可任意输入一个名称，这里我们输入"S7-300"。单击"下一步"，弹出"选择串口号"。

为设备选择连接串口，现在电脑通常只有一个串口，为 COM1。如果读者使用的是有多个串口的电脑，请根据 MPI 电缆所插实际位置选择串口号。选择完毕后单击"下一步"，弹出"设备地址设置指南"，如图 5-68 所示。

填写设备地址，输入"2.2"。其中小数点前为 MPI 地址（即站号），小数点后为 MPI 设备（即所使用的通信模块或 CPU 模块）的槽号（slot number）范围为 0.0 ~ 126.126，建议使用常用的地址范围为 2.2~126.30。一般 PLC 默认的地址（即站号）为 2，槽号为 2，故将组态王设备地址定义为 2.2。

设备定义完成后，可以在工程浏览器的右侧看到新建的外部设备"S7-300"。在定义

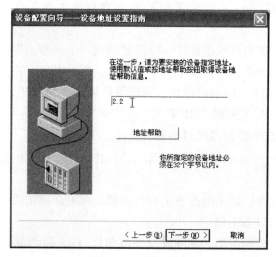

图 5-68　设置地址

数据库变量时，只要把 IO 变量连接到这台设备上，它就可以和组态王交换数据了。

5.4.4.11　组态王定义数据变量

数据库是组态王软件的核心部分，工业现场的生产状况要以动画的形式反映在屏幕上，操作者在计算机前发布的指令也要迅速送达生产现场，所有这一切都是以实时数据库为中介环节，所以说数据库是联系上位机和下位机的桥梁。

选择工程浏览器左侧大纲项"数据库/数据词典"，在工程浏览器右侧用鼠标左键双击"新建"图标，弹出"变量属性"对话框，如图 5-69 所示。

此对话框可以对数据变量完成定义、修改等操作，以及数据库的管理工作。在"变量名"处输入变量名，如：PID0_PV；在"变量类型"处选择变量类型，如：IO 实数。

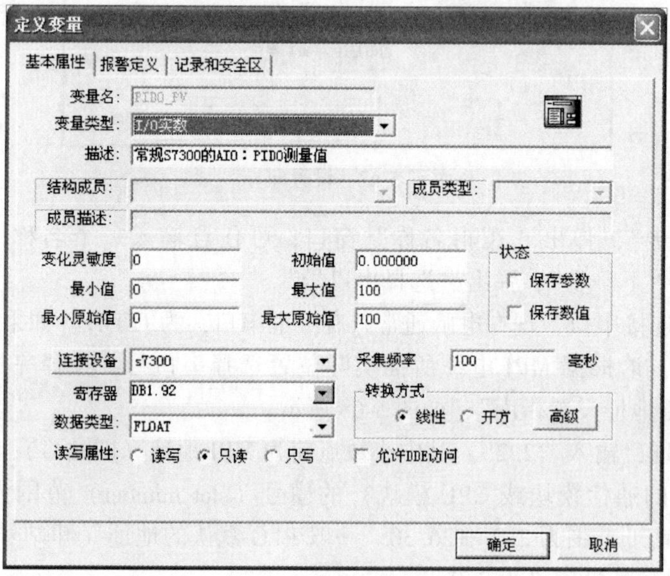

图 5-69　变量属性

本范例中所能用到的变量如图 5-70 所示。

	qi dong	正向启动	I/O离散	21	S7_300	M10.0
	stop	停止	I/O离散	22	S7_300	M10.6
	lk_kong	联控控制	I/O离散	23	S7_300	M10.1
	pian_cha	偏差报警	I/O离散	24	S7_300	M10.2
	man_add1	手动加值确定	I/O离散	25	S7_300	M10.3
	man_add2	手动加值确定2	I/O离散	26	S7_300	M10.4
	qi dong_str	反向启动	I/O离散	27	S7_300	M10.5
	auto_zl	张力自动控制	I/O离散	28	S7_300	M10.7
	reast		I/O离散	29	S7_300	M11.0
	AIO_F1	纸张力1	I/O实型	30	S7_300	DB1.0
	AIO_F2	纸张力2	I/O实型	31	S7_300	DB1.16
	AIO_CL1	垂直力1	I/O实型	32	S7_300	DB1.8
	AIO_CL2	垂直力2	I/O实型	33	S7_300	DB1.12
	f_c	边长	I/O实型	34	S7_300	DB1.4
	AVER_F	平均张力	I/O实型	35	S7_300	DB1.20
	MAN_F1	手动加频	I/O实型	36	S7_300	DB1.24
	MAN_F2	手动加频	I/O实型	37	S7_300	DB1.48
	PID_SP_F	设置张力	I/O实型	38	S7_300	DB1.28
	PID_GAN	PID比例增益	I/O实型	39	S7_300	DB1.32
	PID_OUT	PID控制输出	I/O实型	42	S7_300	DB1.44
	word_hz1		I/O整型	43	S7_300	M120
	word_hz2		I/O整型	44	S7_300	M122
	pid_ti0	PID积分时间	I/O整型	45	S7_300	DB1.36
	pid_td0	PID微分时间	I/O整型	46	S7_300	DB1.40
	auto_pid	自动PID	I/O离散	47	S7_300	M11.3

图 5-70 变量表

数据词典的描述、最小值、最大值、数据类型及读写属性见表 5-7。

表 5-7 数据词典的描述、最小值、最大值、数据类型及读写属性

序号	标记名	描述	最小值	最大值	数据类型	读写属性
1	AI0_F1	PID0 输入：AI0 测量值	0	100	float	只读
2	PID_SP_F	PID0 设定值	0	320	float	只写
3	MAN_F1	手动设定输出值	0	50.0	float	只写
4	PID_OUT	PID0 的输出值	0	100	float	只读
5	PID_GAN	PID0 比例	0	100	float	只写
6	pid_ti0	PID0 积分，单位：毫秒	0	100K	float	只写
7	pid_td0	PID0 微分，单位：毫秒	0	100K	float	只写
8	AI1	AI1 测量值：阀位信号	0	100	float	只读
9	Auto_pid	手自动切换	0	1	bit	只写
10	MAN_F2	手动输出 2	0	50.0	float	读写

如果不清楚读写属性该如何设置，可全部设为读写，通常不影响使用。

组态软件建立画面如图 5-71 所示。

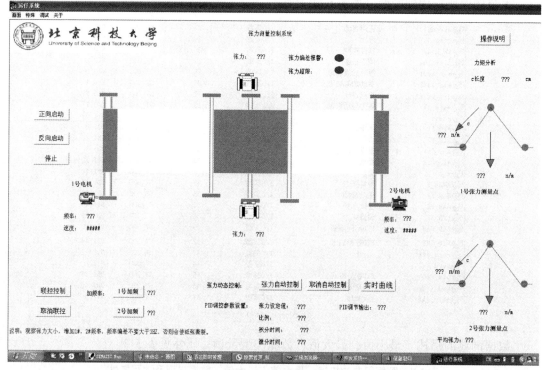

图 5-71　组态软件界面

5.5　纸张张力测量及控制系统调试与优化

（1）编写控制器算法程序，下载调试；编写测试组态工程和控制器联合调试完毕。这些步骤不详细介绍。

（2）接线张力信号连接 PLC 的 AI0、AI1 上，DO0、DO1 接变频器的启动信号，AO 输出接变频器 1，变频器 2 的 2 和 5 号端子，接线端子的 U1_2（+）、U1_5（-）、U2_2（+）、U2_5（-）。

（3）如果要使用双回路调速，编码器 1 的信号接 DI0，编码器 2 的信号接 DI3。

（4）打开设备电源。先给断路器上电，再一次给控制器、变频器上电。

（5）启动计算机组态软件，进入测试项目界面。手动设置电机联控的运行频率，5~15Hz 以内，然后分别点击 1 号加频，2 号加频按钮。

（6）联控启动，可以手动改变电机频率使其保证一定张力运行，如果启动开始前纸张松散，可以将卷纸的乙方加大点频率，纸张紧了以后停止工作。

（7）正向启动是纸张向右行（配电箱面为正面），左侧是手动设置转速，右侧是自动跟踪调节的转速。此时左侧的值可以修改。反向启动纸张左行，左侧的电机是调速电机，右侧是手动设置的转速电机。

（8）张力建立起来，点击张力自动控制按钮，电机进入自动运行调速状态。根据现象修改合适的 PID 参数，如果张力超限保护，建议手动旋转电机与减速器的联轴节，使张力值减小。

（9）张力信号建立的比较快，反应比较迅速，如果出现电机反复停转的现象，建议减小比例增加积分时间，效果就能稳定。一般情况是 $K = 0.05$，$T_1 = 20000$（20s）。

（10）注意每当做完一次实验后，必须待系统稳定后再做另一次实验。

（11）再一个启动方法是，步骤（5）以前步骤一样，我们可以直接自动控制。比如正向启动，先设定 PID 的参数后，点击张力自动控制按钮，观察 PID 输出，待到 PID 输出达到 1 号电机设定的值后，点击正向启动按钮。这样做避免了比例较小，积分较长的情况下，2 号电机频率上升较慢，造成纸张松散，而后续的突然张力过大，造成纸张撕裂。张力稍微稳定后，再做参数的细调。

—————— 小　　结 ——————

本章结合纸张张力测量与控制系统，介绍了张力的检测方式与执行机构。根据张力形成的原理对系统进行建模，并设计 PID 控制器实现对张力系统的控制。在理解张力控制系统的工作原理的同时，应注重学习和掌握 PLC 的编程与应用。

习　　题

5-1 简述常见的张力对象的特点。

5-2 简述测压张力传感器的工作原理。

5-3 请分析 PID 控制的三个控制环节各有什么作用？

5-4 分析增量式 PID 和位置式 PID 的区别，各有什么优点？

5-5 试分析张力控制系统中扭矩和速度的关系。

6 铝电解槽阳极导杆电流在线检测系统实训

【导读】

    铝电解槽是铝电解生产设备的核心，是一个多变量耦合，时变和大滞后的工业过程现象，自身内部的物理化学反应和作业的干扰，形成了复杂多变的槽况特征。槽内的电流场分布是铝电解槽运行的能量基础，但在实际生产中不能直接在线测量，一般可以采用测量铝电解阳极导杆分布电流的方法进行间接测量。铝电解槽阳极导杆电流在线检测即通过电流采集装置、微处理器、通讯模块等将采集到的阳极导杆电流数据实时地传输到上位机软件，从而实现阳极导杆电流的实时检测。

    铝电解槽阳极导杆电流在线检测系统实训通过分布式和模块化的思想进行电流采集器软硬件的设计与实现。通过对铝电解槽阳极导杆电流在线检测这一具体工程实例，锻炼学生分析需求、制定设计方案、硬件选型设计、软件编程等综合能力。

    本章第 1 节讲述了铝电解的生产工艺；第 2 节为铝电解槽阳极导杆电流在线检测的技术要求，第 3 节介绍了铝电解槽阳极导杆电流在线检测方案设计；第 4 节讲述了电流采集装置硬件设计与实现；第 5 节为上位机监测软件的设计与实现；第 6 节介绍了检测系统的系统测试。

【学习建议】

    本章内容是围绕铝电解槽阳极导杆电流在线检测系统展开的。学习者应在充分了解铝电解生产工艺以及阳极导杆的基础上，展开本章学习。首先了解铝电解生产的基本工艺流程，接着通过系统实训逐步地了解和学习铝电解槽阳极导杆电流在线检测系统的软、硬件设计和实现。

【学习目标】

    (1) 了解铝电解生产工艺。

    (2) 学习如何通过模块化的思想进行检测系统的软硬件设计与实现。

6.1 铝电解生产工艺概述

    铝是具有多种优良特性的轻金属，广泛用于交通运输、电气、冶金以及军工等行业，是关系国家经济命脉的工业原材料之一。铝的化学性质活泼，在自然界中未发现游离态的铝，而只有铝的氧化态的化合物，铝土矿是现在铝工业的主要炼铝原料。铝第一次被提取出来到现在不到 200 年，确切地说，铝的问世是 1825 年，但铝冶金技术发展较快。1886 年美国霍尔（Hall）和埃鲁特（Heroult）申请了冰晶石氧化铝熔盐电解法的专利，自此，开始了电解法炼铝的征程。电解法炼铝分为两大组成部分，一是原料（包括氧化铝、冰晶石、氧化盐即炭素材料）的生产，二是金属铝的电解生产。

电解炼铝方法于 1988 年用于铝电解槽工业生产，自此，铝电解槽便一直是电解炼铝的核心设备，预焙铝电解槽结构示意图如图 6-1 所示。冰晶石-氧化铝熔盐电解法的实质是将氧化铝熔于电解质（含多种氧化物添加剂的冰晶石熔体中），通以整流后的系列电流，氧化铝发生电解反应，产生铝液和氧气。由于铝液的密度比电解质要大，因此沉在槽底，需要周期性地抽取。氧气与炭阳极反应，生成 CO_2 和 CO 气体，从火眼口（即下料点）逸出。阳极在电解过程中被消耗，需要定期更换，各个阳极反应速度不一致，所以更换周期也不一致。

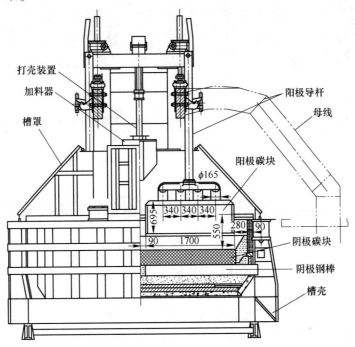

图 6-1　预焙铝电解槽结构示意图

氧化铝的反应过程可以用下述化学表达式描述：

$$2Al_2O_3（熔融）+3C（固态）\longrightarrow 4Al（液态）+3CO_2（气态）$$

当电流通过电解槽时，电解质和熔融氧化铝在两个因素的作用下不断地涌动，一个是阳极碳块表面二氧化碳气体排放时形成的 CO_2 气泡；另外一个是强大电流所引起的磁场。氧化铝粉末添加到电解质里时，可以明显地看到 CO_2 气泡和磁场的重要性。由于氧化铝比铝液和电解质的密度都要大，如果没有电解质的涌动，部分氧化铝会沉淀在液态铝的底部，造成反应不完全，这种涌动可以使得氧化铝粉末可以悬浮在电解质中，这样就有足够的时间来溶解并电解成液态铝。

铝的生产最主要的阶段是在铝电解槽中完成，在铝厂中，电解槽排成长排，某铝厂的电解槽系列中，一个电解槽为 48 根阳极导杆，24 根为一排，一个电解槽有两排，电解槽横向排列，这样做的目的是减轻不良的磁场影响。铝电解槽是一个多变量耦合、时变和大滞后的工业过程现象，自身内部复杂的物理化学反应和各种外界条件和作业的干扰，形成了复杂多变的槽况特征，面对这样一个复杂的工业过程体系，在电解铝的生产过程中，各种因素相互影响，所以难以使用一般的数学模型对其进行描述，一般的自动控制方法也难以适用于生产控制，现阶段均由现场操作人员凭借经验进行操作，其操作结果随人员的经验不同有较大差别，这给生产操作带来了很多难题。因此，对于铝电解槽的控制显得尤为重要，而电解槽运行过程中众多的参数和变量的不确定性和不可连续测定性，造成了生产过程的难以控制，因此，需要研究一种阳极导杆电流在线检测系统，实现电解槽阳极分布电流、等距压降、导杆温度的精确测量。现场电解槽照片如图 6-2 所示。

图 6-2　电解槽整体照片

6.2　铝电解槽阳极导杆电流在线检测的技术要求

铝电解槽阳极导杆电流在线检测技术要求：能够精确检测阳极分布电流、等距压降、导杆温度，实现检测数据的信息传输；能够解决高温、强磁、强粉尘和腐蚀环境下的设备稳定性与可靠性的问题；能够将数据传输到工厂生产过程控制系统；具有自身状态监测功能，能够通过通信网络将采集的数据及相关状态实时反馈到上层平台。该系统硬件上需将测量、驱动、控制集成到单板上，而且各功能模块之间均需要进行 1500V 以上的电源与信号隔离。

采用隔热桥架及高温阻燃屏蔽线材进行系统集成，完成系统的现场安装、调试与定期维护。桥架要求采用绝缘性能好、防强磁、隔热性能好的材料，线材需要满足现场工况需求的要求，安装处环境温度在 65（冬季）~100℃（夏季）。

详细技术指标要求见表 6-1。

表 6-1　铝电解槽阳极导杆电流在线检测的技术指标要求

项　目	技　术　指　标
等距压降测量	精度：<2%，测量范围：0~5mV DC
温度测量	精度：±5℃，测量范围：−40~400℃
电流测量	精度：<10%，测量范围：0~30kA DC
环境温度测量	0~400℃
工作温度范围	−20~85℃
工作湿度范围	0~65%
数据监测周期	≤1s

项 目	技 术 指 标
电源隔离强度	1500V
通信隔离功能	1500V
信号隔离功能	1500V
硬件性能要求	持续工作时间：7×24h×365d

6.3 铝电解槽阳极导杆电流在线检测方案设计

6.3.1 系统需求分析

铝电解处于一个强电场的工作环境，阳极导杆的电流高达几千安到十几千安，采用直接测量阳极电流的方法难度较大。虽然阳极电流很大，但是阳极导杆的阻值极低，故可采用等距压降法对阳极电流进行间接测量。在铝电解槽所有阳极导杆的合适位置选取相等距离的测点，本测量系统中两侧点之间的距离为15cm，如图6-3所示。将电流信号转换为等距压降信号进行测量，再根据欧姆定律计算出阳极电流，如式（6-1）所示。

$$I = \frac{U}{R} \tag{6-1}$$

式中　I——阳极电流，A；

　　　U——测量的阳极导杆等距压降，V；

　　　R——测点之间的阳极导杆电阻值，Ω。

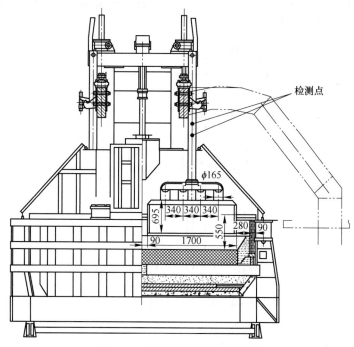

图6-3　等距压降法测点示意图

由于阳极导杆的温度较高，并且不断变化，导致阳极导杆的电阻随着温度的变化而变化，在进行阳极导杆电阻值的计算时必须考虑温度的影响，电阻计算式如式（6-2）所示。

$$R = \frac{\rho_0 [1 + \alpha(T - 20)] L}{S} \qquad (6\text{-}2)$$

式中　S——阳极导杆的横截面积，m^2；

　　　ρ_0——20℃时阳极导杆材料（金属铝）的电阻率，$\rho_0 = 2.82 \times 10^{-8}$，$\Omega \cdot m$；

　　　α——20℃时阳极导杆材料（金属铝）的电阻率温度系数，$\alpha = 0.0039$；

　　　T——阳极导杆的温度，℃；

　　　L——选取的阳极导杆等距压降对应的长度，m。

　　根据上述阳极导杆电流测量原理，以某铝业公司 420kA 电解槽为例，取阳极导杆横截面积 $S = 150\text{mm} \times 150\text{mm}$，两个测点之间的距离 $L = 150\text{mm}$，温度 $T = 80℃$，根据式（6-1）和式（6-2）计算可得，等距压降电压值为 2.029mV。以此电压信号为参考，针对检测系统需求，对阳极导杆电流采集器的技术指标所述如下：

　　（1）采集器可检测信号范围为 0.5~6mV。

　　（2）采集器对等距压降信号的测量精度小于 2%。

　　（3）采集器具有实时存储功能，可实时存储信号采集时间、阳极电流和导杆温度等数据。

　　（4）采集器具有实时数据传输功能，可将检测信息实时传送至上位机。

　　（5）采集器具有控制功能，可通过上位机对其进行参数设置、启停采样等控制操作。

6.3.2　系统总体设计

　　针对铝电解工业特性，为了方便、快捷、可靠、有效地测量阳极导杆电流，采用如下的设计方案。采用分布式测量系统，主要由阳极导杆电流采集器、主控台两部分组成，阳极导杆电流测量系统框图如图 6-4 所示。

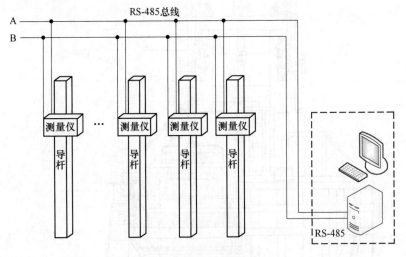

图 6-4　阳极导杆测量系统框图

　　阳极电流采集器安装在阳极导杆上，每个导杆上的阳极电流采集器是相互独立的，有独立的控制器，每个采集器均有一个唯一的地址，便于上位机对每个采集器进行控制和采样数据的分类存储。同时，可以通过上位机对采集器进行地址修改和各种参数设置。

铝电解现场处于强磁场环境，信号干扰严重，为了保证通信的稳定性，保证数据准确的传输，采用工业级 485 总线进行信号传输，与上位机通信并进行显示与控制。

6.3.3 系统通信方案设计

在本阳极导杆电流采集器的软件系统中，数据通信采用一问一答的方式，采集终端与上位机之间使用了特定的通信规约。数据通信协议的数据帧格式见表 6-2。

表 6-2 协议帧格式定义

起始字符（68H）		
长度 L	固定长度的报文头	
长度 L		
起始字符（68H）		
控制域 C	控制域	
地址域 A	地址域	用户数据区
链路用户数据	链路用户数据（应用层）	
校验和 CS	帧校验和	
结束字符（16H）	结束符	

在本设计中，集中器与阳极导杆电流采集器之间通过串口通信，阳极导杆电流采集器的微控制器接收和发送数据采用的是 DMA 方式，它是一种快速的数据传输机制，数据的存取不需要经过处理器的干预，可以直接在源地址和目的地址之间进行快速传输，从而提高数据的传输速率。

上位机与测量仪的传输规则如下：

（1）通信方式采用一问一答，若发出方未收到接收方的回复，视为传输失败，发送方会重发命令，最多重发两次，重发两次不成功，自动放弃该帧数据。

（2）帧校验（CS）为用户数据区的八位的位组算术和。

（3）接收方校验：

1）检验帧的固定报文头中的开头和结束所规定的字符以及协议标识位；

2）识别两个长度 L；

3）每帧接收的字符数为用户数据长度加 8；

4）帧校验和。

若这些校验有一个失败，舍弃该帧，若无差错，则该帧数据有效。

下面对数据帧的每个部分进行介绍。

6.3.3.1 起始字符

起始字符包含两个 68H，分别位于长度域之前和之后。

6.3.3.2 长度 L

长度 L 由两个字节组成，表示用户数据域的长度，采用 BIN 编码，是控制域、地址域、数据域的字节总数，总长度不超过 65535。

6.3.3.3 控制域 C

控制域 C 表示报文传输的方向和所提供的传输服务类型，格式定义见表 6-3。

表 6-3　控制域字定义

D7	D6	D5	D4	D3	D2	D1	D0

D7：传输方向位（DIR）。D7＝0，表示此帧是上位机发出的下行报文；D7＝1，表示此帧报文是测量仪发出的上行报文。

D6：启动标志位（PRM）。D6＝0，表示此帧报文来自上位机；D6＝1，表示此帧报文来自测量仪。

D5~D4：保留。

D3~D0：功能码。

采用 BIN 编码，功能码定义见表 6-4 和表 6-5。

表 6-4　功能码定义（PRM＝0）

功能码	帧类型	服务功能
0	—	备用
1	发送/确认	复位命令
2~8	—	备用
10	请求/响应帧	请求一类数据
11	请求/响应帧	请求二类数据

表 6-5　功能码定义（PRM＝1）

功能码	帧类型	服务功能
0	确认	认可
1~7	—	备用
8	响应帧	用户数据
9	响应帧	否认：无所召唤的数据
10~15	—	备用

6.3.3.4　地址域

地址域由行政区划码 A1、终端地址 A2、主站地址和组地址标志 A3 组成，格式见表 6-6。

表 6-6　地址域定义

地址域	数据格式	字节数
行政区划码 A1	BCD	2
终端地址 A2	BIN	2
主站地址和组地址标志 A3	BIN	1

终端地址 A2：地址范围为 1~65535，A2＝00000H 为无效地址，A2＝FFFFH 且 A3 的 D0 位为零时表示系统广播地址，上位机向所有测量仪发送命令，且每个测量仪需做出响应。

主站地址和组地址标志 A3：D3＝0 表示终端地址 A2 为单地址，按导杆标号标记；

D3=1表示终端地址A2为组地址,即集中器的地址。A3的D1~D7组成0~127个主站地址MSA,即上位机所在地址。

上位机启动的发送帧的MSA应为非零值,终端响应帧的MSA跟随上位机的MSA。

终端启动发送帧的MSA应为零,上位机响应帧也为零。

6.3.3.5 用户数据域

用户数据域是一帧数据中包含信息量最大的区域,它包含了该帧数据真实所要传递的信息,其格式定义见表6-7。

表6-7 用户数据域格式定义

功能码 AFN
帧序列域 SEQ
数据单元标识 1
数据单元 1
…
数据单元标识 n
数据单元 n
附加信息域

A 功能码

功能码由一个字节组成,采用 BIN 编码,具体格式定义见表6-8。

表6-8 功能码 AFN 格式定义

AFN	功能定义
00H	确认/否认
01H	复位
02H~03H	备用
04H	设置参数
05H	控制命令
06H	备用
07H	采集控制命令
08H~09H	备用
0AH	查询参数
0BH	请求任务数据
0CH	请求 1 类数据

B 帧序列域 SEQ

帧序列域格式定义见表6-9。

表 6-9　帧序列域格式

D7	D6	D5	D4	D3~D0
Tpv	FIR	FIN	CON	PSEQ/RSEQ

Tpv = 0：表示附加信息 AUX 中无时间标签；

Tpv = 1：表示附加信息 AUX 中带有时间标签；

FIR = 0，FIN = 0：要传输多帧数据，该帧表示中间帧；

FIR = 0，FIN = 1：要传输多帧数据，该帧表示结束帧；

FIR = 1，FIN = 0：要传输多帧数据，该帧表示起始帧；

FIR = 1，FIN = 1：单帧；

CON = 0：接收方不需对该帧报文进行确认；

CON = 1：接收方需对该帧报文进行确认；

PSEQ：启动帧序列号，取自启动帧计数器低 4 位计数值，范围从 0~15；

RSEQ：响应帧序列号，跟随收到的启动帧序列号。

C　数据单元标识

数据单元标识由信息点标识和信息类标识组成，分别包含 2 个字节。

信息点由信息点元 DA1 和信息点组 DA2 两个字节组成，信息点组采用二进制编码，信息点元 DA1 对位表示某一信息点组的 1~8 个信息点，具体格式定义见表 6-10。信息类标识 DT 由信息类元 DT1 和信息类组 DT2 两个字节组成，编码方式与信息点标识相同，具体格式定义见表 6-11。

表 6-10　信息点标识

信息点组 DA2	信息点元 DA1							
D7~D0	D7	D6	D5	D4	D3	D2	D1	D0
1	P8	P7	P6	P5	P4	P3	P2	P1
2	P16	P15	P14	P13	P12	P11	P10	P9
3	P24	P23	P22	P21	P20	P19	P18	P17
……	……	……	……	……	……	……	……	……
255	P2040	P2039	P2038	P2037	P2036	P2035	P2034	P2033

表 6-11　信息类标识

信息类组 DT2	信息类元 DT1							
D7~D0	D7	D6	D5	D4	D3	D2	D1	D0
0	F8	F7	F6	F5	F4	F3	F2	F1
1	F16	F15	F14	F13	F12	F11	F10	F9
2	F24	F23	F22	F21	F20	F19	F18	F17
……	……	……	……	……	……	……	……	……
30	F248	F247	F246	F245	F244	F243	F242	F241
……	……	……	……	……	……	……	……	……
255	F2040	F2039	F2038	F2037	F2036	F2035	F2034	F2033

D 数据单元

数据单元的定义见表6-12。

表 6-12 数据单元

AFN=00H（确认/否认）	F1	全部确认，无数据体
	F2	全部否认，无数据体
	F3	按数据单元标识确认和否认
	F4	历史数据确认
AFN=01H（复位命令）	F1	硬件初始化
	F2	数据区初始化
	F3	参数初始化
	F4	参数及全体数据区初始化
AFN=04H（设置参数）	F1	终端组地址
	F2	终端 IP
	F3	终端 MAC 地址
	F4	重发次数
	F5	采样频率
	F6	放大倍数
	F7	设置终端密码
AFN=05H（控制命令）	F31	系统校时
AFN=07H	F1	启动采集
	F2	停止采集
AFN=0AH（查询参数）	F1	终端组地址
	F2	终端 IP
	F3	终端地址
	F4	重发次数
	F5	采样频率
	F6	放大倍数
	F7	设置终端密码
AFN=0BH	F1	实时电流温度数据请求
	F2	请求历史数据命令
	F3	查询时钟
	F4	透传实时数据

E 附加信息 AUX

附加信息域可根据需要加入时间标签或其他信息。

F 帧校验和

帧校验和是用户数据区所有字节的八位位组算术和，不考虑溢出位。用户数据区包括控制码、地址域、用户数据域。

在使用 RS-485 通信前，首先对微控制器内置的 USART 接口及其 DMA 功能进行初始化，初始化的内容包括 USART 的波特率，I/O 的配置，通信的格式，DMA 的通道选择，数据传输方向的确定，DMA 的源地址和目标地址定义，地址自增方式的选择等等。然后采集器终端一直处于接收状态，通过 DMA 方式等待接收集中器发送的指令。当终端接收完一包完整的数据帧并通过检验后，根据该帧中的功能码执行不同的任务，任务执行完成后根据通信协议，如需终端回应，则将采集器置于进入发送状态，向上位机发送相应应答信号，发送完成后再回到接收状态。通信程序流程如图 6-5 所示。

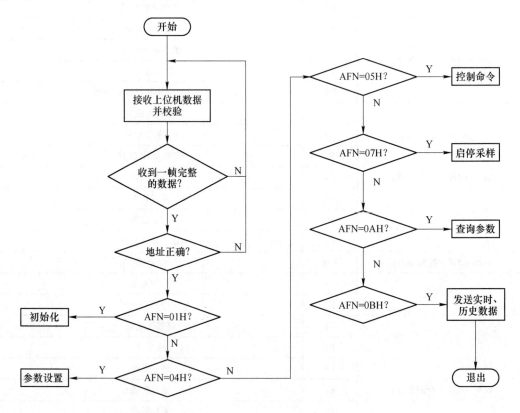

图 6-5　通信程序流程

参考通信协议，对于数据帧的校验采用如下所述的方式。首先校验 6 个字节的帧头，数据帧以 0×68 字符开始，微控制器不断检测接收的数据是否有 0×68，当检测到第 0 个和第 5 个字符均为 0×68，并且表示数据帧长度的两个字节相等，表示已找到帧头，开始接收后面的信息。在检验到的字符长度合法并且接收的数据帧已满足长度要求的情况下，开始校验结束符和校验和。若以上校验均通过，再比较目的地址字段，以此判断该帧是否是发给本终端的数据。若上述处理中有任意一项校验未通过，则将接收的数据依次前移，再从帧头重新校验。

为了保证接收数据的可靠性，在校验帧头合法后设置一个超时处理机制，如果帧头校验合法，但是在规定的时间内仍未接收到新数据，则从缓冲区的首地址开始重新接收数据，重新校验帧头，之前接收的数据丢弃。具体的帧校验的流程图如图 6-6 所示。

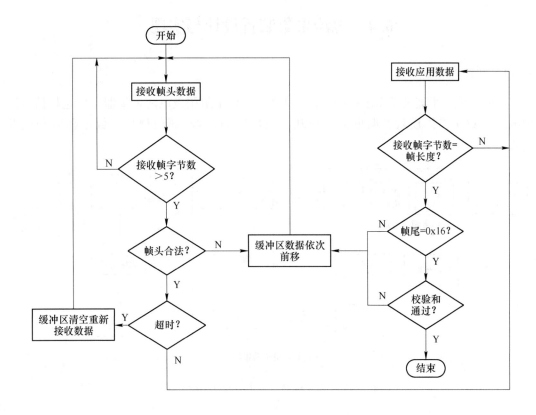

图 6-6　帧校验流程图

6.3.4　数据库设计

本设计采用 SQL Sever2008 数据库。操作系统中的数据库驱动程序解决了数据库底层操作的问题，在底层驱动的基础上，LabVIEW 可以通过自动化技术，使用 ADO 操作数据库。NI 公司开发了完善的数据库连接工具包，封装了 ADO 的接口，在存储电流数据时，可以调用工具包进行数据库连接、数据存储、数据库关闭等操作。

本设计中，数据表的名称为 lvdianjie，数据表的字段名称（键名）见表 6-13。

表 6-13　数据表字段名称

id	DAQTime	RodID	Voltage	Temperature	Current

其中，id：记录序列号，每增加一条记录，自动加 1；

　　　DAQTime：数据采集的时间；

　　　RodID：阳极导杆的编号；

　　　Voltage：采集原始电压信号；

　　　Temperature：计算出的温度；

　　　Current：计算出的对应编号的阳极导杆电流。

6.4　电流采集装置设计与实现

6.4.1　硬件设计

阳极电流采集器硬件系统框图如图 6-7 所示，铝电解阳极电流采集器主要包括信号调理电路、A/D 采样模块、温度采集模块、微控制器、485 通信模块、数据存储和电源模块。

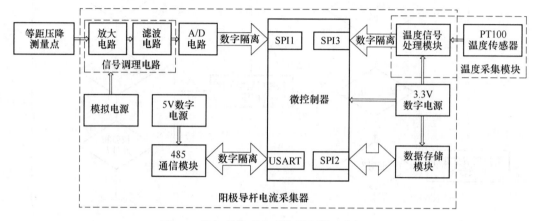

图 6-7　阳极导杆电流采集器硬件系统框图

信号调理电路主要包括放大电路和滤波电路，用于对阳极导杆等距压降信号进行放大滤波处理，经信号调理电路处理后的等距压降信号输入至 A/D 转换器，由 A/D 转换器将此模拟信号转换为数字信号作为微控制器的第一个输入端；温度采集模块由 PT100 温度传感器和温度信号处理模块组成，温度信号处理模块将 PT100 温度传感器采集的信号转换成与 RTD 阻值相对应的数字电压信号，作为微控制器的第二个输入端；微控制器对采集的数字电压和数字温度信号进行处理，转换为阳极导杆电流信号，将该电流信号存储于数据存储模块，并通过 485 通信模块传送至上位机。各模块由不同电压等级的电源供电。

6.4.1.1　信号调理电路设计

阳极导杆电流采集器所测量的电压信号在 2mV 左右，需要通过放大器对其进行放大，本设计采用 600 倍左右的放大倍数。为了保证高增益下实现较宽的频带输出，并使放大器能够满足良好的线性度与不失真的要求，采集器采用二级放大。从芯片的增益带宽积、线性度和噪声等多角度考虑，选取前置运算放大器增益为 100，二级运算放大器增益为 6。

阳极电流的变化频率为 0.5Hz 左右，并且阳极电流信号的频率是变化的，为了更好的滤除高频干扰并且完整的复现阳极电流信号，设置滤波器的截止频率为 5Hz。

若要满足测量精度小于 2%，输入信号最小为 1mV，以 600 倍的放大倍数计算，则检测电路的输出噪声应小于 12mV。根据放大电路的各级增益值，并考虑一定的裕量，设计各级电路的等效输入噪声应满足表 6-14 所述的范围要求。

表 6-14 信号调理电路各级输出噪声

电 路	等效输入噪声范围/nV
前置放大电路	40~500
二级运算放大电路	100~1000
滤波电路	300~1000

6.4.1.2 放大电路设计

从输入噪声、温漂、高增益下的线性度、价格等多角度考虑，本设计选用 TI 公司的 INA129 精密仪表放大器。INA129 采用差分式结构，将三个运算放大器集成于一个芯片中，电阻配对精度高，保证了差分运算放大器在结构上的完全对称性，可有效地抑制共模信号的干扰，并且在电路设计时，可得到正确的输入阻抗和增益特性，其内部结构如图 6-8 所示。该仪表运算放大器具有低失调电压（最大为 50μV）、超低偏置电流（最大为 5nA）、超低温度漂移（最大为 0.5μV/℃）、高共模抑制比（最小为 120dB）、失真小、线性度好等优点。只需一个增益电阻 R 即可调节放大倍数范围从 1 到 10000 变化，INA129 的电阻-增益计算式如式（6-3）所示。

$$G = 1 + \frac{49.4\text{k}\Omega}{R} \tag{6-3}$$

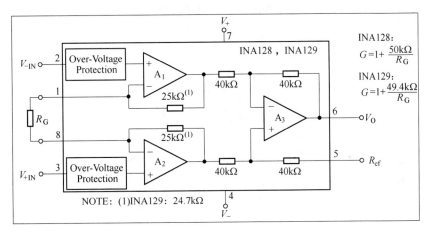

图 6-8 INA129 内部结构图

采用 499Ω，0.1%高精度电阻作为前置放大器的增益调节电阻，设计前置放大器的放大倍数为 100 倍。参考《INA129 仪表放大器数据手册》，当其增益为 100 时，带宽为 200kHz，满足设计要求。前置放大电路图如图 6-9 所示，由于检测的阳极导杆电压信号浮空，为防止运算放大器饱和，在放大器正负输入端分别设计电阻 R_1、R_2 接地回路，用来为输入偏置电流提供返回路径。

本设计中第二级运算放大器选用 Analog Devices 公司的 AD8638，该运算放大器为自稳零、轨到轨输出的运算放大器。二级放大电路采用同相比例运算放大器电路，电路的放大倍数为 6。二级放大电路的原理图如图 6-10 所示。放大电路产生的热噪声主要包括电阻 R_5 的热噪声、反馈电阻 R_6 与电阻 R_4 并联电阻产生的热噪声。如果减小 R_6 的阻值，为保

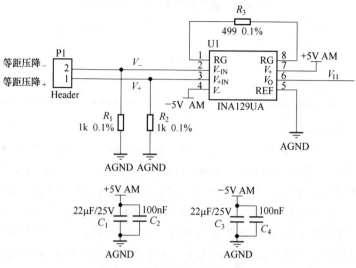

图 6-9　前置放大电路原理图

证电路的增益不变，R_4 和 R_5 的值可随之减小，以此可达到减小电路的噪声的目的。但是 R_6 也可看作运放 AD8638 的负载，若 R_6 的值太小，运放的输出电流就变大，最终导致运放发热和失真，因此需综合考虑各种因素，选取 R_6 的值。

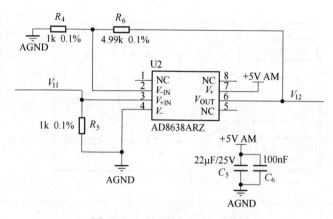

图 6-10　二级放大电路原理图

6.4.1.3　滤波电路设计

在保证滤波器各个参数稳定的基础上，为了使滤波器的输出信号在高频段以较快的速度下降，从而提高滤波器的滤除噪声的能力，需要设计三阶低通滤波器。本设计采用 AD 公司的 ANALOG FILTER 工具，设计了三阶二级巴特沃斯（Butterworth）有源低通滤波电路，电路的 Multisim 仿真图如图 6-11 所示。

该电路主要由两部分组成：一阶低通滤波电路和二阶低通 Sallen-Key 电路。滤波电路中运算放大器选用 AD 公司的 AD8512 芯片，该芯片内置双通道高精度 JFET 低噪声运算放大器，只需一个芯片即可达到设计要求，节省了电路板的空间，电路设计时在连接电源处增加了 110nF 的旁路电容，用来滤除电源的交流噪声。

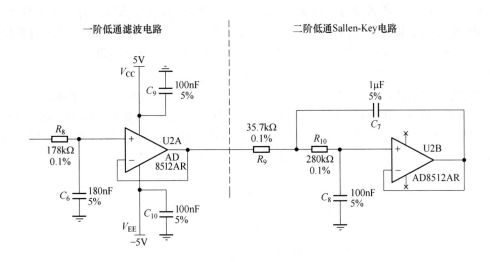

图 6-11 抗混叠滤波电路 Multisim 仿真图

6.4.1.4 A/D 采样模块设计

A/D 转换器是模拟信号处理时必不可少的元器件。由于等距压降信号较低（2mV 左右）、测量精度要求高，按 0.5 级精度计算，则需要的 A/D 转换器的分辨率至少为 12 位，考虑到系统的冗余性，本设计采用 16 位的 A/D 转换芯片。从芯片选型的一致性与性价比等各方面因素考虑，选用 Analog Devices 公司的 AD7685 芯片。该芯片为高速、低功耗、逐次逼近型 A/D 转换器，吞吐率高达 250ksps，可满足 100Hz 的采样速率要求，转换精度高，转换误差典型值为 ±0.6LSB，可实现 16 位无误码性能。

该芯片的采用通用串行 SPI 接口，提供 3 线制和 4 线制两种不同的串行接口模式。4 线制与 3 线制最显著的区别是增加了一路模数转换完成提示信号。本设计采用 3 线制结构，设计 A/D 转换电路如图 6-12（a）所示。图 6-12（b）中 ADR4540 为高精度参考电压芯片，用来为 ADC 提供 4.096V 的参考电压。为了消除电源抖动，提高 ADC 参考电压的精度，将一个旁路电容加到参考源的输出端。在 A/D 转换模块与微控制器之间采用数字隔离器进行隔离，用于对微控制器进行保护。

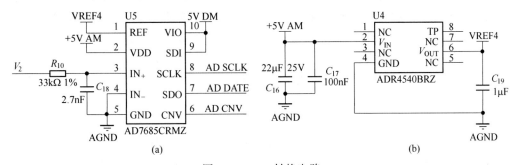

图 6-12 A/D 转换电路

6.4.1.5 温度采集模块的设计

温度采集模块主要包括温度传感器和温度信号处理模块，主要完成对导杆表面温度数据的采集，设计的采样频率为 100Hz。本设计采用 PT100 温度传感器作为温度测量元件，将 PT100 温度传感器安装在测量夹具上并紧贴阳极导杆表面，其采集的信号经过温度信号处理模块转换为数字信号作为微控制器的输入，用于对阳极导杆电阻值的计算进行温度补偿。

温度处理模块选用 MAX31865 芯片，它是一种易于使用的电阻——数字转换器优化的铂电阻温度检测器（RTD），可以直接将 RTD 的阻值信号转换为微控制器可以识别的数字信号。转换速度快，最长转换时间为 21ms；转换精度高，其内置了 15 位的 ADC；兼容 SPI 接口，方便数据的传输。温度处理模块如图 6-13 所示。

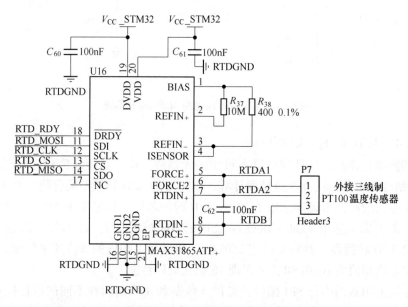

图 6-13　温度信号处理模块

6.4.1.6　电源模块的设计

电源是整个系统正常运行的关键，因此，电源设计的好坏直接影响系统的性能及其稳定性。系统需要的电压等级较多，而系统对电源的性能要求较高并且要求体积小、重量轻，根据供电需求，设计了四种等级的供电电路。将模拟电源与数字电源分离设计，模拟电源用于给信号调理电路和 ADC 的参考电压源等模拟电路供电，数字电源用于为通信模块、微控制器、数据存储模块等数字信号供电。将模拟电源与数字电源隔离，减小了信号间的干扰，提高系统工作的稳定性。该方案能很好地满足低压电路的需求。电源系统总体框图如图 6-14 所示。

虽然开关电源损耗小，效率高，但是其电磁干扰严重，显然不能满足低噪声电路系统的要求，在本设计中开关电源放置于采集器的外部，通过外部架线与采集器相连。

与开关电源相比，线性电源在低噪声电路设计中占有很大的优势，其具有纹波小，调整率好，对外干扰小等优点，本采集器内部电源系统均采用线性电源。图 6-14 中的 5V 模拟电压转换模块采用 MC7805 和 MC7905 将 ±12V 转换为 ±5V，电路原理图如图 6-15 所示。在两个芯片的输入端和输出端均接入了旁路电容，用以抑制电路中可能产生的自激振荡，

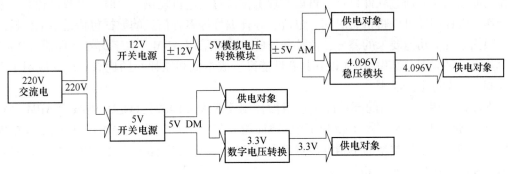

图 6-14　电源系统总体框图

并且滤除电源和地网络中存在的开关噪声。图 6-15 中的磁珠 L_1、L_2 和 L_3 可用于抑制电源线和地线上的高频噪声和尖峰干扰，同时还可吸收静电脉冲。

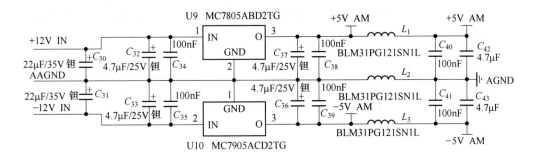

图 6-15　5V 模拟电压转换电路原理图

3.3V 的数字电压转换电路如图 6-16 所示，该电路中在电源的输入端和输出端同样设计了旁路电容，滤除电路中的噪声。该电源需要为微控制器供电，为了保证电源的可靠性，在 lp3875 的输出端并联了稳压管 D_1，稳压管内部晶体管反向偏置，使电源电压恒定在 3.3V。

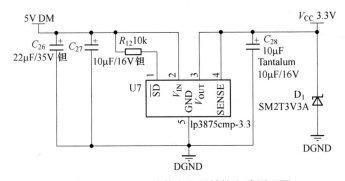

图 6-16　3.3V 的数字电压转换电路原理图

6.4.1.7　MCU 与其他电路的设计

微控制器主要完成阳极导杆等距压降和阳极导杆表面温度数据的采集、处理以及与集中器的通信功能。通过软件设计，可以实现上位机对其进行复位、校时、参数设置等一系列操作。微控制器可以将带有时间、电流、导杆编号等多种信息的数据包传送给上位机。

根据系统的功能要求的差异，微控制器的选型常采用 ARM、数字信号处理器（DSP）和单片机三种方案。其中 ARM 以其具有性能高、成本低和能耗小的优点，广泛应用于工业控制、消费电子产品中。

本设计选用 ST 公司的高性能工业级微控制器 STM32F407，该芯片内核为 ARM 公司的 Cortex-M4 微控制器，采用 32 位 RISC 精简指令集，主频高达 168MHz，集成了单精度数据处理指令和数据类型的单精度浮点单元（FPU），并且实现了一套完整的数字信号处理指令和内存保护单元（MPU）。

STM32F407IG 内部嵌入了一个 16MHz 的 RC 晶振，虽然其可以作为系统时钟源，并且降低功耗，但是其精度较低，对于使用 RS485 或 SPI 等要求较高精度波特率的场合不适用，所以本文设计了外部晶振，选用 25MHz 的晶振。晶振电路如图 6-17（a）所示。

在上电或复位过程中，为了防止 CPU 发出错误的指令、执行错误操作，并有效控制 CPU 的复位状态，设计了微控制器的复位电路。该复位电路高电平有效，当需要复位时只需断开跳线即可。复位电路如图 6-17（b）所示。

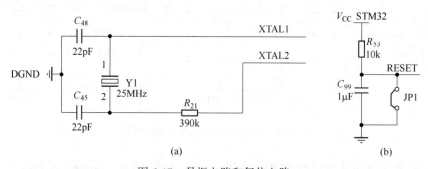

图 6-17　晶振电路和复位电路

6.4.1.8　通信模块设计

数据通信模块用于将带有时间、电流、导杆编号等多种信息的数据包实时传送给上位机，并将上位机发送的控制命令与设置参数传送至微控制器。数据传输采用工业级 RS-485 传输方式，RS-485 总线是一种常见的串行总线标准，其采用差分电平，可有效地提高抗共模干扰的能力。

RS-485 总线拓扑结构有星形、树形、菊花链式、混合式等，参考铝电解工艺的客观条件，采用分布式测量时阳极导杆电流采集器数量较多，并且现场存在强磁场、强电场等各种干扰，为保证数据传输时的可靠性和准确性，本设计采用手牵手菊花链总线式拓扑结构，菊花链式简化连接图如图 6-18 所示。RS-485 信号的通信载体是双绞线，其特征阻抗为 120Ω 左右，为了减小信号线上的传输信号反射，在 RS-485 总线的始末端串入了 120Ω 的匹配电阻。

从微控制器输出的信号为 TTL 电平，需要通过电平转换芯片将其转换为符合 485 通信标准的差分信号，本设计选用 SIPEX 公司的 SP485EEN 高速 USART 芯片，驱动器和接收器的通信速率可达 10Mbps。RS-485 接口电路如图 6-19 所示。

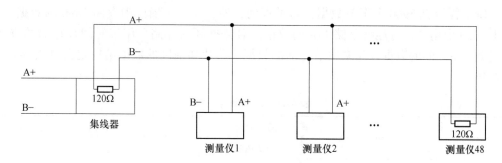

图 6-18　RS-485 总线结构图

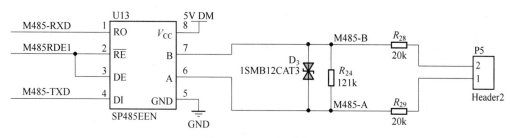

图 6-19　RS-485 模块

为了对微控制器进行保护，在微处理器与 SP485 芯片间设计了数字隔离模块，主要采用 Si8662 型号的数字隔离芯片。Si8662 数字隔离器的工作温度范围广（-40～+125℃），可承受铝电解现场 80℃ 左右的高温；数据传输速率 150Mbps，是目前业界最高的水平；与同类产品比较，抖动性能最低，可保证具有最低的数据传输错误和误码率；抗干扰能力最强，抗电场干扰能力为 300V/m，抗磁场干扰能力为 1000A/m。隔离保护模块电路如图6-20所示。

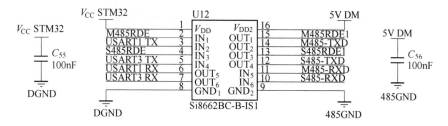

图 6-20　数字隔离模块

6.4.1.9　数据存储模块设计

Flash 存储模块能够实时记录并存储每一根阳极导杆电流的检测时间和测量结果。本设计中存储芯片采用存储容量为 32Mb 的 SST25VF032B 芯片，将 32M 的存储空间分为三个部分：参数区、数据区和工况区。参数区用以存放上位机对采集器的配置信息以及采集器的固有信息，占 1 个扇区的大小；数据区用以存放采集器采集的阳极电流和温度数据，占 1020 个扇区；工况区用以存放采集器运行状态中的各种工况，占 1 个扇区的大小。对于数据区，存储 1s 的数据包括 6 个字节的时间数据和 60 个字节的阳极电流和导杆温度数据，1min 需存储 3960 个字节数据，为了查询方便，在一个扇区中存储 1min 的数据。共使用 1020 个扇区，可连续存储 17h 的数据，对数据区的存储采用按时间片存储的方式，对超出存储空间的数据以此来覆盖之前的数据。芯片和扇区的数据结构定义见表 6-15 和表 6-16。

表 6-15   芯片数据结构

扇区号	起始地址	内　容
2	002000H	参数区
3	003000H	数据区
4	004000H	
5	005000H	
……	……	
15	00F000H	
……	……	
……	……	
1022	3FE000H	
1023	3FF000H	工况区

表 6-16   单扇区数据结构

时间	字节	地址	数据内容
	0	003000H	秒
	1	003001H	时
	2	003002H	分
	3	003003H	日
	4	003004H	月
	5	003005H	年
	6	003006H	电压 1
	7	003007H	
	8	003008H	
	9	003009H	
1s	10	00300AH	温度 1
	11	00300BH	
	……	……	……
	60	00303CH	电压 10
	61	00303DH	
	62	00303EH	
	63	00303FH	
	64	003040H	温度 10
	65	003041H	

6.4.1.10　RTC 时钟模块设计

为了保证实时时钟的时间准确性，必须给主控制器提供单独的外部振荡电路，并且保证在关闭系统电源的条件下，微控制器的 RTC 模块不掉电。针对上述要求，设计如图6-21 所示的实时时钟电路（RTC）。

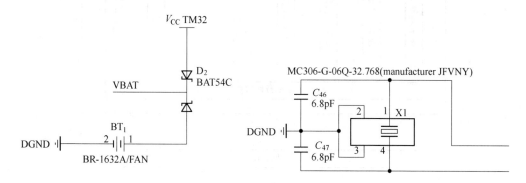

图 6-21　RTC 实时时钟电路原理图

采用 MC306-G-06Q-32.768 RTC 晶振，该晶振具有准确度高、稳定性好等优点，为 RTC 的精准度提供了必要的基础。BT1 为 3V 纽扣电池，用于为 RTC 模块提供备用电源，在主电源不工作的条件下，保证 RTC 模块不失电。BAT54C 用于隔离主控电源与 BT1，当阳极电流采集器处于上电状态时，由 VCC_ STM32 为 RTC 供电，当阳极电流采集器处于关机状态时，由 BT1 为 RTC 供电。RTC 不失电的时间由 BT1 的容量决定，主控制器的 RTC 模块的功耗为 $1.6\mu A$，根据需要的时间长短选用不同型号的纽扣锂电池。本设计中选用 BR1632 型号的锂电池。

6.4.2　软件设计

本设计在 Keil 开发环境下对采集器的软件进行设计与调试，编程语言为 C 语言，采用模块化的编程思想，软件部分主要完成数据的采集、存储与通信功能。

6.4.2.1　软件总体框架

阳极导杆电流采集器在软件设计上，采用应用层、抽象层和底层驱动层 3 层架构，以数据结构为核心的软件设计思想。任务处理上，采用有限状态机模型，保证各任务的执行时间已知。编程方法上采用面向对象的结构化编程方法。系统软件总体框图如图 6-22 所示。

底层驱动软件库主要是微控制器的片上外设接口函数库，该函数库由 STM 公司官方提供，其将片上外设的不同功能用不同的函数表示，提供了片上外设驱动的接口函数，开发者在使用某一外设功能时可直接调用该接口函数，方便开发者的使用。

抽象层主要是针对具体的硬件外设的功能，编写的外部设备的接口函数，应用层只需调用所需子功能的接口函数即可，方便程序的扩展和移植，该层为连接底层驱动库与应用层之间的桥梁。本采集器的抽象层主要包括温度信号处理芯片的接口函数、数据存储模块中 Flash 的接口函数、实时时钟 RTC 的接口函数、RS-485 通信模块的接口函数等。

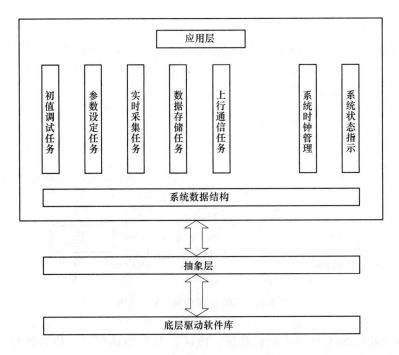

图 6-22 系统软件总体框图

应用层是根据实际应用编写的软件层，处于软件架构的最顶层。本采集器的应用层主要完成数据的采集、处理、存储与发送功能，对各功能进行合理调度。

6.4.2.2 主程序设计

为了保证系统采集功能的实时性，阳极导杆电流采集器软件的工作流程采用分时多任务处理机制，电流采集器主程序包括：初始化，实现对系统时钟、外设接口等的初始化；数据采集与处理，完成对阳极导杆等距电压信号和阳极导杆温度信号的采集与处理；数据存储，将处理后的阳极电流和温度信号存入外部 Flash，用以备份；数据传输，将采集的阳极电流和温度信号发送至上位机，并接收上位机的参数配置和控制命令。软件流程图如图 6-23 所示。为保证微控制器的软硬件可处于正常的工作状态，在执行初始化操作之前先进行系统自检，并且在程序运行过程中也要定期自检，只要定时周期到并且程序处于空闲状态就进行系统自检，若发现错误，则发出报警信号。

6.4.2.3 数据采集与处理软件设计

根据硬件电路设计，从 A/D 转换模块输出的数字电压信号和从温度信号处理模块输出的数字温度信号通过两个 SPI 接口送入到微控制器，采用 100Hz 的采样频率对电压和温度信号进行采集。具体的采集流程如图 6-24 所示。

数据处理主要采用软件滤波算法对采集的数据进行处理，针对电压信号的特点，采用消除脉冲干扰的平均滤波算法对其进行处理，根据算法机理，具体过程为：100ms 采集 10 个电压数据，对采集的数据进行排序，去掉最大值和最小值，将剩余的 8 个数据计算平均值。以此规律采集 1s 后共得到 10 个采样点，将数据进行转码处理存储到 Flash。根据温度信号的变化特点，对温度信号的滤波处理采用限幅滤波法进行处理，前后两次测量值允

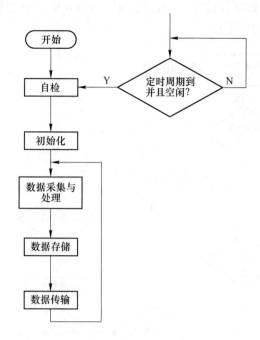

图 6-23　电流采集器主程序软件流程图

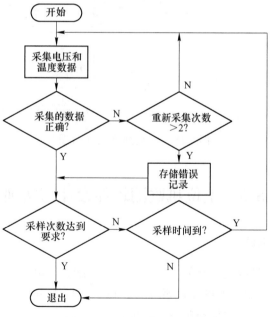

图 6-24　数据采集程序流程图

许的最大偏差为5℃。

6.4.2.4　数据存储模块

由于现场环境复杂，存在各种电磁场干扰，从数据安全方面考虑，程序中需采用冗余处理的方法，将采集的数据存储在 Flash 中，再从 Flash 中读取数据发送至上位机。数据存储程序流程图如图 6-25 所示。

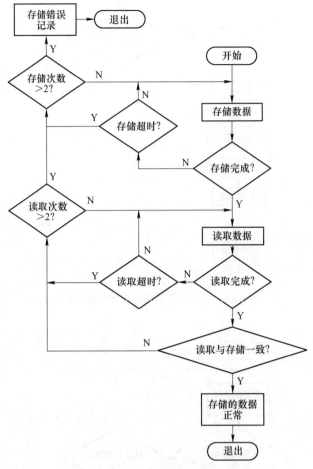

图 6-25　数据存储程序流程图

6.5　上位机监测软件设计与实现

6.5.1　软件系统架构设计

本软件的开发目标是取代原有的人工监测方式，配合铝电解阳极导杆电流测量仪，实现一对多（即一台上位机对应 48 根阳极导杆）的实时监测系统。要求界面友好、操作方便、开发成本低，同时必须保证系统运行的可靠性与稳定性。

铝电解阳极导杆电流测量仪软件的系统架构框图如图 6-26 所示。系统主要分为四个模块：系统初始化、数据采集、数据处理、记录查询。

本软件系统主要完成了以下几项任务：

（1）串口配置。配置串口端口号、波特率、停止位、奇偶校验位、数据比特位、串口超时。

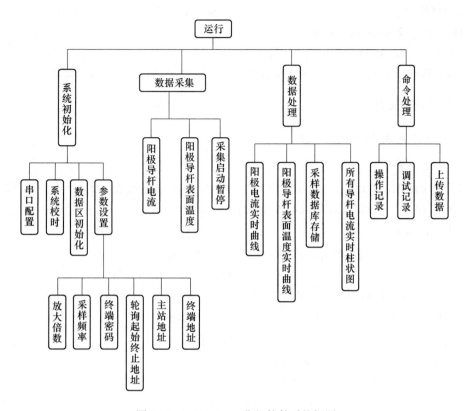

图 6-26 LabVIEW 上位机软件系统框图

（2）参数设置。例如数据帧重发机制、测量仪放大倍数、采样频率、起始采集测量仪 MAC 地址。

（3）账户管理。为了保证测量仪 MAC 地址和本地配置文件不被随意修改，特对某些操作权限设置了账户密码，通过账户管理可以添加账户和修改账户密码。

（4）系统初始化。主要针对测量仪硬件的初始化，包括系统校时、硬件初始化、数据初始化、参数初始化、恢复出厂设置。

（5）终端管理。配置测量仪出厂 MAC 地址、修改测量仪 MAC 地址、修改测量仪终端账号密码。

（6）电流数据的实时传输、实时显示，SQL Sever2008 数据库存储、查询和结果显示，操作记录的显示和存储。

在分析现场需求后，本系统的运行环境有以下要求：

（1）硬件环境。硬件设备主要包括一台安置在某铝厂现场操控室的一台工控机和一个 RS485-USB 转换器。工控机主要参数如下：

CPU：1GHz 以上，为了保证数据传输的实时性，CPU 尽可能高；

RAM：1GB 以上；

存储容量：512M 以上，根据采样频率和存储时长计算；

显示设备：支持 1440 × 900 屏幕分辨率；

推荐设备型号：研华科技 610L/H。

（2）软件环境。

操作系统：WindowsXP/7/8/10；

软件平台：LabVIEW2010 及以上版本；

支持软件：SQL Sever2008，MSComm 控件，Microsoft. Net Framework 4.0。

6.5.2 软件功能设计

6.5.2.1 软件功能模块设计

A 温度计算

测量仪采用 MAX31865（15 位分辨率 RTD 至数字输出转换器）作为温度转换器，测量仪 CPU 将该芯片中寄存器保存的 16 位 ADC Code 传给上位机，通过上位机计算转换成温度。计算式如下：

$$R_{RTD} = (ADC\ Code \div 2 \times R_{REF})/2^{15} \tag{6-4}$$

$$R_{RTD} = R_0[1 + aT + bT^2 + c(T - 100)T^3] \tag{6-5}$$

式中　　R_{REF} ——硬件电路设计时选用的参考电阻阻值，$R_{REF} = 400\Omega$；

　　　　R_0 ——0℃时，温度传感器的阻值，$R_0 = 100\Omega$；

　　　　R_{RTD} ——某一温度对应的温度传感器的阻值；

　　　　a ——多项式系数，$a = 3.90830 \times 10^{-3}$；

　　　　b ——多项式系数，$b = -5.77500 \times 10^{-7}$；

　　　　c ——多项式系数，$c = \begin{cases} -4.18301 \times 10^{-12} & -200℃ \leqslant T \leqslant 0℃ \\ 0 & 0℃ \leqslant T \leqslant 850℃ \end{cases}$

LabVIEW 计算温度的软件实现如图 6-27 所示。

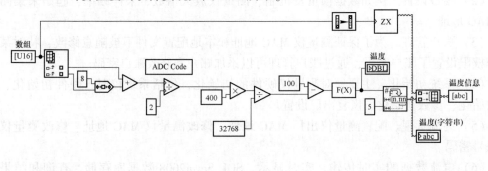

(a)

(b)

图 6-27　温度计算

(a) 为式（6-4）程序实现；(b) 为式（6-5）程序实现

例如收到 ADC Code 为：5B12H，则程序运行后计算得到温度为 110.01℃。

B 电流计算

根据等距压降原理，在铝电解槽 A、B 侧共 48 根阳极导杆上放置含有电压传感器及温度传感器的夹具，图 6-28 所示圆点处为检测点，阳极升降行程为 400mm，因此，检测等距压降的间距在 400mm 以内，本设计中等距压降间距为 150mm，但是在实际定位测量点时，部分导杆会存在误差，需进行校正，表 6-17 所示即为校正后的等距压降间距。阳极导杆上的温度为 80～200℃，电阻率随温度改变而改变，加入温度传感器对电阻进行温度补偿，故测量仪接入的电阻为：

$$R = \frac{(1 + aT)\rho_0 L_n}{S} \tag{6-6}$$

式中　　a——电阻率温度系数，$a = 0.00429℃^{-1}$；

ρ_0——电阻率，$\rho_0 = 2.6548 \times 10^{-8}\Omega \cdot m$；

L_n——为阳极导杆两测点之间的距离，n 表示导杆编号，$n = 1, 2, \cdots, 48$；

S——阳极导杆横截面积，$S = 150mm \times 150mm$；

T——测点处阳极导杆表面温度。

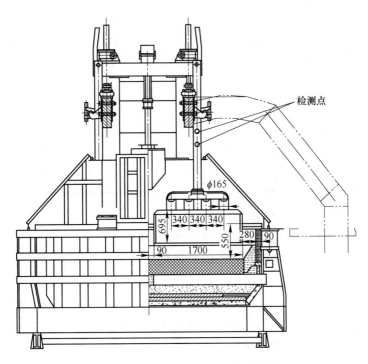

图 6-28　阳极导杆电流监测示意图

则可得阳极导杆电流为：

$$I = \frac{U}{R} \tag{6-7}$$

LabVIEW 计算电流的软件实现如图 6-29 所示。

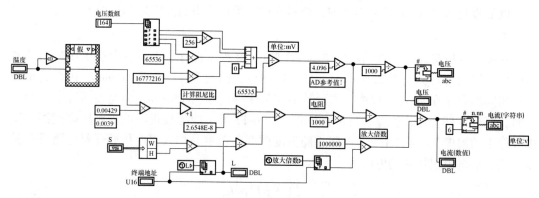

图 6-29　电流计算

表 6-17　校正后等距压降间距　　　　　　　　　　（mm）

$L_1 = 145$	$L_{13} = 145$	$L_{25} = 150$	$L_{37} = 145$
$L_2 = 150$	$L_{14} = 145$	$L_{26} = 150$	$L_{38} = 150$
$L_3 = 140$	$L_{15} = 120$	$L_{27} = 140$	$L_{39} = 150$
$L_4 = 140$	$L_{16} = 150$	$L_{28} = 150$	$L_{40} = 150$
$L_5 = 145$	$L_{17} = 155$	$L_{29} = 145$	$L_{41} = 150$
$L_6 = 140$	$L_{18} = 150$	$L_{30} = 145$	$L_{42} = 147$
$L_7 = 140$	$L_{19} = 155$	$L_{31} = 150$	$L_{43} = 150$
$L_8 = 140$	$L_{20} = 150$	$L_{32} = 160$	$L_{44} = 147$
$L_9 = 140$	$L_{21} = 155$	$L_{33} = 150$	$L_{45} = 140$
$L_{10} = 140$	$L_{22} = 150$	$L_{34} = 145$	$L_{46} = 145$
$L_{11} = 145$	$L_{23} = 150$	$L_{35} = 150$	$L_{47} = 145$
$L_{12} = 147$	$L_{24} = 150$	$L_{36} = 160$	$L_{48} = 147$

6.5.2.2　软件系统模块设计

铝电解阳极导杆分布电流测量仪软件系统主程序流程如图 6-30 所示，主要分为四个模块：系统初始化、数据采集、数据处理、记录查询。

A　系统初始化

（1）本地系统初始化：本地系统初始化指对上位机运行中的一些基本参数进行设置，设置界面如图 6-31 所示，针对界面中详细的细节说明见表 6-18。

（2）测量仪系统初始化：测量仪系统初始化主要是根据用户需求，对测量仪进行初始化操作。此操作需慎重，一旦操作完成，测量仪的信息将会被擦除，在用户点下按钮后，系统会弹出是否继续操作的提示框，以防止用户误操作，删除重要信息。其设置界面如图 6-32 所示，测量仪

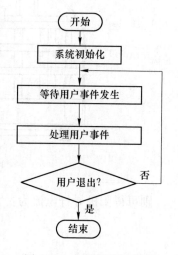

图 6-30　主程序运行流程

系统初始化的详细设计信息见表 6-19。

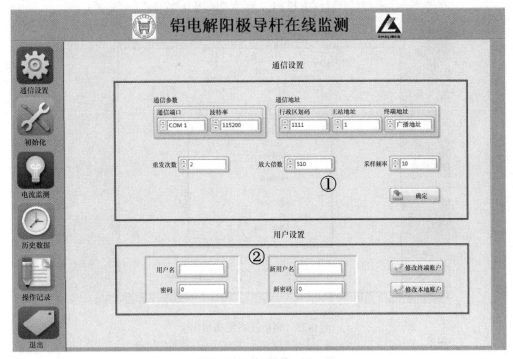

图 6-31 上位机软件系统初始化

表 6-18 上位机软件系统初始化详细设计

模块编号				0101
功能简述				串口配置、参数配置、账户设置
	区域	参数名称	操作类型	内 容
用户输入	1	通信端口	选择	硬件设备连接的串口端口号
		波特率	输入	数据传输速率，默认为 115200bps
		终端地址	选择	选择所更改参数对应的终端
		重发次数	选择	通信失败时，数据重发的次数（最多），分为不重发，1 次，2 次，3 次
		放大倍数	输入	修改对应终端的信号放大倍数
		采样频率	输入	修改采样频率，默认为 10Hz
	2	用户名	输入	修改用户名
		密码	输入	修改密码
系统响应				根据用户所做的操作，修改 config.ini 文件中对应的字段
系统输出				修改完成与否的状态信息

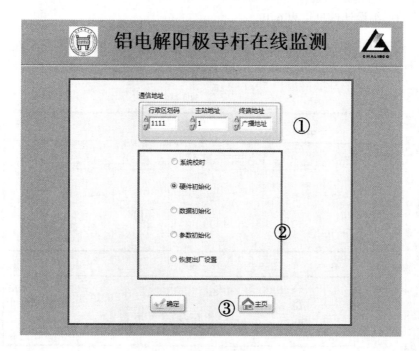

图 6-32　测量仪系统初始化

表 6-19　系统初始化详细设计

模块编号	0102
功能简述	给测量仪发送初始化命令，测量仪进行相应的初始化操作
用户输入	(1) 测量仪终端地址选择。 (2) 初始化类型选择： 1) 系统校时，使测量仪和上位机保持时钟同步； 2) 硬件初始化，使测量仪执行硬件复位操作； 3) 数据初始化，使测量仪执行清空 Flash 操作； 4) 参数初始化，使测量仪将系统参数恢复成默认设置； 5) 恢复出厂设置，使测量仪依次执行 2)、3)、4) 条命令 (3) 确认按钮
系统响应	系统根据用户的选择，组合出相应的命令帧
系统输出	给串口发送命令帧，并向用户显示测量仪返回的操作完成与否的状态信息

B　数据采集

数据采集主界面如图 6-33 所示，这也是本软件的主界面。每一个铝电解槽有 48 根阳极导杆，分为 A、B 侧，每一侧有 24 根导杆，编号从 A1~A24，B1~B24，对应测量仪的 MAC 地址从 1~48，这是出厂初始地址，具有修改权限的用户可以进行 MAC 地址修改。

界面上的区域 1 中每一个柱状图表示一根阳极导杆，柱状图的高度表示阳极导杆电流，柱状图上方的示数表示电流的数值。电流实时采集时，柱状图的高度和示数会实时刷新，区域 2 的显示窗中的示数表示整个电解槽的槽电流，也就是 48 根阳极导杆的电流加和。区域 3 的详细设计说明见表 6-20。

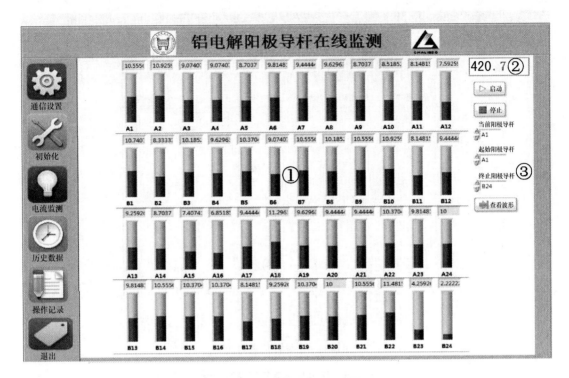

图 6-33　数据采集主界面

表 6-20　数据采集详细设计

模块编号	0201
功能简述	启动数据采集，上位机和测量仪开始数据传输
用户输入	（1）待采集阳极导杆电流的起始编号； （2）待采集阳极导杆电流的终止编号； （3）按下启动按钮，需要暂停时按下停止按钮
系统响应	与测量仪采用一问一答的方式开始进行电流数据传输
系统输出	（1）实时刷新当前采集阳极导杆编号； （2）实时刷新对应导杆电流示数； （3）实时显示阳极导杆电流和槽电流曲线，单击区域 3 中的查看波形按钮可以进行查看

在区域 1 中，单击每一根阳极导杆，都会弹出如图 6-34 所示的子导杆信息界面，该界面的详细设计说明见表 6-21。

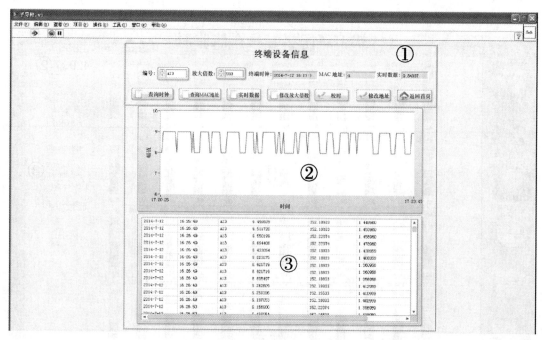

图 6-34　子导杆信息界面

表 6-21　子导杆信息界面详细设计

模块编号	0202			
功能简述	显示某一根阳极导杆的详细信息及实时电流曲线、数据			
	区域	参数名称	操作类型	内　　容
用户输入	1	编号	选择	用户根据需求选择某一导杆编号进行显示
	1	放大倍数	输入	输入对应编号的放大倍数，与修改放大倍数按钮配合使用
	1	查询时钟	单击按钮	使系统对相应编号的测量仪发送查询时钟命令
	1	查询 MAC 地址	单击按钮	此条命令为广播命令，用于查询某一测量仪的终端 MAC 地址，发送时确保总线上只有一个设备，多用于系统调试时期。若连接多个设备，只能收到某个设备的回复，但一般不能确定是哪一个设备
	1	实时数据	单击按钮	透传对应编号的实时电流数据
	1	修改放大倍数	单击按钮	与放大倍数文本框配合使用，修改对应编号的放大倍数
	1	校时	单击按钮	向对应编号的测量仪发送校时命令
用户输入	1	修改地址	单击按钮	修改对应编号的测量仪的 MAC 地址，此操作需要输入账号密码，如图 6-35 所示
系统响应	响应用户的单击按钮操作，并输出对应的信息。无按钮事件时，实时刷新区域 2 和区域 3			
	区域	参数名称	内　　容	
系统输出	1	终端时钟	显示时钟的查询结果，刷新时，会用红色背景闪烁提示	
	1	MAC 地址	显示 MAC 地址查询结果，刷新时效果同上	
	1	实时数据	显示实时数据查询结果，刷新时效果同上	
	2	波形图表	当有对应编号导杆的新记录存入数据库时，绘出新的电流波形图	
	3	Excel 表	当有对应编号导杆的新记录存入数据库时，显示该记录	

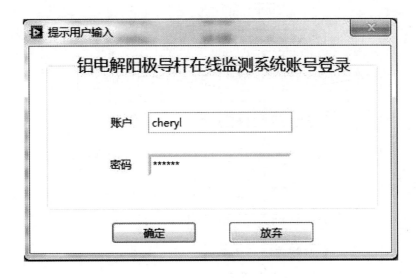

图 6-35 账号登录

C 数据处理

数据处理主要是在程序框图中完成,该部分内容是本软件的核心,数据的显示和存储都依赖它来完成。帧校验流程图如图 6-36 所示,数据采集处理程序流程图如图 6-37所示。

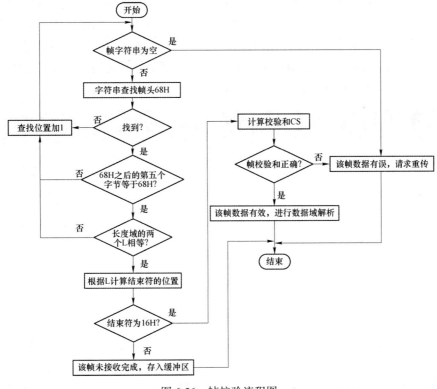

图 6-36 帧校验流程图

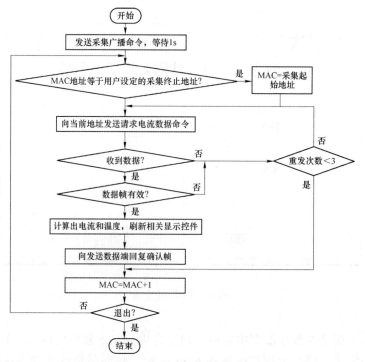

图 6-37   数据处理程序流程图

铝电解阳极导杆电流测量仪软件主界面如图 6-38 所示。本软件可便利整个电解槽；具有柱状图、配置终端地址、账号管理等功能；采用 SQL Sever2008 存储数据；采用事件触发，大大提高了传输速率；经过跟测量仪多次联调、改进后，能和测量仪进行稳定、高效地通信，48 根导杆轮询一遍的时间为 40s，系统精度最高时达到 1.75%，超出了预计的目标，误差主要来源为：测量误差、温度和电流的计算误差。

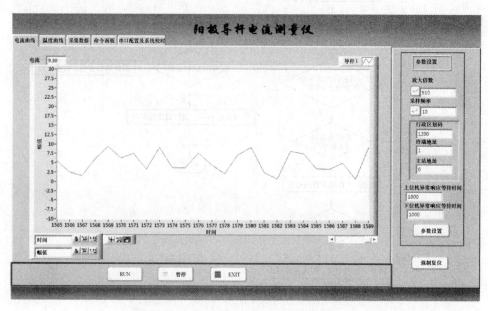

图 6-38   铝电解阳极导杆电流测量仪软件

D 记录查询

记录查询分为历史数据记录查询和命令记录查询。历史数据查询的界面设计如图6-39所示。

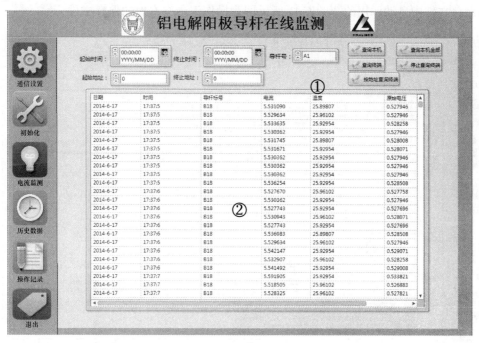

图 6-39 历史数据查询

历史数据查询的详细设计见表6-22。

表 6-22 历史数据查询详细设计

模块编号				0401
功能简介				查询保存在本地数据库或测量仪 Flash 中的历史数据
	区域	参数名称	操作类型	内　容
用户输入	1	起始时间	输入/选择	用户需要查询的数据的时间区间
		终止时间	输入/选择	用户需要查询的数据的时间区间
		导杆编号	选择	用户需要查询的导杆编号
		起始地址	输入	待查询的测量仪 Flash 地址区间
		终止地址	输入	待查询的测量仪 Flash 地址区间
		查询本机	单击按钮	向系统提交用户选择的时间和导杆号，请求本地查询
		查询本机全部	单击按钮	请求系统调出当天所有导杆的所有数据记录
		查询终端	单击按钮	向系统提交用户选择的时间和导杆号，请求查询测量仪
		停止查询终端	单击按钮	请求停止查询操作
		按地址查询终端	单击按钮	向系统提交用户输入的地址区间，请求查询测量仪
系统响应				响应用户的单击按钮操作
系统输出				在区域2进行结果集显示，如果是针对测量仪的操作，结果集会存入本地数据库

　　命令记录查询的界面设计如图6-40所示。命令记录查询包括操作记录和调试记录。操作记录保存的是用户在前面板所做的操作以及系统响应的结果，调试记录保存的是上位机和测量仪通信过程中发送和接收的数据帧。上位机显示的操作记录和调试记录都是从本地的保存文件中自动调用的，图6-41所示即为操作记录在本地的保存文件。

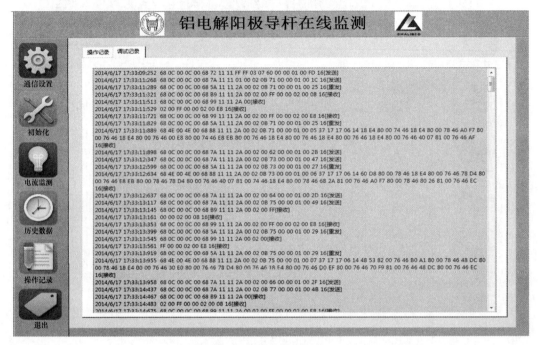

图6-40　命令记录查询

	A	B	C	D
1	发送	查询时钟		2014/7/31 9:50
2	接收	查询A21终端时钟	数据有效	2014/7/31 9:50
3	发送	查询时钟		2014/7/31 9:50
4	接收	查询A22终端时钟	数据有效	2014/7/31 9:50
5	发送	查询时钟		2014/7/31 9:50
6	接收	查询A23终端时钟	数据有效	2014/7/31 9:50
7	发送	查询时钟		2014/7/31 9:50
8	接收	查询A24终端时钟	数据有效	2014/7/31 9:50

图6-41　操作记录保存文件

　　E　软件系统异常处理

　　软件系统良好的用户体验除了取决于良好的界面设计风格，友好的用户交互操作以外，还取决于软件系统对异常情况的处理。为了避免出现异常情况时，系统直接崩溃瘫痪，特做了如下的一些异常处理：

　　（1）用户输入信息有误时，给予错误信息提示，如图6-42所示，用户输入的查询终止时间小于查询起始时间，系统给予错误信息提示；

　　（2）PC机串口通信出现故障时，及时弹出警告提示框提醒用户修复；

　　（3）测量仪长时间不回复数据时，给集中器发送警告信息，提醒现场操作工人进行故障排查，以免软件系统空转；

（4）由于用户误操作导致系统死机时，程序会立即清空用户事件队列，并提醒用户重新进行正确的操作。

图 6-42　异常情况处理

6.6　铝电解槽阳极导杆电流在线检测系统调试与优化

实验室系统测试包括采集器系统精度测试和软件系统调试，其中采集器系统精度测试根据输出电压测量方式的不同给出了两种测试方案。

6.6.1　采集器系统精度测试

根据输出电压测量方式的不同，在实验室环境下对阳极导杆电流采集器的精度测试分为两种测试方案：使用万用表测量输出电压和使用上位机测量输出电压。

在实验室进行精度测试时，使用自制的毫伏级直流信号源作为输入，毫伏级直流源的设计采用分压原理，用 USB 口为其供电，通过高精度参考源 ADR4525 输出稳定的 2.500V 电压，然后通过电位器和固定阻值电阻串联分压输出，输出电压可调范围为 0.433 ~ 2.5mV。

6.6.1.1　采用万用表测量输出电压方案

将上述毫伏级自制小信号源作为采集器的输入，从采集器电路板的相应位置引出测点，使用六位半的台式万用表测量滤波后的输出信号幅值，具体测试如图 6-43 所示。

通过调节电位器使采集器的输入信号不断变化，测量放大滤波后的输出电压值，在不

图 6-43   实验室精度测量

同输入电压下得到如表 6-23 所示的一组数据，并将输出结果除以放大倍数 600，计算出采集器在常温实验室环境下的测量精度，计算式如式（6-8）所示。

$$e = \frac{\left| V_{\text{out}}/G - V_{\text{in}} \right|}{V_{\text{in}}} \tag{6-8}$$

式中 V_{out} ——采集器的输出电压，V；

      G ——采集器的增益；

      V_{in} ——采集器的输入电压，V。

表 6-23   方案一采集器实验室精度测试数据

输入电压/mV	滤波后输出电压/V	采集器测量精度/%
0.856	0.5092	0.857
1.172	0.7109	1.095
1.542	0.9325	0.789
1.983	1.1949	0.429
2.152	1.2988	0.589
2.463	1.4834	0.379

由表 6-23 可知，一般情况下，在输入电压允许范围内，输入电压越高，采集器的测量精度越高，经过大量数据测量分析，该采集器在室温实验室环境下，针对不同的输入信号，测量精度也不相同，对输入电压的测量精度最高为 0.379%，最低为 1.095%。

6.6.1.2   采用上位机测量输出电压方案

该方案采用从上位机直接读取输出电压的方案，从小信号源输出的毫伏级直流电压信号与电流采集器的输入端相连，经电流采集器处理后通过 RS-485 发送至上位机，上位机接收采集的电压信号除以增益即为原始输入电压，采集的部分数据截图如图 6-44 所示。

调节电位器使采集器的输入信号变化，对应一个特定的输入信号，从上位机读取一组处理后的测量信号，并将这组信号求平均值，最终得到不同输入信号下，采集器测量的信号值，并计算采集器的测量精度，见表 6-24。

综上，两种实验方案对采集器的精度测量分析可得，阳极导杆电流采集器的测量精度范围为 0.379%~1.225%，由测量的电压信号除以电阻值即为采集器检测的电流信号，由于实验环境下，电阻为恒定值，故采集的电压信号的精度即为电流信号的精度。该精度满足设备的技术指标要求。

图 6-44 实验室精度测量

表 6-24 方案二采集器实验室精度测量数据

输入电压/mV	采集器测量的输入电压/mV	采集器测量精度/%
0.506	0.5122	1.225
1.160	1.1479	1.043
1.472	1.4831	0.754
1.901	1.9107	0.510

6.6.2 软件系统调试

图 6-45 为铝电解阳极导杆分布电流测量仪软件系统实验室调试运行图，PC 机前面的部分为铝电解阳极导杆分布电流测量仪和总线接线箱，在实验室分别进行了模块功能验

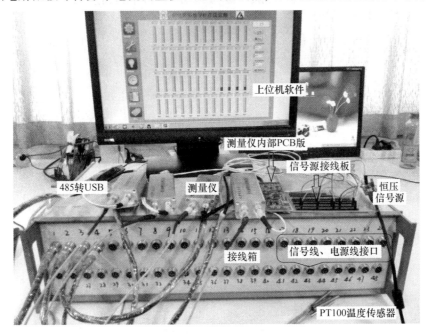

图 6-45 软件系统实验室测试运行

证、整体功能验证、通信故障测试、测量仪故障测试。经过测试，软件系统各个模块功能运行良好，且整体运行时，轮询完 48 套测量仪设备的时间是 36s，基本能保证实时性要求。所传输数据无错误解析、未完全存储等现象，且系统编程采用的事件触发机制很好地解决了出现的数据帧丢失现象。系统出现故障时，能即时报错，提醒用户进行处理。

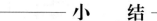

小　　结

铝电解槽是铝电解生产设备的核心，其生产过程是一个多变量耦合、时变和大滞后的非线性系统，涉及到大量的工艺数据、过程数据和操作数据，然而，多数过程数据无法直接测量得到，电流作为一种典型的物理量能够反映铝电解槽的许多内部特征，因此，常采用在线检测电流的方式，动态反映槽内信息。

本章介绍了铝电解槽阳极导杆电流在线检测系统的设计与实现，包括采集终端、上位机系统两部分。通过该工程实例可以锻炼学生分析需求、制订设计方案、硬件选型设计、软件编程等综合能力。

习　　题

6-1 简述铝电解生产工艺。

6-2 简述铝电解槽阳极导杆电流在线检测系统方案设计的流程与步骤。

6-3 设计 2~3 种阳极导杆电流在线检测的方案，并对比分析各自优缺点。

6-4 简述电流采集终端的开发流程。

6-5 简述信号调理电路的常用标定方法。

6-6 进行模拟量采集系统设计时，其测量精度与哪些因素有关，如何有效消除误差？

7 柔性制造生产线系统实训

【导读】

【导读】

柔性制造系统是由统一的信息控制系统、物料储运系统和一组数字控制加工设备组成，能适应加工对象变换的自动化机械制造系统。

柔性制造系统的工艺基础是成组技术，它按照成组的加工对象确定工艺过程，选择相适应的数控加工设备和工件、工具等物料的储运系统，并由计算机进行控制，故能自动调整并实现一定范围内多种工件的成批高效生产（即具有"柔性"），并能及时地改变产品以满足市场需求。

柔性制造系统兼有加工制造和部分生产管理两种功能，因此能综合地提高生产效益。柔性制造系统的工艺范围正在不断扩大，可以包括毛坯制造、机械加工、装配和质量检验等。投入使用的柔性制造系统，大都用于切削加工，也有用于冲压和焊接的。

【学习建议】

本章内容介绍了一套简单的柔性制造生产线系统。学习本章内容需要对自动控制、传感器技术、PLC等课程有一定基础。学生在学习本章知识的同时，需要同时对生产管理的发展有所了解，进而展望先进生产系统的发展方向。学习过程应注重理解其功能、流程以及生产过程中伴随的管理方法。在学习过程中，建议初学者多查阅资料、详细了解实际应用的设备型号及应用场合，以便能够学以致用。

【学习目标】

(1) 了解柔性制造生产线系统及其特点。

(2) 了解气动技术在生产中的应用。

7.1 柔性制造生产线系统实训

A7800柔性制造系统由供料、加工、装配、分拣和搬运等5个工作站组成，各工作站均设置一台PLC承担其控制任务，各PLC之间通过RS485串行通信实现互联，构成分布式的控制系统。

7.1.1 认识柔性制造自动生产线

柔性自动生产线是把多台可以调整的机床（设备）联结起来，配以自动运送装置组成的生产线。该生产线可以加工批量较大的不同规格零件。柔性程度低的柔性自动生产线，在性能上接近大批量生产用的自动生产线；柔性程度高的柔性自动生产线，则接近于小批量、多品种生产用的柔性制造系统。

柔性制造系统是一种技术复杂、高度自动化的系统，它将微电子学、计算机和系统工程等技术有机地结合起来，理想和圆满地解决了机械制造高自动化与高柔性化之间的矛盾。具体优点如下：

（1）设备利用率高。一组机床编入柔性制造系统后，产量比这组机床在分散单机作业时的产量提高数倍。

（2）制造周期短，在制品减少80%左右。

（3）生产能力相对稳定。自动加工系统由一台或多台机床组成，发生故障时，有降级运转的能力，物料传送系统也有自行绕过故障机床的能力。

（4）产品质量高。零件在加工过程中，装卸一次完成，加工精度高，加工形式稳定。

（5）运行灵活。有些柔性制造系统的检验、装卡和维护工作可在第一班完成，第二、第三班可在无人照看下正常生产。在理想的柔性制造系统中，其监控系统还能处理诸如刀具的磨损调换、物流的堵塞疏通等运行过程中不可预料的问题。

（6）产品应变能力大。刀具、夹具及物料运输装置具有可调性，且系统平面布置合理，便于增减设备，满足市场需要。

（7）经济效果显著。采用 FMS 的主要技术经济效果是：能按装配作业配套需要，及时安排所需零件的加工，实现及时生产，从而减少毛坯和在制品的库存量，以及相应的流动资金占用量，缩短生产周期；提高设备的利用率，减少设备数量和厂房面积；减少直接劳动力，在少人看管条件下可实现昼夜 24h 的连续"无人化生产"；提高产品质量的一致性。

A7800 自动生产线（见图 7-1）的工作流程是：将供料单元料仓内的工件送往加工单元的物料台，完成加工操作后，把加工好的工件送往装配单元的物料台，然后把装配单元料仓内的金属和塑料两种不同材质的小圆柱工件嵌入到物料台上的工件中，完成装配后的成品送往分拣单元分拣输出。

图 7-1　柔性制造自动生产线

7.1.2　气动技术的应用

气动技术，全称气压传动与控制技术，是生产过程自动化和机械化的最有效的手段之一，具有高速、高效、清洁安全、低成本、易维护等优点，被广泛应用于轻工机械领域中，在食品包装及生产过程中也正在发挥越来越重要的作用。

气动技术是以空气和惰性气体作为工作介质，空气的供给量充足而且无需成本。更重要的是，空气和惰性气体对周围环境不造成污染，是清洁介质。气动技术可以做到远距离供气，减少本地机械设备，节省厂房空间。但是，气体的压缩性使得气动元件的动作速度容易受到负载变化的影响。气动设备的输出力能满足大部分的工业操作需要，但是和液压设备相比，气动设备的输出力还是要小一些。另外，气缸在低速运动时，受摩擦力影响较大，稳定性稍差。

气动技术应用的最典型的代表是工业机器人。代替人类的手腕、手以及手指能正确并迅速地做抓取或放开等细微的动作。除了工业生产上的应用之外，在游乐场的过山车上的刹车装置，机械制作的动物表演以及人形报时钟的内部，均采用了气动技术，实现细小的动作。

液压可以得到巨大的输出力但灵敏度不够；另一方面要用电能来驱动物体，总需要用一些齿轮，同时不能忽视漏电所带来的危险。而与此相比，使用气动技术既安全又对周围环境无污染，即使在很小的空间里，也可以实现细小的动作。如果尺寸相同，其功率能超过电气。与此特性所带来的需求完全相一致的就是半导体产业。在生产线上，实现前进、停止、转动等细小简单的动作，在自动化设备中不可或缺。在其他方面，如制造硅晶片生产线上不可缺少的电阻液涂抹工序中使用的定量输出泵以及与此相配合的周边机器。

7.1.3　西门子 PLC 的使用

德国西门子（SIEMENS）公司生产的可编程序控制器（PLC）在我国的应用相当广泛，在冶金、化工、印刷生产线等领域都有应用。西门子（SIEMENS）公司的 PLC 产品包括 LOGO、S7-200、S7-1200、S7-300、S7-400 等。西门子 S7 系列 PLC 体积小、速度快、标准化，具有网络通信能力，功能更强、可靠性高。S7 系列 PLC 产品可分为微型PLC（如 S7-200），小规模性能要求的 PLC（如 S7-300）和中、高性能要求的 PLC（如 S7-400）等。

SIMATIC S7-200 PLC 自成一体，特别紧凑但是具有惊人的能力，特别是它的实时性能、速度快、功能强大的通信方案，并且具有操作简便的硬件和软件。此外还有更多特点，如其具有统一的模块化设计的定制解决方案。这一切都使得 SIMATIC S7-200 PLC 在一个紧凑的性能范围内为自动化控制提供一个非常有效和经济的解决方案。

7.2　柔性制造自动生产线各分站的独立控制

A7800 柔性制造系统的各功能模块的安装位置如图 7-2 所示，从右到左一次完成备料、加工、装配、分拣等任务。各个单元模块之间的物流由安装在直线导轨上的机械手爪完成。

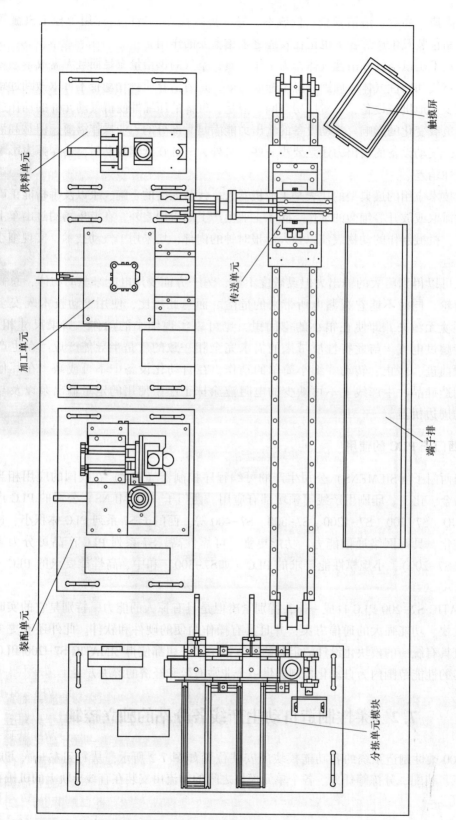

图7-2　A7800柔性制造系统

7.2.1　供料站功能及控制流程

如图 7-3 所示，供料单元机械部分由料仓、顶料气缸、推料气缸、工作台组成。料仓用于存储物料，顶料气缸用于在推料缸推料时顶住物料以避免料仓中的工件在重力作用下掉下来，推料气缸将工件推出到工作台的预定位置，以备传送机械手抓取。

控制部分用西门子 S7-200 PLC 作为控制器，输出口控制单向电磁阀的通断，从而操纵气缸按照一定的逻辑进行动作。PLC 通过通信电缆与主控制器进行通信。其动作流程为：当工作台物料检测传感器未读到信号而料仓物料充足时，顶料缸顶料→推料缸推料→推料缸缩回→顶料缸缩回→送料动作完成。

7.2.2　加工站功能及控制流程

如图 7-4 所示，加工单元机械部分由直线导轨、送料气缸、夹紧气缸、工作台、加工压头、下压气缸等组成。

图 7-3　供料单元装配图　　　　　　　　　　图 7-4　加工单元装配图

控制部分用西门子 S7-200 PLC 作为控制器，输出口控制单向电磁阀的通断，从而操纵气缸按照一定的逻辑进行动作。PLC 通过通信电缆与主控制器进行通信。其动作流程为：当料台物料检测传感器检测到物料，送料气缸缩回→夹紧气缸伸出夹紧→加工压头下压→压头上升→夹紧气缸缩回→送料气缸送出→加工动作完成。

7.2.3　装配站功能及控制流程

如图 7-5 所示，装配单元机械结构由料心料仓、摆动气缸、双杆气缸、气动手爪、下降气缸、工作台等组成。

控制部分用西门子 S7-200 PLC 作为控制器，输出口控制单向电磁阀的通断，从而操纵气缸按照一定的逻辑进行动作。PLC 通过通信电缆与主控制器进行通信。其动作流程为：当工作台物料检测传感器读到工件信号时，料仓单元模块动作（流程同供料单元模块)→转缸转动→机械手爪单元动作（手爪张开→手爪下降→手爪夹紧→手爪上升→手爪伸出→手爪下降→手爪松开→手爪上升→手爪缩回)→动作完成。

7.2.4　分拣站功能及控制流程

如图 7-6 所示，分拣单元机械结构由三相异步电机、传送带、金属件料槽、塑料件料槽、金属件推料气缸、塑料件推料气缸等组成。

图 7-5　装配单元装配图

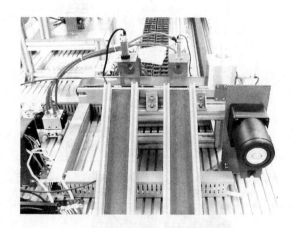

图 7-6　分拣单元装配图

控制部分用西门子 S7-200 PLC 作为控制器，输出口控制单向电磁阀的通断，从而操纵气缸按照一定的逻辑进行动作。PLC 输出口同时控制变频器，从而控制三相异步电机的动作。PLC 通过通信电缆与主控制器进行通信。其动作流程为：当物料有无检测传感器检测到物料时，变频器驱动电机旋转→传送带运动→金属（塑料）位检测传感器读到信号→电机停转→金属（塑料）位气缸推出→动作完成。

7.2.5　输送功能及控制流程

如图 7-7 所示，输送单元机械结构由步进电机、同步带、直线导轨、滑台、机械手爪、上升气缸、旋转气缸、双杆气缸等组成。输送单元传动组件和机械手装置的正视和俯视示意图如图 7-7 所示，图 7-8 为抓取机械手装置的装配图。

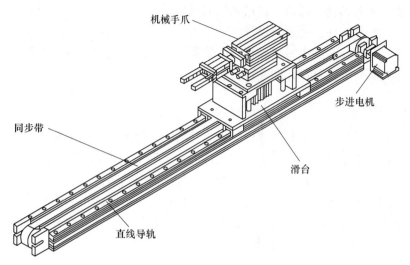

图 7-7 输送单元传动组件和机械手

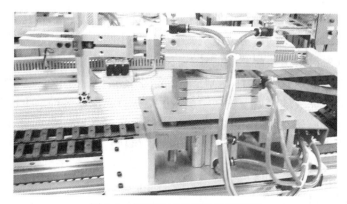

图 7-8 抓取机械手装置的装配图

7.3 自动生产线综合控制

系统在通电后，首先自动执行复位操作，使输送站机械手装置回到原点位置。这时，绿色警示灯以 1Hz 的频率闪烁。输送站机械手装置回到原点位置后，复位完成。如果供料站和装配站的料仓均有充足工件，则绿色警示灯常亮，表示允许启动系统。按下启动按钮，系统启动，若没有工件，则黄灯以 1Hz 的频率闪烁，系统无法启动。若工件不足（只有一个工件），则只有黄灯闪烁 3s 间歇 3s，系统仍可运行。

7.3.1 供料站程序分析

系统启动后，若供料站的物料台上没有工件，则应把工件推到物料台上，并向系统发出物料台上有工件信号。若供料站的料仓内没有工件或工件不足，则向系统发出报警或预警信号。物料台上的工件被输送站机械手取出后，若系统启动信号仍然为 ON，则进行下一次推出工件操作。供料站各部件的具体工作顺序，请自行设计，但应保证推料过程的可靠性。

当工件推到供料站物料台后，输送站抓取机械手装置应执行抓取供料站工件的操作。抓取工件的具体操作顺序，可自行设计。

抓取动作完成后，步进电机驱动机械手装置移动到加工站物料台的正前方。然后把工件放到加工站物料台上。其动作顺序可自行设计。

7.3.2　加工站程序分析

加工站物料台的物料检测传感器检测到工件后，执行把待加工工件从物料台移送到加工区域冲压气缸的正下方的操作，完成对工件的冲压加工。然后把加工好的工件重新送回物料台的工件加工工序。操作结束，向系统发出加工完成信号。

系统接收到加工完成信号后，输送站机械手应执行抓取已加工工件的操作。抓取动作完成后，步进电机驱动机械手装置移动到装配站物料台的正前方。然后把工件放到装配站物料台上。其动作顺序可自行设计。

7.3.3　装配站程序分析

装配站物料台的传感器检测到工件到来后，应首先执行把该站料仓的小圆柱工件转移到装配机械手下方的操作，然后由装配机械手执行把小圆柱工件装入大工件中的操作。装入动作完成后，向系统发出装配完成信号。装配动作顺序请自行设计。

如果装配站的料仓或料槽内没有小圆柱工件或工件不足，应向系统发出报警或预警信号。

系统接收到装配完成信号后，输送站机械手应执行抓取已装配的工件对的操作。然后该机械手装置逆时针旋转90°，步进电机驱动机械手装置从装配站向分拣站运送工件对，到达分拣站传送带上方入料口后把工件对放下，然后执行返回原点的操作。返回到原点的操作顺序，请自行设计。

7.3.4　分拣站程序分析

输送站机械手装置放下工件、缩回到位后，分拣站的变频器即启动，驱动传动电动机以频率为30Hz的速度，把工件带入分拣区。如果工件对上的小圆柱工件为金属，则该工件对到达1号滑槽中间，传送带停止，工件对被推到1号槽中；如果为塑料件，则该工件对到达2号滑槽中间，传送带停止，工件对被推到2号槽中。当分拣气缸活塞杆推出工件对并返回后，应向系统发出分拣完成信号。变频器停止运行，并向系统发出分拣完成信号。

注意：仅当分拣站分拣工作完成，并且输送站机械手装置回到原点，系统的一个工作周期才认为结束。如果在工作周期没有按下过停止按钮，系统在延时2s后开始下一周期工作。如果在工作周期曾经按下启动按钮，系统工作结束，自动停止，绿色灯仍保持常亮。系统工作结束后若再按下启动按钮，则系统又重新工作。

7.4　人机界面安装与生产线系统调试操作

7.4.1　HMI 的安装

人机界面（HMI）设备专为安装在机架、机柜、控制板和控制台上。HMI 设备是自通风的，且允许垂直和倾斜安装在固定的机柜上。HMI 安装位置如图 7-9 所示。

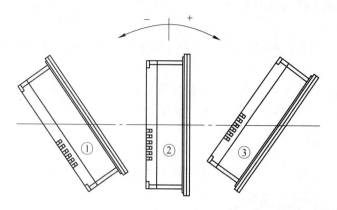

图 7-9　HMI 安装位置

　　厂家提供了用于安装设备的塑料卡件，如图 7-10 所示。该安装卡件钩在 HMI 设备的凹槽中，从而不会超出 HMI。

　　HMI 安装时要注意以下几点：

　　（1）正确放置 HMI 设备，以使其不会直接暴露在阳光下。

　　（2）确保在安装时未挡住通风孔。

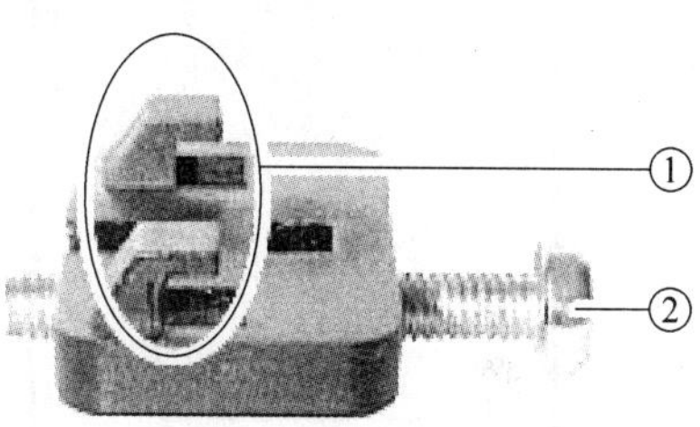

图 7-10　HMI 安装卡件

　　（3）在安装 HMI 设备时遵守安装位置的规定。①—卡槽钩，用于固定 HMI；②—卡件的固定装置，用于把卡件固定于指定的操作台等位置

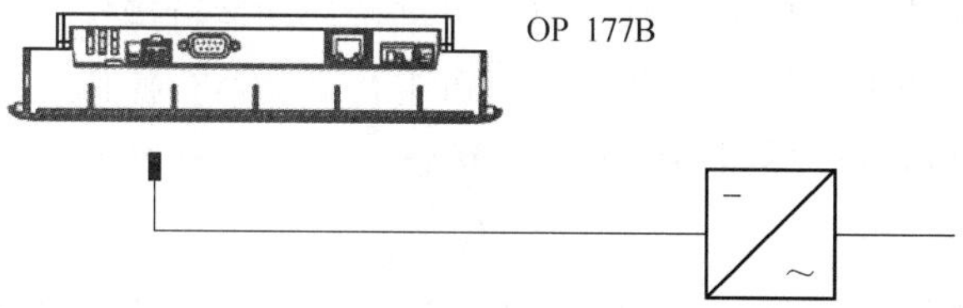

　　图 7-11 给出了 HMI 设备与电源之间的连接。

图 7-11　HMI 设备与电源之间的连接

7.4.2　HMI 与 PLC 连接

　　图 7-12 示意了 HMI 设备与控制器 PLC 之间的连接。

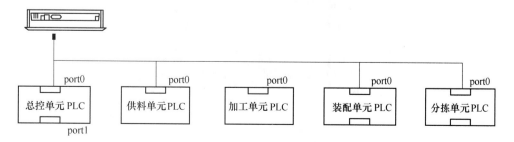

图 7-12　HMI 设备与控制器 PLC 之间的连接

连接步骤为：

（1）将接线端子插入 HMI 设备。

（2）接通电源。

在电源接通之后显示器亮起，启动期间会显示进度条。10s 后自动进入初始画面，如图 7-13 所示。

如果 HMI 设备没有启动，则可能是接线端子上的电线接反了。请检查所连接的电线，必要时，改变连接。一旦操作系统启动，装载程序将打开。

7.4.3　系统运行模式

HMI 上电后，会自动加载组态系统的初始界面，如图 7-14 所示。

图 7-13　HMI 上电后初始画面

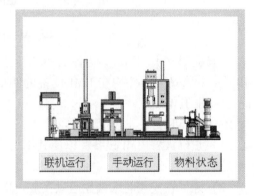

图 7-14　系统的初始界面

系统的初始界面包括运行方式和物料状态查看界面：

（1）联机运行：当系统处于"启动"状态时，可进行自动运行操作。

（2）手动运行：当系统处于"停止"状态时，可进行手动运行操作。

（3）物料状态：用于显示各传感器检测的物料状态。

7.4.3.1　联机运行

当按下总控单元"启动"按钮后，画面自动由"初始画面"切换到自动运行画面，如图 7-15 所示。自动运行画面采用动态实时自动切换的方法，显示正在动作的单元。

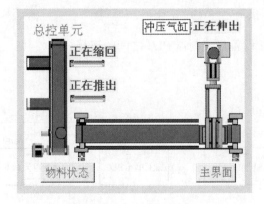

图 7-15　自动运行界面

"冲压气缸""正在伸出"：用于显示实时动作状态。如图 7-15 所示为默认显示的加工单元的冲压气缸。

（1）当冲压气缸向下冲压时，显示"正在伸出"。

（2）当冲压气缸缩回时，显示"正在缩回"。

（3）其他机构动作时，不显示。

"物料状态""主界面"：用于界面切换。

注意：其他单元画面在系统运行时，自动切换，状态显示同总控单元相似。

7.4.3.2 手动运行

A 单元选择

在初始界面中，按下"手动运行"，切换到单元选择界面，如图 7-16 所示。

注意：手动运行时请注意各单元是否处于停止状态，否则按键将不能使用。

B 手动-总控单元

在单元选择画面中按下"总控"按键后，进入手动-总控单元，如图 7-17 所示。

图 7-16 手动-单元选择界面

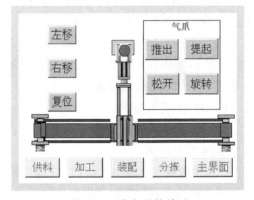

图 7-17 手动-总控单元

（1）"左移、右移"：用于机械手沿导轨的左右移动。按下后电机开始转动，松开后电机停止。

（2）"推出、提起、松开、旋转"：用于控制机械手的动作。当手臂处于缩回状态时，按键显示为"推出"，当处于推出状态时显示"缩回"。其他按键作用相似。

（3）"供料、加工、装配、分拣、主界面"：用于界面之间切换。

C 手动-供料单元

按下"供料"后，切换到供料单元，如图 7-18 所示。

（1）"顶料气缸-顶紧、松开"：按键用于控制上部顶料气缸。当气缸处于缩回状态时，按键显示为"推出"，当处于推出状态时显示"缩回"。按下可进行顶料和松开操作。

（2）"推料气缸-推出、缩回"：按键用于控制下部推料气缸。操作同顶料气缸相似。

注意事项：在物料筒中有多个物料时，操作顺序应为：顶料气缸顶出→推料气缸推出→推料气缸缩回→顶料气缸缩回。

若顶料气缸未顶出，推料气缸缩回时会卡在料槽。此时应按推料气缸推出，取出所有物料，缩回推料气缸，然后安放物料。

D　手动-加工单元

按下界面切换键时，切换到手动加工单元，如图 7-19 所示。

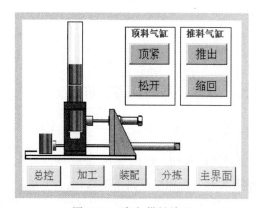

图 7-18　手动-供料单元

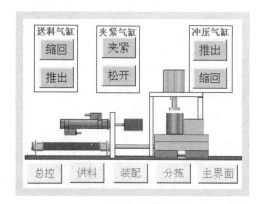

图 7-19　手动-加工单元

（1）"送料气缸-缩回、推出""夹紧气缸-夹紧、松开""冲压气缸-推出、缩回"：用于加工单元气缸推出和缩回的操作。操作方法和供料单元气缸按钮操作相似。

（2）工作顺序为：送料气缸缩回→夹紧气缸夹紧→冲压气缸推出→冲压气缸缩回→夹紧气缸松开→送料气缸推出。

E　手动-装配单元

按下界面切换键时，切换到手动-装配单元，如图 7-20 所示。

（1）"顶料气缸-推出""挡料气缸-缩回"操作同供料单元顶料气缸和挡料气缸。

（2）"摆台-旋转"当摆台左侧有料，右侧无料时，按下旋转将物料摆到机械手下侧。机械手取料后，返回。

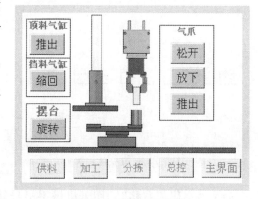

图 7-20　手动-装配单元

（3）"松开""放下"操作同总控单元机械手操作相似。

（4）工作顺序为：1）顶料气缸顶出→挡料气缸缩回→挡料气缸顶出→顶料气缸缩回→2）摆台旋转→3）机械手张开→放下→夹紧→提起→推出→放下→松开→提起→缩回→摆台返回。

注意：

（1）若摆台右侧有料，可从 3）处执行。

（2）若摆台右侧无料左侧有料，可从 2）处执行。

（3）若摆台右侧、左侧无料，从 1）处执行。

（4）当机械手位于下位伸出且夹有物料时，不能缩回，否则会使工件碰到料槽，损坏设备。

F　手动-分拣单元

按下界面切换键时，切换到手动-分拣单元，如图 7-21 所示。

（1）"走料"：控制皮带走料。按下后交流电机旋转，松开后停止转动。

（2）"推出"：控制相应气缸推出和缩回动作，操作方法同供料单元气缸操作。

7.4.4 物料状态

在物料状态可查看各传感器的状态，如图 7-22 所示。

当传感器检测到物料时显示"有物料"，否则显示"无物料"，各传感器显示相同。

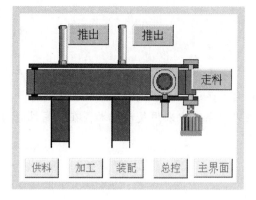

图 7-21 手动-分拣单元

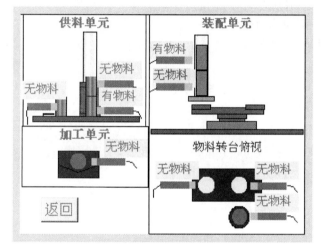

图 7-22 物料状态

7.4.5 异常工作状态测试

7.4.5.1 工件供给状态的信号警示

如果发生来自供料站或装配站的"工件不足够"的预报警信号或"工件没有"的报警信号，则系统动作如下：

（1）若没有工件，则黄灯以 1Hz 的频率闪烁，系统无法启动。

（2）若工件不足（只有一个工件），则只有黄灯闪烁 3s 间歇 3s，系统仍可运行。

若"工件没有"的报警信号来自供料站，且供料站物料台上已推出工件，系统继续运行，直至完成该工作周期尚未完成的工作。当该工作周期工作结束，系统将停止工作，除非"工件没有"的报警信号消失，系统不能再启动。

若"工件没有"的报警信号来自装配站，且装配站回转台上已落下小圆柱工件，系统继续运行，直至完成该工作周期尚未完成的工作。当该工作周期工作结束，系统将停止工作，除非"工件没有"的报警信号消失，系统不能再启动。

7.4.5.2 急停与复位

系统工作过程中按下输送站的急停按钮，则系统立即全线停车。拔出启停按钮，应从急停前的断点开始继续运行。

---------- 小　结 ----------

　　本章介绍了一套简单的柔性制造生产线系统。它将多台可以调整的设备连接起来，配以自动运送装置组成的生产线，使得生产线可以加工多批量的不同规格的零件。同时，在生产线系统中采用气动技术，在提高性能的同时节省能源。

习　题

7-1 简述柔性制造生产线的特点。

7-2 柔性制造生产线由哪些部分组成？

7-3 简述气动技术在工业应用中的前景。

附　　录

附录 1　实训报告模板

××××

自动化生产线实训
报 告 模 版

班　　级：_____
姓　　名：_____
学　　号：_____
指导教师：_____
日　　期：_____年___月___日

目 录

1　系统概述

1.1　实验对象

正文部分，小四宋体。行距 1.5 倍。A4 双面打印。每节新起一页。

1.2　上位机软件

1.3　下位机

1.4　实验任务与目的

1.5　分组情况

组长及组员

2　建　　模

2.1　建模方法概述

2.1.1　机理建模

2.1.2　实验方法建模

2.1.3　对象模型的影响因素分析

2.2　阶跃响应法建模

2.2.1　理论基础

2.2.2　实验步骤

2.2.3　模型建立

2.2.4　结果分析

（1）分析结果的正确性，合理性。

（2）若干次实验结果的对比分析。

（3）（选作）不同实验建模方法的结果对比分析。

3　Matlab 仿真实验

根据单容水箱实验建模测试数据，利用 Matlab 作图法和计算法建模方法完成液位模型计算，按实验指导书要求撰写模型测定实验报告。

根据建模结果，利用 Matlab 对 PID 控制器进行参数整定，按实验指导书要求撰写 Matlab 仿真 PID 实验报告。

4　PID 控制

该部分做一个项目 PID 即可，多个项目及结果分析为加分鼓励。

4.1　实　验　原　理

4.2　实　验　步　骤

要求采用 P、PI、PID 三种控制器分别对对象实施控制，每种至少 3 组以上参数，关键步骤需要截图，并说明。同组同学，不能使用完全相同的参数。

4.3 结 果 分 析

用实验方法确定调节器的相关参数，写出整个过程、PID 参数选择的凭据，优劣分析等。不限于此，可自由发挥。

整理 P、PI、PID 三种控制器下本实验系统的阶跃响应曲线，并比较和分析从 P、PI、PID 控制器对系统余差和动态性能的影响。

比较不同 PID 参数对系统性能产生的影响。

5 创 新 项 目

5.1 创新项目介绍

包括创新项目解决的问题、题目、采用的方法及获得的实验结果等。

5.2 创新项目设计报告

请将设计报告附于实验报告后面，单独编排。

5.3 创新项目要求

控制算法至少有两种，并比较两种算法的优劣性，有实验结果的对比。

6 实 训 总 结

6.1 目标、过程、结果等分析

6.2 对实训的收获、要求和建议

附录2　创新项目模板

中文题目 ┄┄┄┄┄┄ 小2号黑体

"摘要""关键词""中图分类号"
"文献标识码"用小5号黑体

摘　要：□□

关键词：□□□□□；□□□□□；□□□□□；□□□□□；□□□□□

中图分类号：□□□□□　　　文献标志码：A

小5号仿宋体，段落左右各缩进2字。摘要内容应说明目的、方法、结果、结论，一般以200字左右为宜。

小5号 Time New Roman体

英文题目 ┄┄ 3号 Time New Roman 加粗，首字母和实词首字母大写

Abstract：□□

Key words：□□□□；□□□□；□□□□；□□□□

小5号 Time New Roman，段落左右各缩进2字。

1□一级标题 ┄ 小4号标宋

□□□□□□□□□□□□□□□□□□□□□□□□□□□□

正文双栏，5号字，每行22字，每页46行；汉字用宋体，外文用Time New Roman体

2□一级标题 ┄ 小4号标宋

2.1□二级标题 ┄ 5号黑体

□□□□□□□□□□□□□□□□□□□□□□□□□□□□□□□□□□□□□.

2.1.1□三级标题 ┄ 5号标宋

□□□□□□□□□□□□□□□□□□□□

使用Office 2000及与其兼容的绘图软件；使用线条图，不用点位图；图中文字采用6号或小5号字。若有分图，则以 (a)，(b)，…，分开，并加分图题，分图号及分图题置于分图正下方，用小5号宋体。

图1□中文图题 ┄ 小5号黑体

□□□□□□□□□□□□□□□□□□□□□□□□□□.

表1□中文表题 ┄ 小5号黑体

表中文字采用6号
字，一般用三线表

3□结　　语　———— 小4号标宋 　注意：内容勿与
摘要、引言重复

□□□□□□□□□□□□□□□□□
□□□□□□□□□□□□□□□□□
□□□□□□□□□□□□□□□□□
□□□□□□□□□□□□□□□□□
□□□□□□□□□□□□□□□□□
□□□□□□□□□□．

参考文献（References）———— 5号黑体

［1］作者．书名［M］．出版地：出版者，出版年．

［2］作者．文题［J］．期刊名，年，卷（期）：起止页码．

［3］作者．文题［A］．会议论文集名［C］．出版地：出版者，出版年：起止页码．

［4］作者．学位论文名称［D］．地点：单位，年份．

［5］作者．报告名称［R］．地点：单位，年份．

［6］标准编号，标准名称［S］．

［7］专利所有者．专利题名［P］．专利国别：专利号，出版日期．

［8］主要责任者．电子文献题名［电子文献及载体类型标识］．出处或地址，发表日期/引用日期（任选）．

［9］作者．其他类型文献题名［Z］．出版地：出版者，出版年．

注：（1）参考文献内容用小5号字，汉字用宋体，外文用 Time New Roman 体。

　　（2）未正式发表的文献一般不作为文献引用。

　　（3）参考文献按正文出现的先后顺序编号。

　　（4）英文文献的所有实词首字母大写。

　　（5）外文作者的姓名写法格式为：姓在前、名在后，名字可用缩写形式。

　　（6）期刊刊名缩写按标准规定，若不清楚请写全称。

　　（7）所有非英文文献均须译成英文，并附于原文献下。

参 考 文 献

[1] 李国勇. 过程控制实验教程 [M]. 北京：清华大学出版社，2011.

[2] 金以慧. 过程控制 [M]. 北京：清华大学出版社，1993.

[3] 方康玲. 过程控制系统 [M]. 2版. 武汉：武汉理工大学出版社，2007.

[4] 俞金寿，蒋慰孙. 过程控制工程 [M]. 3版. 北京：电子工业出版社，2007.

[5] 张昕，张贝克. 深入浅出过程控制——小锅带你学过控 [M]. 北京：高等教育出版社，2013.

[6] 王淑红. 过程控制工程 [M]. 北京：化学工业出版社，2013.

[7] 孙洪程，翁唯勤. 过程控制工程设计 [M]. 北京：化学工业出版社，2001.

[8] [美] J. 斯特纳森. 工业自动化及过程控制 [M]. 王枞，张彬，郭燕慧，译. 北京：科学出版社，2006.

[9] 杨庆柏. 热工过程控制仪表 [M]. 北京：中国电力出版社，1998.

[10] 施仁，刘文江，郑辑光，等. 自动化仪表与过程控制 [M]. 北京：电子工业出版社，2011.

[11] 何克忠，郝忠恕. 微型计算机过程控制 [M]. 北京：国防工业出版社，1993.

[12] 刘文定，王东林. 过程控制系统的 MATLAB 仿真 [M]. 北京：机械工业出版社，2009.

[13] 路金星. 可编程控制器应用实训 [M]. 北京：中央广播电视大学出版社，2008.

[14] 张新薇. 集散系统基础及其应用 [M]. 北京：冶金工业出版社，1990.

[15] 吴锡祺，何镇湖. 多级分布式控制与集散系统 [M]. 北京：中国计量出版社，2000.

[16] 潘炼，方康玲，吴怀宇. 过程控制与集散系统实验教程 [M]. 武汉：华中科技大学出版社，2008.

[17] 赵玉刚，杨宁. 集散控制系统及现场总线 [M]. 北京：北京航空航天大学出版社，2003.

[18] 赵松. 计算机接口技术 [M]. 北京：清华大学出版社，2012.

[19] 李汝谅，王庆安，李明. 微型计算机接口技术与应用 [M]. 北京：气象出版社，2005.

[20] 王正林. 过程控制与 Simulink 应用 [M]. 北京：电子工业出版社，2006.

[21] 李国勇，等. 计算机仿真技术与 CAD——基于 MATLAB 的控制系统 [M]. 2版. 北京：电子工业出版社，2008.